室内设计材料手册

饰面材料

理想·宅 编

U0319446

化学工业出版社

·北京·

内容提要

本书对室内饰面材料进行了全面介绍，包括涂饰材料，裱糊材料，木质材料，石材，瓷砖，玻璃，布料、皮革，地面覆盖材料和吊顶材料九章。每种材料均从其特点、分类和施工三个方面进行了详细解析，在施工部分，对每种材料相应的做法配以彩图或CAD图纸，更加直观易懂，避免枯燥，以满足读者对实用性的需求。

本书不仅适合建筑装饰专业的在校学生、初入行的新人设计师和对材料知识有需求的从业设计师阅读，也可供对建筑装饰构造有兴趣的家装业主参考。

图书在版编目（CIP）数据

室内设计材料手册. 饰面材料/理想·宅编. —北京：化学工业出版社，2020.8

ISBN 978-7-122-37156-0

Ⅰ. ①室… Ⅱ. ①理… Ⅲ. ①室内装饰设计-内饰面材料-手册 Ⅳ. ①TU56-62

中国版本图书馆CIP数据核字（2020）第094103号

责任编辑：王　斌　邹　宁　　　文字编辑：冯国庆
责任校对：赵懿桐　　　装帧设计：王晓宇

出版发行：化学工业出版社（北京市东城区青年湖南街13号　邮政编码100011）
印　　装：凯德印刷（天津）有限公司
787mm×1092mm　1/16　印张13　字数260千字　2020年9月北京第1版第1次印刷

购书咨询：010-64518888　　　售后服务：010-64518899
网　　址：http://www.cip.com.cn
凡购买本书，如有缺损质量问题，本社销售中心负责调换。

定　　价：78.00元

前言

材料，是实现设计的物质基础，没有材料，一切设计都是空谈，都无法实现。材料是一个较为专业性的问题，这门学科的体系非常庞大，作为设计工作的必备的物质基础，设计师必须熟知各种材料的特点、性能、施工等知识，并能熟练地应用到设计中，才能使设计作品呈现出独特性和时代性。但因学校内的教育更注重于理论知识的学习，对于材料这类实践性的知识，很多设计师却知之甚少。作为设计师非常重要的一种工具，材料知识的获取主要有两种渠道：一是依靠设计师在走入工作岗位后花费时间来进行积累；二是通过阅读书籍来获取材料的知识。第一种渠道可使材料的应用更加得心应手，但时间是相当漫长的，可能会伴随着整个职业生涯。而第二种渠道获取材料知识则要快速很多，但容易空有理论知识而缺乏实践知识，因此所选择的材料书籍，其全面性和实用性就显得非常重要。

本书由“理想 · 宅 Ideal Home”倾力打造，在编写时，从庞大的系统中对材料进行了反复的研究，结合行业内设计师们的经验，确定了材料的分类体系，且从设计师的实际需求出发，较全面地覆盖了室内常用材料的各个方面，将整套书籍分为饰面材料和功能材料两部分。

本书讲解的为饰面材料，内容共分为涂饰材料，裱糊材料，木质材料，石材，瓷砖，玻璃，布料、皮革，地面覆盖材料和吊顶材料九个章节。每种材料均从材料的特点、分类及施工三个方面进行详细的解析，并将材料的施工作为解析的重点，以彩图或 CAD 图纸的方式表现出来，力求更生动地将设计师最为关注的施工做法讲解清楚，帮读者全面认识和掌握材料的应用。

本书不仅适合建筑装饰专业的在校学生、初入行的新人设计师和对材料知识有需求的从业设计师，也适合对建筑装饰构造有兴趣的家装业主。

由于编者水平有限，书中不足之处在所难免，希望广大读者批评指正。

编者

目录
CONTENTS

CHAPTER ONE **第一章**

涂饰材料

涂饰材料施工相对简单，容易翻新，成本低廉，使用非常广泛，各种类型的涂饰材料可满足不同场景和使用部位的需求。

涂饰材料除了可以增加视觉美感外，还能对物体表面形成保护，有些品种还具有绝缘、防腐、标志等特殊功效。因此，选择涂料时，不仅要考虑颜色，还要考虑被涂饰物体、用途、鲜艳度、有无阳光直射等因素。室内常用的涂料包括墙面涂料、木器漆、金属漆及地坪漆等类型。

随着各类合成树脂的开发，涂料的种类也越来越多。但总体来看，其功能需求可总结为以下三方面。

环保及质量标准的提升：基础涂料是使用最多的一种涂料类型，相对来说技术等各方面均比较成熟，以乳胶漆为例，从其近年来的发展可看出，环保及质量方面在不断提升，在色彩的研究方面也更具备专业水准。

更丰富的肌理和图案表现：丰富的肌理和图案表现，可以满足设计师们对艺术表现的追求，因此这类产品使用频率越来越高，应用范围越来越广泛，未来此类产品会更加多样化。具有代表性的有近年来非常流行的硅藻泥、艺术涂料等。

功能的不断扩展：为了满足一些特殊需求或空间功能性，涂料也在不断增加品种，如防水涂料、防腐涂料、耐高温涂料、荧光涂料、书写涂料等。

丰富的肌理 ►

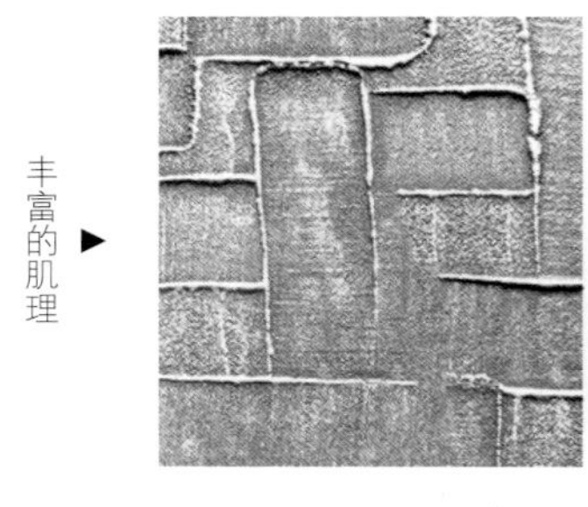

丰富的图案表现 ►

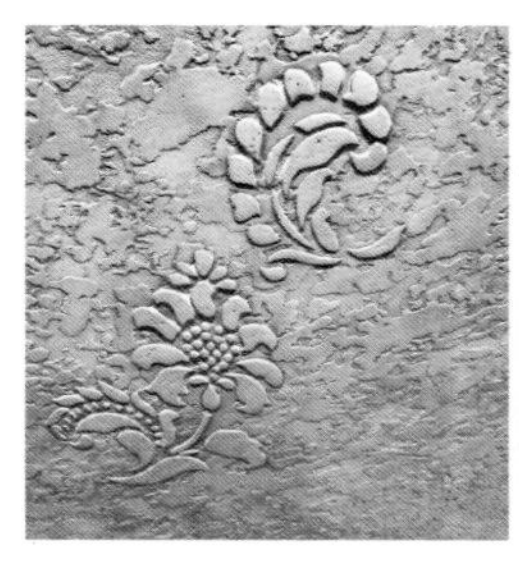

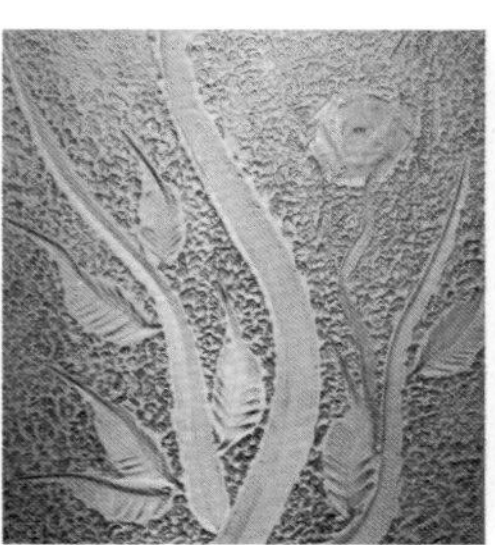

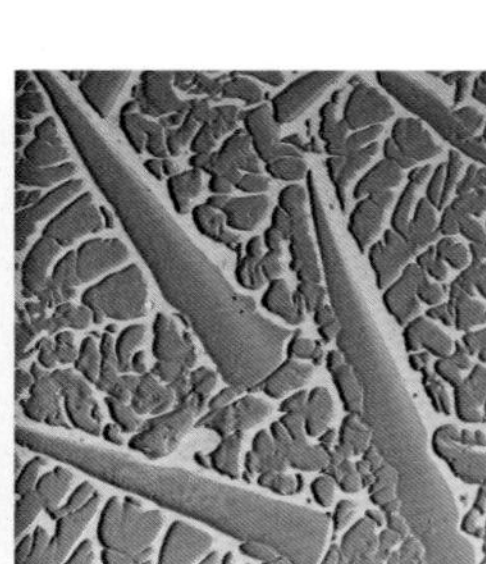

涂饰材料可分为墙面涂料、木器漆、金属漆和地坪漆四类，特征与用途如下。

涂饰材料
墙面涂料
乳胶漆
聚乙酸乙烯乳液和丙烯酸乳液
用途：墙壁及天花板
质感涂料
硅藻泥、艺术涂料、马来漆等
用途：墙壁及天花板
功能性涂料
书写涂料等
用途：墙壁及天花板
木器漆
露木纹漆
清漆、透明漆、聚氨酯清漆及油性着色剂等
用途：木饰面及木质家具
不露木纹漆
合成树脂调合漆、珐琅漆、聚氨酯树脂漆等
用途：木饰面及木质家具
金属漆
黑色金属漆
水性金属漆和溶剂型金属漆等
用途：钢铁类金属
有色金属漆
水性金属漆和溶剂型金属漆等
用途：非铁类、有色金属
地坪漆
环氧树脂地坪漆
无溶剂自流平地坪漆、水性地坪漆、耐磨地坪漆等
用途：地面
聚氨酯地坪漆
溶剂型、无溶剂型及水性聚氨酯地坪漆等
用途：地面
功能性地坪漆
弹性地坪漆及防滑地坪漆等
用途：地面

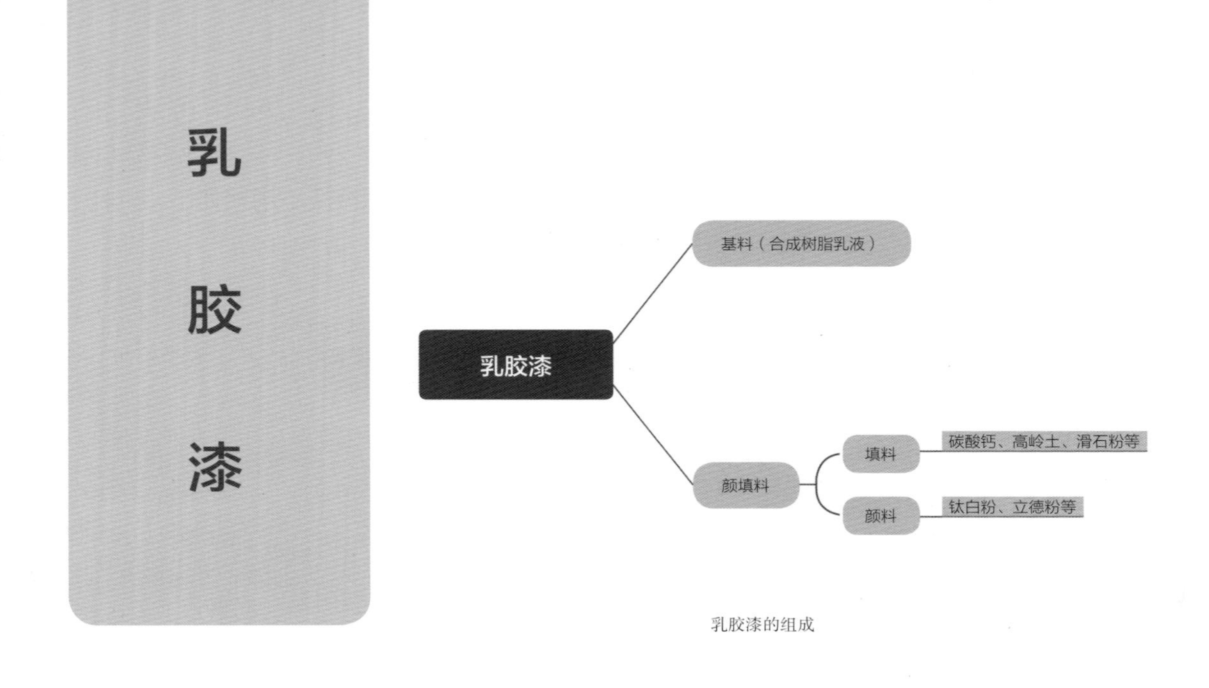
乳
胶
漆
乳胶漆
基料（合成树脂乳液）
颜填料
填料
碳酸钙、高岭土、滑石粉等
颜料
钛白粉、立德粉等
乳胶漆的组成

1. 材料特点

物理性能特点：乳胶漆是水性涂料，用水替代了溶剂型涂料中一半的有机溶剂，因此基本无毒。同时它还具备与传统墙面涂料不同的众多优点，如易于涂刷、干燥迅速、漆膜耐水、耐擦洗性好等特点。适用于混凝土、水泥砂浆、石棉水泥板、纸面石膏板、胶合板、纸筋石灰等基层上。

原料分层特点：乳胶漆由水、基料、颜填料和助剂等成分组成，它们都基本不含对人体有害的物质。从涂刷情况来看，可将乳胶漆分为底漆（底涂）和面漆（面涂）两大层次。使用时，面漆必须配合底漆，不能因为面漆的质量好而舍弃底漆。只有两部分组合使用，才能够保证涂刷乳胶漆的涂刷质量和漆膜的使用寿命。

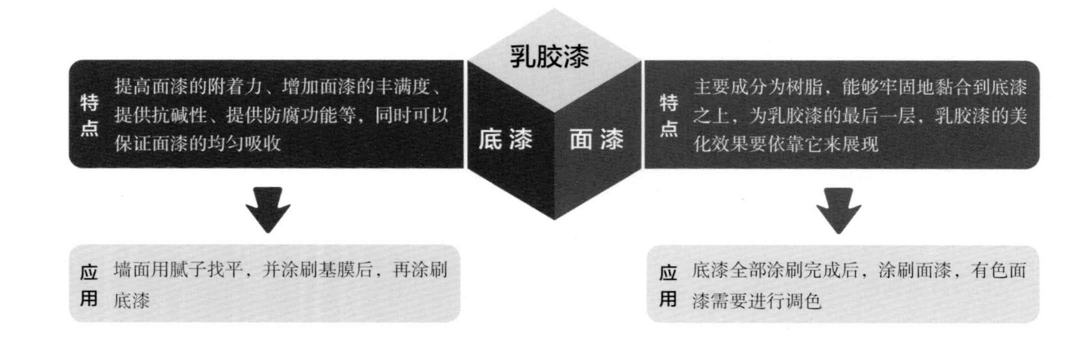
乳胶漆
底漆
面漆
特点
提高面漆的附着力、增加面漆的丰满度、提供抗碱性、提供防腐功能等，同时可以保证面漆的均匀吸收
应用
墙面用腻子找平，并涂刷基膜后，再涂刷底漆
特点
主要成分为树脂，能够牢固地黏合到底漆之上，为乳胶漆的最后一层，乳胶漆的美化效果要依靠它来展现
应用
底漆全部涂刷完成后，涂刷面漆，有色面漆需要进行调色

2. 材料分类

乳胶漆根据涂刷效果可分为有光漆、丝光漆、亚光漆和亮光漆四种类型；乳胶漆按照作用可分为普通乳胶漆和功效乳胶漆两大类。

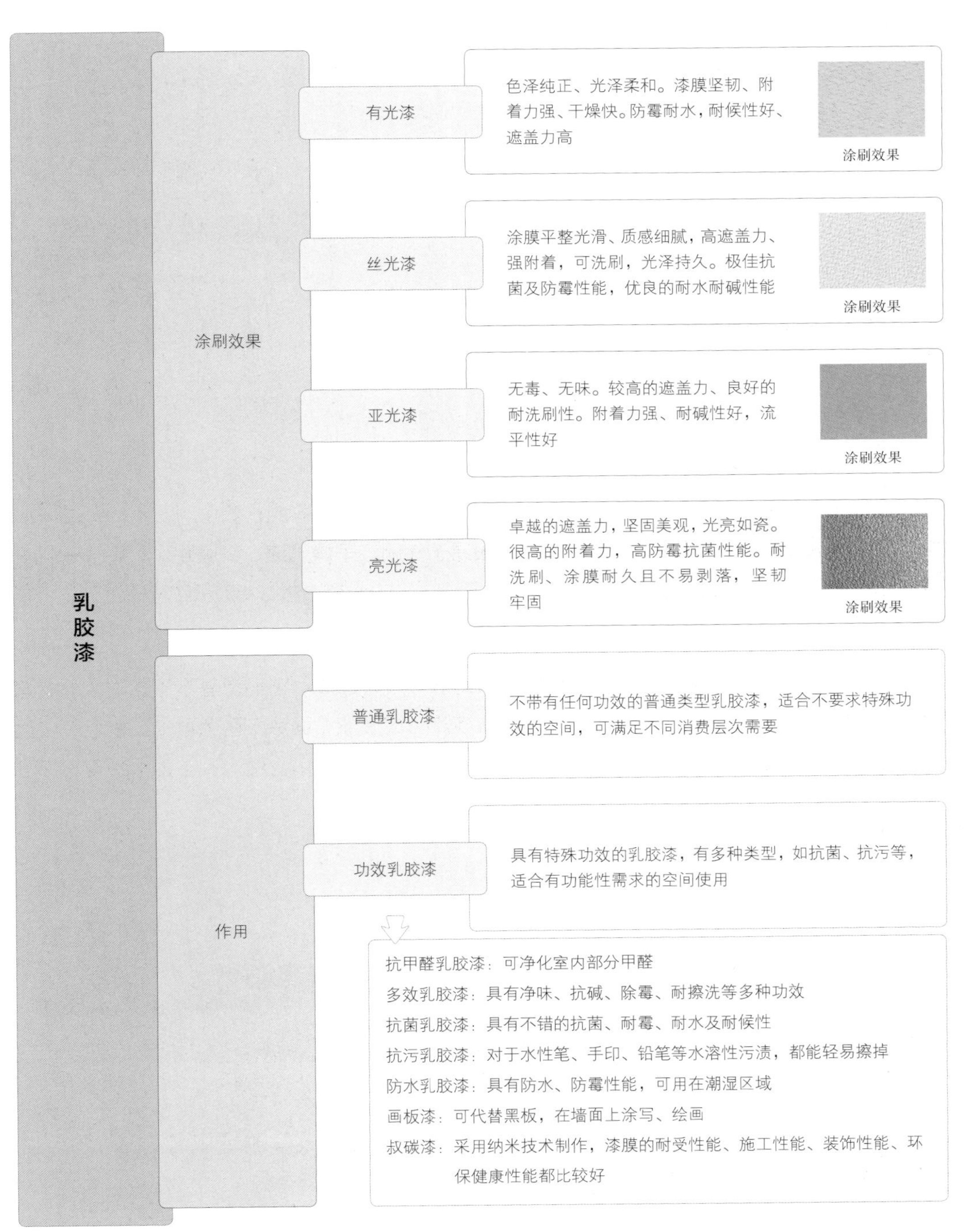

乳胶漆
涂刷效果
有光漆
色泽纯正、光泽柔和。漆膜坚韧、附着力强、干燥快。防霉耐水，耐候性好、遮盖力高
涂刷效果
丝光漆
涂膜平整光滑、质感细腻，高遮盖力、强附着，可洗刷，光泽持久。极佳抗菌及防霉性能，优良的耐水耐碱性能
涂刷效果
亚光漆
无毒、无味。较高的遮盖力、良好的耐洗刷性。附着力强、耐碱性好，流平性好
涂刷效果
亮光漆
卓越的遮盖力，坚固美观，光亮如瓷。很高的附着力，高防霉抗菌性能。耐洗刷、涂膜耐久且不易剥落，坚韧牢固
涂刷效果
作用
普通乳胶漆
不带有任何功效的普通类型乳胶漆，适合不要求特殊功效的空间，可满足不同消费层次需要
功效乳胶漆
具有特殊功效的乳胶漆，有多种类型，如抗菌、抗污等，适合有功能性需求的空间使用
抗甲醛乳胶漆：可净化室内部分甲醛
多效乳胶漆：具有净味、抗碱、除霉、耐擦洗等多种功效
抗菌乳胶漆：具有不错的抗菌、耐霉、耐水及耐候性
抗污乳胶漆：对于水性笔、手印、铅笔等水溶性污渍，都能轻易擦掉
防水乳胶漆：具有防水、防霉性能，可用在潮湿区域
画板漆：可代替黑板，在墙面上涂写、绘画
叔碳漆：采用纳米技术制作，漆膜的耐受性能、施工性能、装饰性能、环保健康性能都比较好

3. 施工形式

乳胶漆可用作顶面和墙面的饰面材料，除了单独使用乳胶漆做装饰外，还可以与其他材料组合设计和施工，来丰富装饰层次。

（1）涂刷形式

乳胶漆的涂刷有喷涂、刷涂和辊涂三种方式。

喷涂：喷涂后无痕迹，但是比较费漆，现场污染较大。

刷涂：便于维修，操作简单。但漆膜厚度不易控制，且容易有刷痕。

辊涂：速度快，漆膜厚度均匀一致，但易有辊痕。

小面积施工或拼色施工，刷涂更便利

大面积施工，选择喷涂作业，漆膜会更均匀

辊涂对于大小面积均适用，但小块拼色操作不便

（2）墙裙组合施工

在美式、欧式、田园等类型风格的室内空间中，常将乳胶漆与墙裙组合，既可烘托风格特点又能丰富整体层次。通常为墙面上部分使用乳胶漆，下部分搭配墙裙，墙裙通常为板块或条状拼接形式，也可更换为中空护墙板。

乳胶漆与墙裙组合

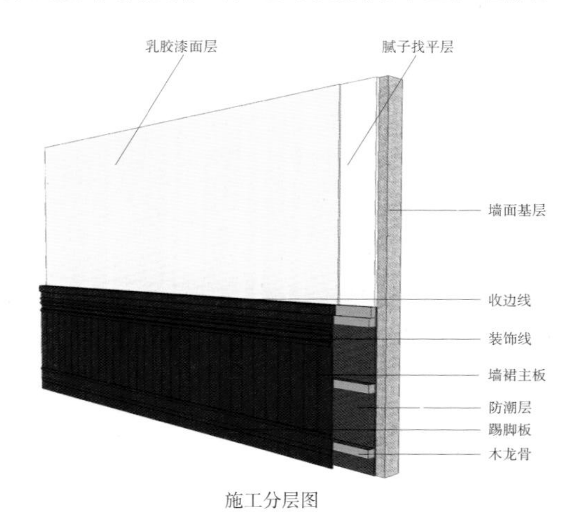
乳胶漆面层
腻子找平层
墙面基层
收边线
装饰线
墙裙主板
防潮层
踢脚板
木龙骨

施工分层图

中空护墙板中间部分搭配乳胶漆

（3）线条组合施工

乳胶漆与线条组合也是非常常见的一种施工形式。通常做法为在处理好基层的墙面上，用各种类型的装饰线条设计出造型，线条可黏结也可钉接。若线条为石膏线且与乳胶漆同色，可一同涂刷；若两者为异色，或使用的为其他材质的线条，则需要分开处理。

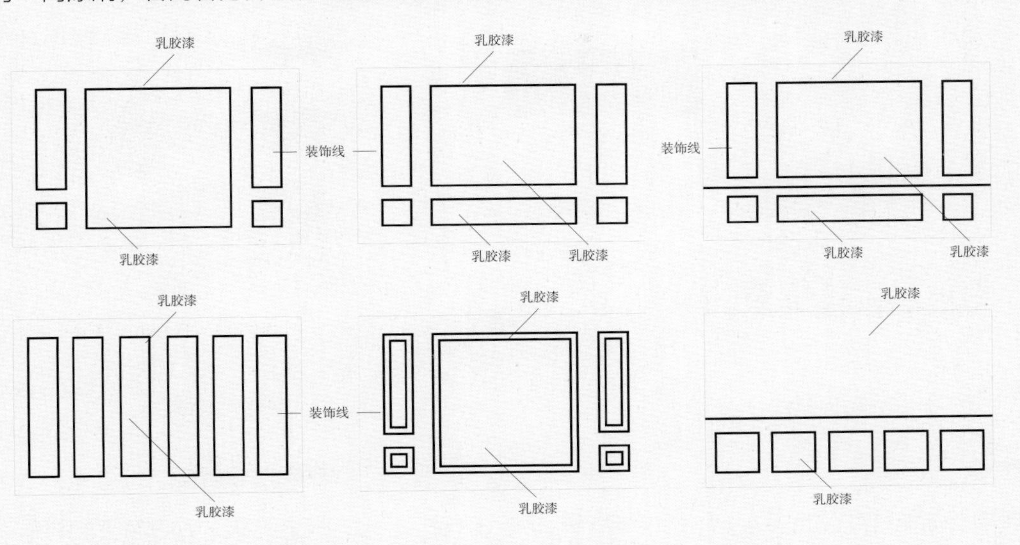
乳胶漆
装饰线
乳胶漆
乳胶漆
装饰线
乳胶漆
乳胶漆
乳胶漆
装饰线
乳胶漆
乳胶漆
乳胶漆
装饰线
乳胶漆
乳胶漆
乳胶漆
乳胶漆
乳胶漆

乳胶漆组合线条造型墙样式示例

由于乳胶漆墙给人的感觉是较为简洁，因此与线条做组合时，造型上建议以直线为主。线条与墙面同色，整体感会更强；若为异色，一方选择白色，更易获得协调感

乳胶漆没有图案装饰，当墙面较长或为了与风格呼应时，全部的直线造型可能会单调。可以将部分直线用花饰代替，或将转角的部分做些花样的设计，如回形等

小贴士

乳胶漆施工，良好的基层至关重要

基层（或基材）质量的好坏，不仅影响乳胶漆涂层的美观，而且影响涂层的质量。基层强度不够，易出现裂纹、起皮、脱落等质量问题；基层含水率超过 10%，会出现涂层成膜不好、起鼓、脱落等质量问题。基层不整洁，会使涂层黏结不牢。因此，基层必须平整坚固，不得有粉化、起砂、空鼓、脱落等现象。

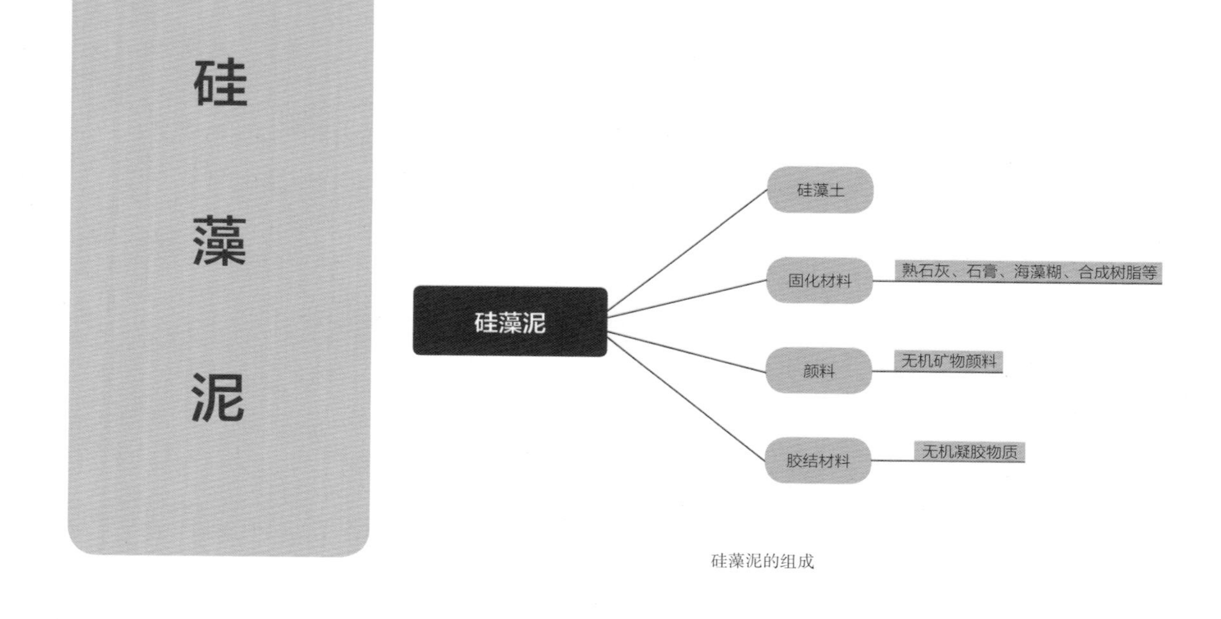
硅
藻
泥
硅藻泥
硅藻土
固化材料
熟石灰、石膏、海藻糊、合成树脂等
颜料
无机矿物颜料
胶结材料
无机凝胶物质

硅藻泥的组成

1. 材料特点

物理性能特点：硅藻泥为粉状或膏状料，纯天然原料，没有任何污染。它含有天然孔隙，可以吸收和释放水分，自动调节室内空气湿度。除此之外，还有很好的装饰性和诸多其他功能，如阻燃、不易沾染灰尘、降噪，能去除甲醛、苯、氨等有害物质及二手烟和垃圾产生的细菌与臭味等。

原料分层特点：硅藻泥的主要原料为硅藻矿物——硅藻土，搭配无机矿物颜料调色及无机凝胶物质作为胶结材料。从施工方面来看，硅藻泥可为底层和面层两部分，底层下方与乳胶漆相同，为腻子基层和封闭基膜，若使用耐水腻子，则封闭基膜可省略。

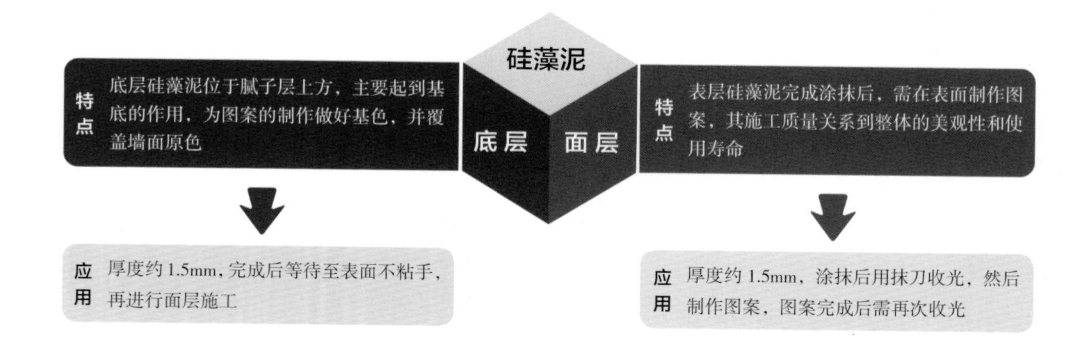
硅藻泥
底层
面层
特点
底层硅藻泥位于腻子层上方，主要起到基底的作用，为图案的制作做好基色，并覆盖墙面原色
特点
表层硅藻泥完成涂抹后，需在表面制作图案，其施工质量关系到整体的美观性和使用寿命
应用
厚度约 1.5mm，完成后等待至表面不粘手，再进行面层施工
应用
厚度约 1.5mm，涂抹后用抹刀收光，然后制作图案，图案完成后需再次收光

2. 材料分类

硅藻泥按照材料特点分类可分为：稻草硅藻泥、防水硅藻泥、原色硅藻泥、金粉硅藻泥及膏状硅藻泥等。按照施工方式分类可分为：表面质感型硅藻泥和艺术型硅藻泥两大类。

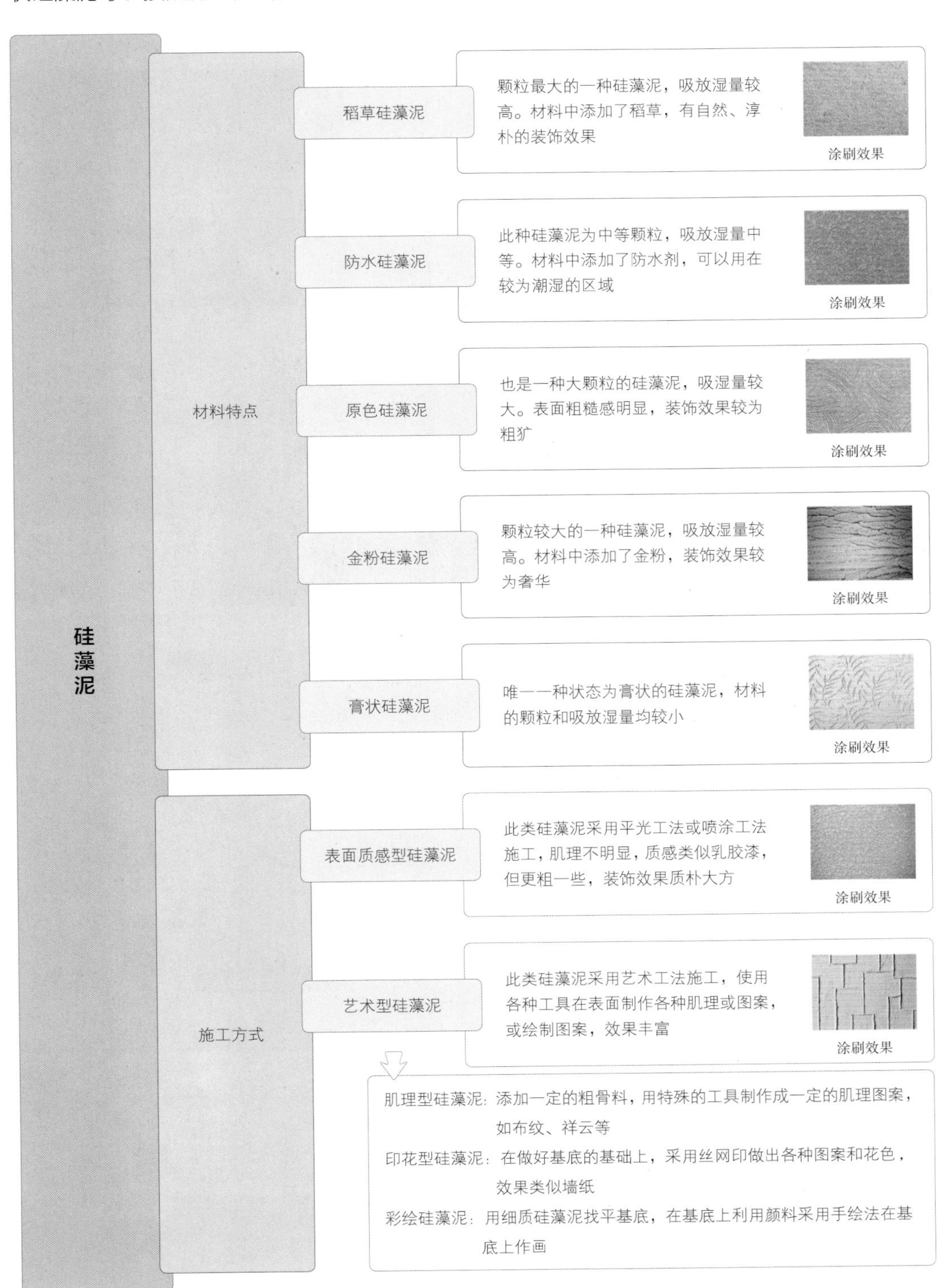

硅藻泥
材料特点
稻草硅藻泥
颗粒最大的一种硅藻泥，吸放湿量较高。材料中添加了稻草，有自然、淳朴的装饰效果
涂刷效果
防水硅藻泥
此种硅藻泥为中等颗粒，吸放湿量中等。材料中添加了防水剂，可以用在较为潮湿的区域
涂刷效果
原色硅藻泥
也是一种大颗粒的硅藻泥，吸湿量较大。表面粗糙感明显，装饰效果较为粗犷
涂刷效果
金粉硅藻泥
颗粒较大的一种硅藻泥，吸放湿量较高。材料中添加了金粉，装饰效果较为奢华
涂刷效果
膏状硅藻泥
唯一一种状态为膏状的硅藻泥，材料的颗粒和吸放湿量均较小
涂刷效果
施工方式
表面质感型硅藻泥
此类硅藻泥采用平光工法或喷涂工法施工，肌理不明显，质感类似乳胶漆，但更粗一些，装饰效果质朴大方
涂刷效果
艺术型硅藻泥
此类硅藻泥采用艺术工法施工，使用各种工具在表面制作各种肌理或图案，或绘制图案，效果丰富
涂刷效果
肌理型硅藻泥：添加一定的粗骨料，用特殊的工具制作成一定的肌理图案，如布纹、祥云等
印花型硅藻泥：在做好基底的基础上，采用丝网印做出各种图案和花色，效果类似墙纸
彩绘硅藻泥：用细质硅藻泥找平基底，在基底上利用颜料采用手绘法在基底上作画

3. 施工形式

硅藻泥可装饰顶面和墙面，在墙面上除了可单独平面涂刷外，还可与造型及其他材质组合。

（1）施工工法

施工工法有平光工法、喷涂工法和艺术工法三种。

平光工法：用不锈钢镘刀批刮，效果类似乳胶漆。

喷涂工法：肌理效果比较单一，多为凹凸状肌理。

艺术工法：效果因工具和手法而异，没有固定性，即使使用同一种工具和手法，不同的施工者，表现出的效果也不同。肌理表现多以仿照自然图案为主，有写实有抽象。

平光工法基本没有肌理感

喷涂工法非常适合室内顶面、墙面大面积设计为硅藻泥的情况

手绘卡通图案的艺术工法，充满童趣

（2）墙面造型施工

硅藻泥具有非常浓郁的质朴感，很适合用在美式、田园、地中海等具有自然特点的一类风格中，为了进一步突出此类风格的特点，硅藻泥作为背景墙的主材时，可搭配典型的风格造型，如经典的拱形或边角做变化的拱形、圆弧形等，此类造型多用石膏板制作，更便于硅藻泥的涂饰。

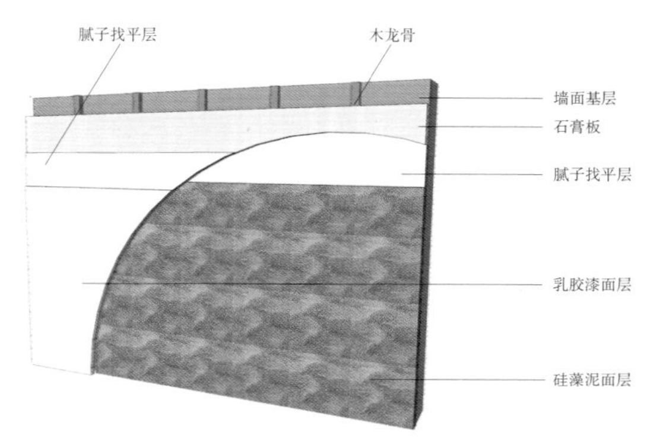
腻子找平层
木龙骨
墙面基层
石膏板
腻子找平层
乳胶漆面层
硅藻泥面层

施工分层图

硅藻泥与拱形组合

硅藻泥与弧形组合

（3）材质组合施工

硅藻泥除了可以通过造型来丰富装饰层次外，在一些不便于做造型的部位或小面积空间中，还可以通过与其他材质的组合来增添层次感。做此类组合，需要考虑施工的便捷性及效果的呈现，在一面墙上，做上下分割是比较合适的做法。下部可选择文化石、仿古砖、桑拿板或墙裙等，上部涂刷硅藻泥，中间用腰线过渡，腰线的材质可根据情况具体选择。

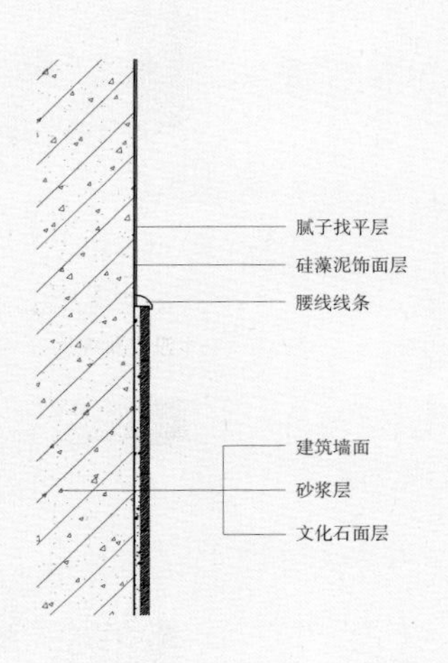
腻子找平层
硅藻泥饰面层
腰线线条
建筑墙面
砂浆层
文化石面层

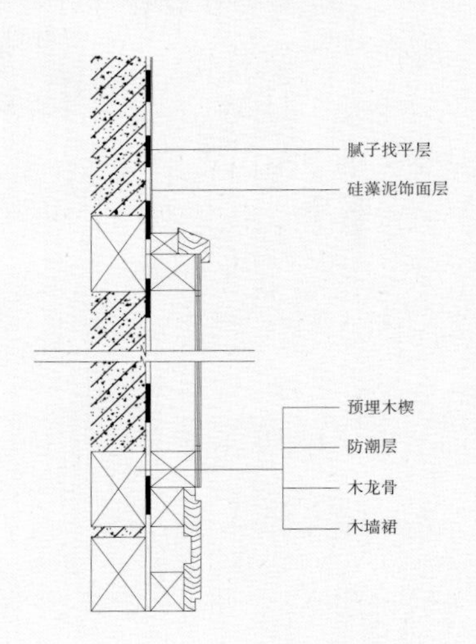
腻子找平层
硅藻泥饰面层
预埋木楔
防潮层
木龙骨
木墙裙

施工分层图

墙面上部涂刷米黄色的硅藻泥，下部使用仿砖石文化石，中间以深灰色腰线过渡，具有浓郁的质朴感，与实木地板等组合，协调、统一

以蓝色的硅藻泥搭配白色实木墙裙，搭配棕色实木腰线和米黄色仿古地砖，将地中海风格的质朴感和清新气质融合得恰到好处

小贴士

硅藻泥硬度较软，不耐磕碰

硅藻泥的硬度较软，不耐磕碰，因此不能用其装饰地面。在客厅等公共区域中，用其装饰墙面时，需要特别注意高度的选择，下方使用墙裙，上方涂饰硅藻泥是较为合适的做法；若整面墙均使用硅藻泥装饰，则需配置踢脚板，若担心损伤或污染硅藻泥墙面，可选择稍高一些的踢脚板，更能保护墙面。

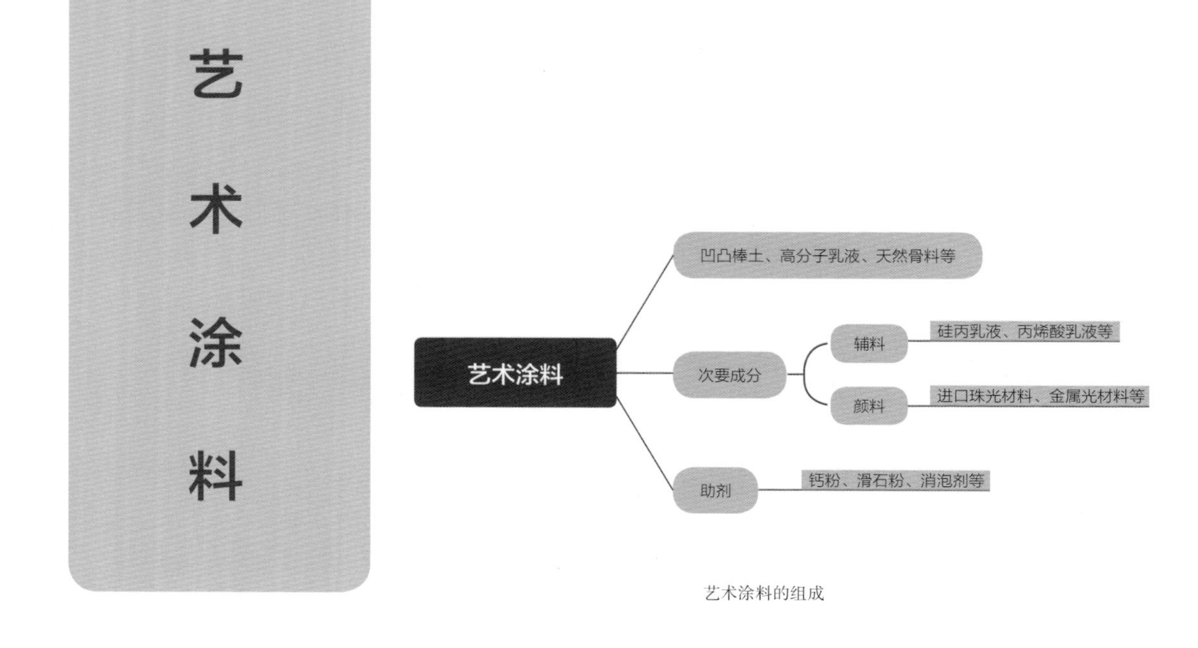
艺术涂料
艺术涂料
凹凸棒土、高分子乳液、天然骨料等
次要成分
辅料
硅丙乳液、丙烯酸乳液等
颜料
进口珠光材料、金属光材料等
助剂
钙粉、滑石粉、消泡剂等

艺术涂料的组成

1. 材料特点

物理性能特点：艺术涂料的突出特点为表达力强，可按照个人的思想进行设计，且种类繁多、色彩丰富。即使是单一的涂料，也会因为涂刷次数及施工手法的不同，而形成不同的效果。其装饰效果可与墙纸媲美，但无墙纸易变色、翘边、起泡、有接缝、寿命短等缺点。除此之外，还具有防水、防尘、阻燃等功能，优质艺术涂料甚至可洗刷。

原料分层特点：艺术涂料种类较多，组成也较为复杂，但从涂刷情况来看，可将其分为底层和面层两大部分。底层涂料下方为抗碱底漆及腻子层，但根据所用涂料品种的不同，也可以不使用抗碱底漆。

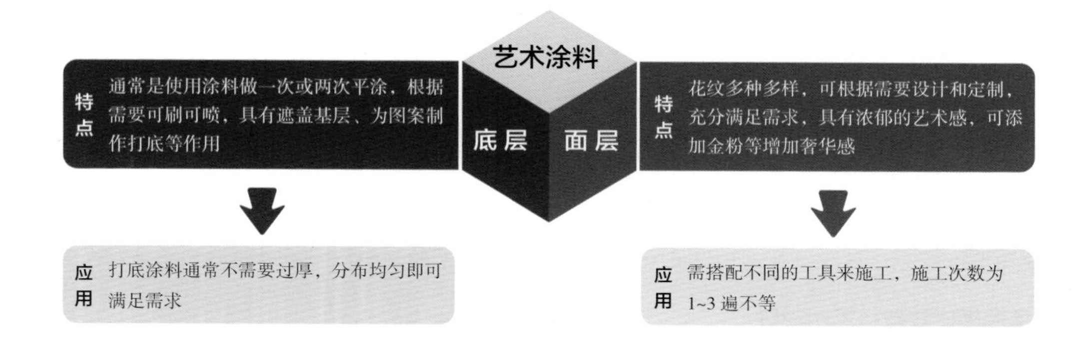
艺术涂料
底层
面层
特点
通常是使用涂料做一次或两次平涂，根据需要可刷可喷，具有遮盖基层、为图案制作打底等作用
应用
打底涂料通常不需要过厚，分布均匀即可满足需求
特点
花纹多种多样，可根据需要设计和定制，充分满足需求，具有浓郁的艺术感，可添加金粉等增加奢华感
应用
需搭配不同的工具来施工，施工次数为1~3遍不等

2. 材料分类

艺术涂料从涂刷效果方面分类，可分为肌理型和图案型两大类。肌理型以肌理质感为主，如仿岩石质感；图案型则具有丰富的图案和色彩。

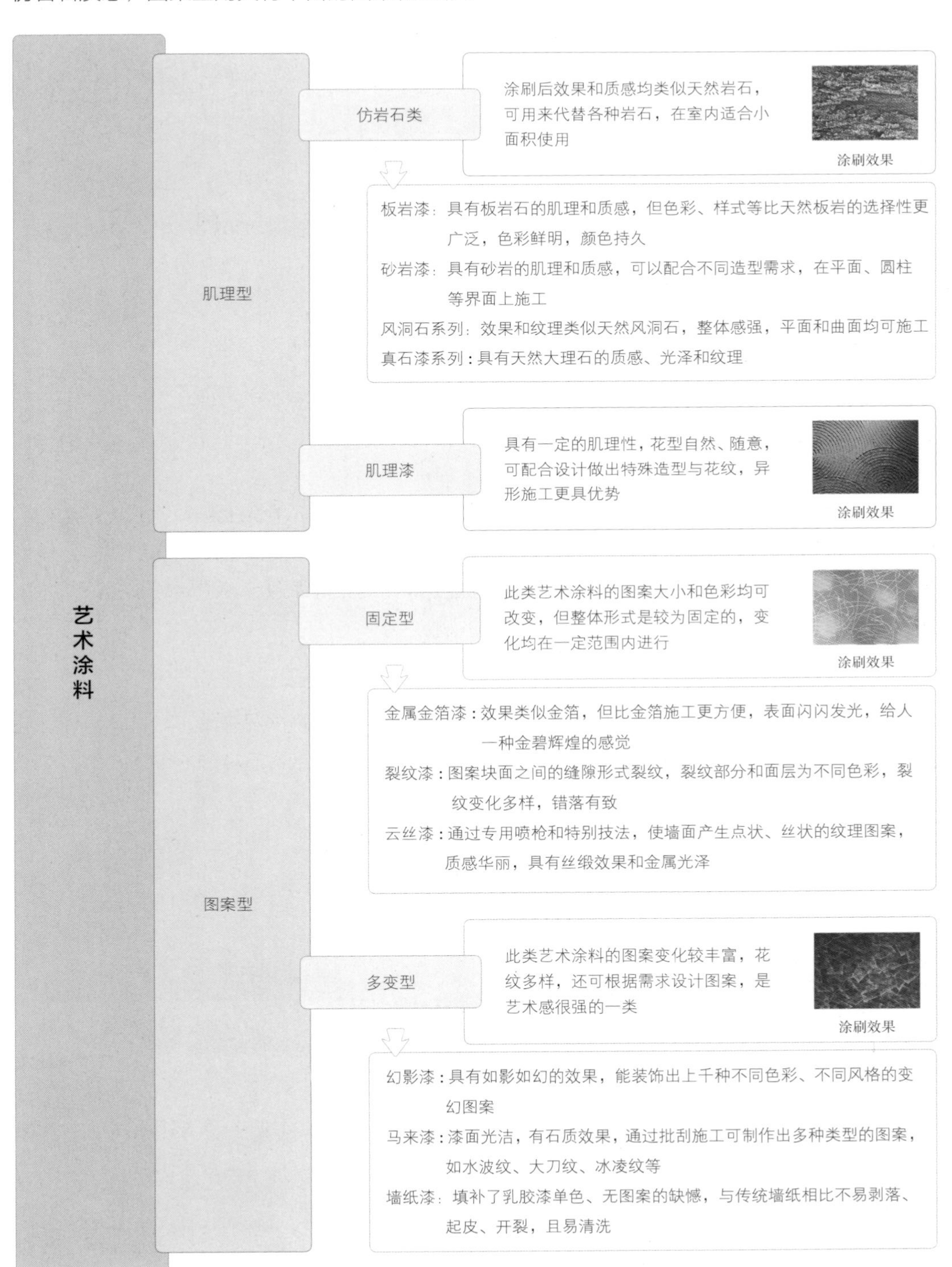

艺术涂料
肌理型
仿岩石类
涂刷后效果和质感均类似天然岩石，可用来代替各种岩石，在室内适合小面积使用
涂刷效果
板岩漆：具有板岩石的肌理和质感，但色彩、样式等比天然板岩的选择性更广泛，色彩鲜明，颜色持久
砂岩漆：具有砂岩的肌理和质感，可以配合不同造型需求，在平面、圆柱等界面上施工
风洞石系列：效果和纹理类似天然风洞石，整体感强，平面和曲面均可施工
真石漆系列：具有天然大理石的质感、光泽和纹理
肌理漆
具有一定的肌理性，花型自然、随意，可配合设计做出特殊造型与花纹，异形施工更具优势
涂刷效果
图案型
固定型
此类艺术涂料的图案大小和色彩均可改变，但整体形式是较为固定的，变化均在一定范围内进行
涂刷效果
金属金箔漆：效果类似金箔，但比金箔施工更方便，表面闪闪发光，给人一种金碧辉煌的感觉
裂纹漆：图案块面之间的缝隙形式裂纹，裂纹部分和面层为不同色彩，裂纹变化多样，错落有致
云丝漆：通过专用喷枪和特别技法，使墙面产生点状、丝状的纹理图案，质感华丽，具有丝缎效果和金属光泽
多变型
此类艺术涂料的图案变化较丰富，花纹多样，还可根据需求设计图案，是艺术感很强的一类
涂刷效果
幻影漆：具有如影如幻的效果，能装饰出上千种不同色彩、不同风格的变幻图案
马来漆：漆面光洁，有石质效果，通过批刮施工可制作出多种类型的图案，如水波纹、大刀纹、冰凌纹等
墙纸漆：填补了乳胶漆单色、无图案的缺憾，与传统墙纸相比不易剥落、起皮、开裂，且易清洗

3. 施工形式

艺术涂料适合用于墙面及局部顶面的饰面，其施工形式灵活多变，可根据所选涂料的特点具体进行选择。

（1）图案及肌理的施工

图案及肌理施工可分为印花、喷涂和刮涂三种方式。

印花：将面层肌理或图案通过工具印制在涂刷面上。

喷涂：利用喷涂工具将涂料喷洒在涂刷面上。

刮涂：主要工具为刮刀，是艺术涂料施工方式中变化最多的一种，通常需要进行多遍操作。

刮涂类的艺术涂料，在选择或设计图案时，可与涂刷处的面积结合。大面积涂刷，规则且低调的图案更合适，不容易显得凌乱；小面积涂刷则可根据表述需要进行选择

印花施工

喷涂施工

（2）材料组合施工

艺术涂料的图案或肌理非常具有独特性，因此，在进行施工设计时，无论是顶面还是墙面，均建议选择与之具有对比感、能够互相衬托的材料，例如乳胶漆、暗纹墙纸或低调的木纹板及文化石等，才能使整体装饰的层次感和主次更分明，并展现出艺术涂料独特的装饰性。

艺术涂料与文化石组合

艺术涂料与墙纸组合

艺术涂料与薄木贴面板组合

（3）造型施工

大多数艺术涂料，小面积涂刷时难以表现其特点，更多用于背景墙或一整面墙的装饰，此时若觉得层次单调，可搭配造型一起施工。大块面的直线条为主的造型，适应范围很广泛，可用石膏板做基层，做成“门”字框将艺术涂料包围起来，还可做成立体造型，底部暗藏灯光，以加强艺术感。

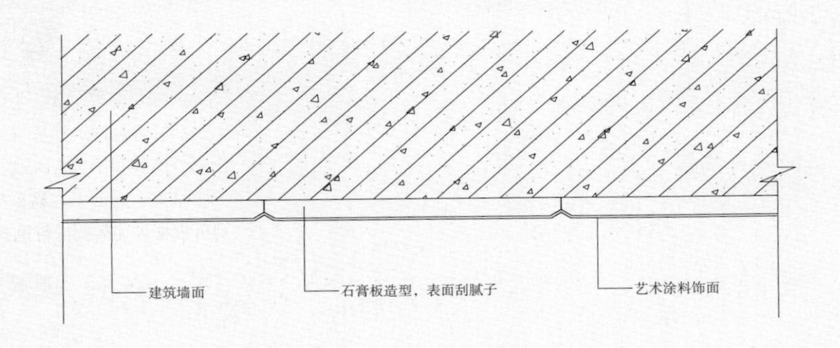
建筑墙面
石膏板造型，表面刮腻子
艺术涂料饰面

施工分层图

将艺术涂料用在沙发墙的中间部分，与四周的纯色木质墙裙和不锈钢条造型组合，时尚而又充满个性感

石膏板造型的面层用仿岩石类的艺术涂料饰面，搭配木质边框，粗犷、淳朴

小贴士

刮涂类艺术涂料，抛光到位才能具有光泽感

刮涂类艺术涂料，打磨是非常重要的，打磨得越到位光泽感越强。如马来漆，在第二道漆批刮完成后，就需用细砂纸仔细打磨圆滑；在第三道也批刮完成后，需用不锈钢刀调整好角度批刮抛光，直到墙面具有如大理石般的光泽。

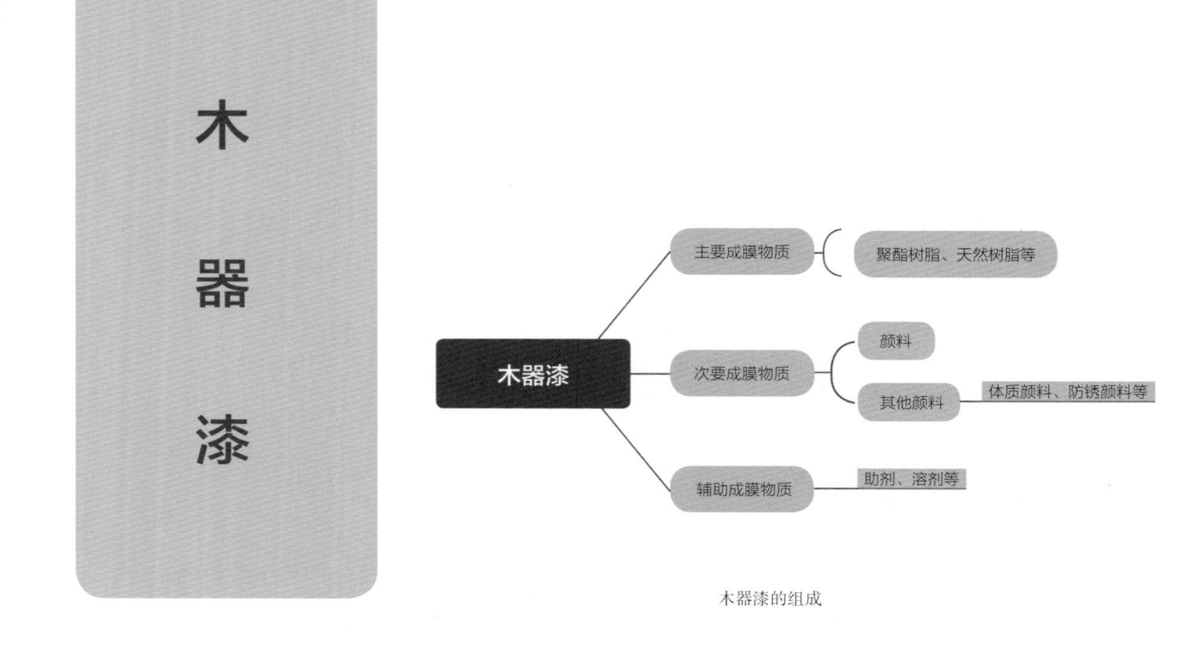
木
器
漆
木器漆
主要成膜物质
聚酯树脂、天然树脂等
次要成膜物质
颜料
其他颜料
体质颜料、防锈颜料等
辅助成膜物质
助剂、溶剂等

木器漆的组成

1. 材料特点

物理性能特点：木器漆为一类树脂漆，多用来涂饰木质制品。它具有使木质材料表面更加光滑、避免木质材料被硬物刮伤或产生划痕、有效防止水分渗入木材内部造成腐烂、有效防止阳光直晒木质家具造成干裂等作用。

原料分层特点：木器漆的种类较多，从整体成分来看，可将其分为主要成膜物质、次要成膜物质和辅助成膜物质等。从涂刷方面来看，其分层与乳胶漆相同，也分为底漆（底涂）和面漆（面涂）两个大的层次。面漆和底漆通常需要组合使用，若只使用面漆涂刷效果不佳，且会增加使用量。

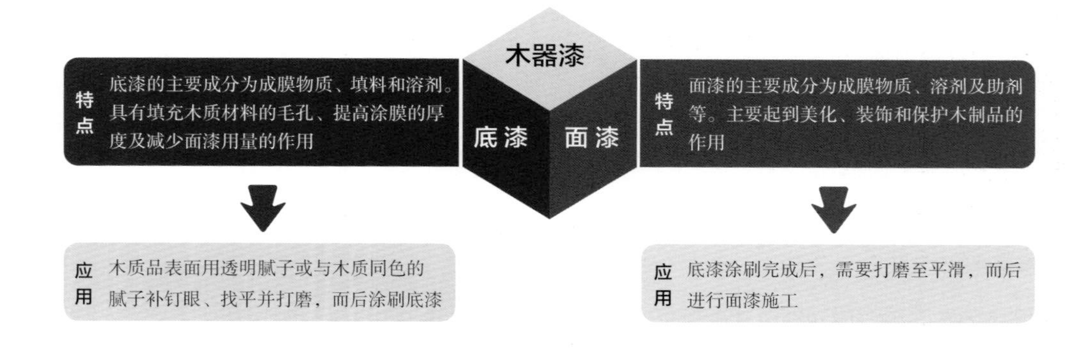
木器漆
底漆
面漆
特点
底漆的主要成分为成膜物质、填料和溶剂。具有填充木质材料的毛孔、提高涂膜的厚度及减少面漆用量的作用
应用
木质品表面用透明腻子或与木质同色的腻子补钉眼、找平并打磨，而后涂刷底漆
特点
面漆的主要成分为成膜物质、溶剂及助剂等。主要起到美化、装饰和保护木制品的作用
应用
底漆涂刷完成后，需要打磨至平滑，而后进行面漆施工

2. 材料分类

木器漆按照涂刷效果可分为露木纹和不露木纹两种类型；按涂刷后的光泽感可分为高光、半亚光及亚光等类型；按特点又可分为水性漆和油性漆两种类型。

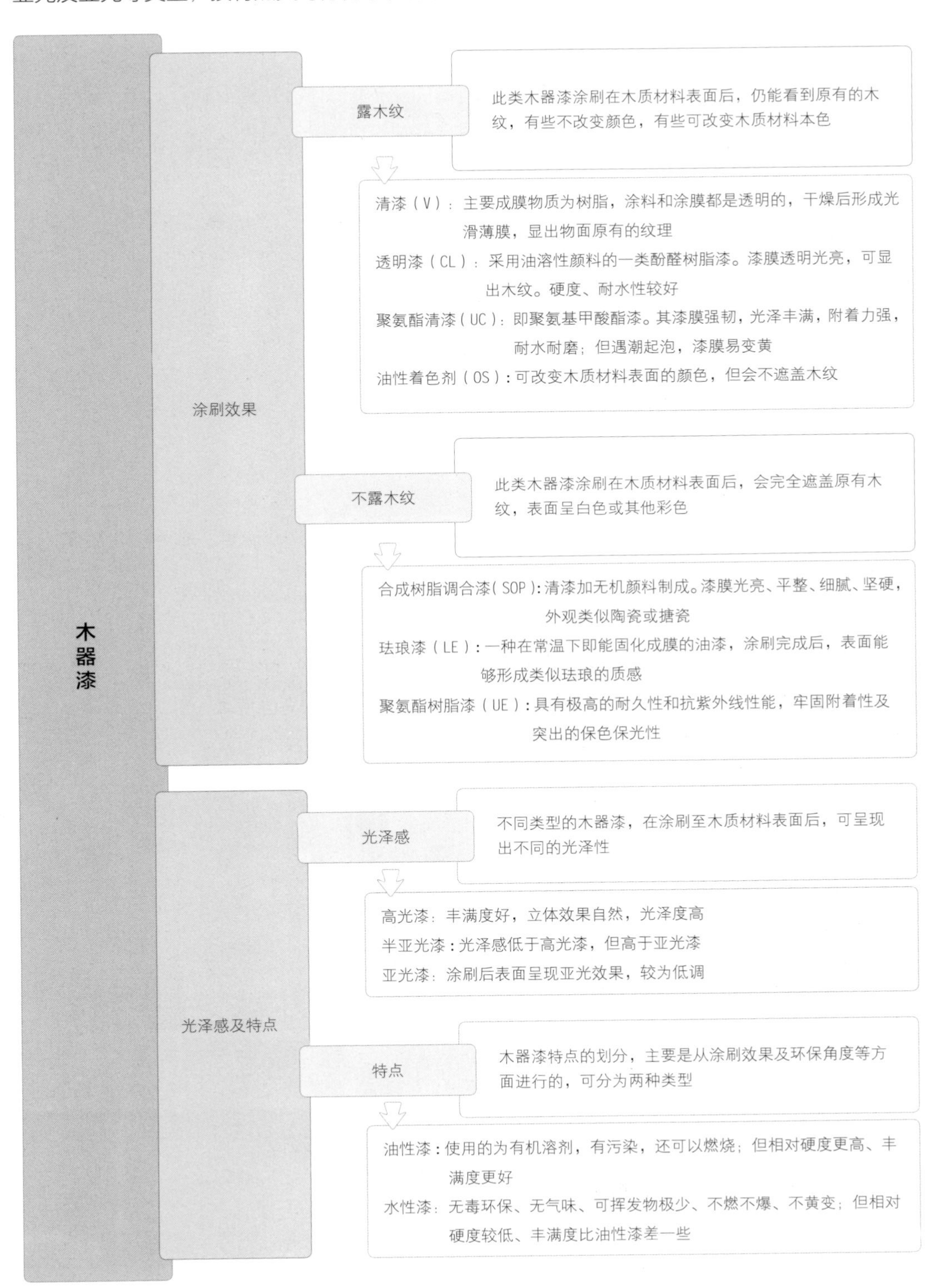

木器漆
涂刷效果
露木纹
此类木器漆涂刷在木质材料表面后，仍能看到原有的木纹，有些不改变颜色，有些可改变木质材料本色
清漆（V）：主要成膜物质为树脂，涂料和涂膜都是透明的，干燥后形成光滑薄膜，显出物面原有的纹理
透明漆（CL）：采用油溶性颜料的一类酚醛树脂漆。漆膜透明光亮，可显出木纹。硬度、耐水性较好
聚氨酯清漆（UC）：即聚氨基甲酸酯漆。其漆膜强韧，光泽丰满，附着力强，耐水耐磨；但遇潮起泡，漆膜易变黄
油性着色剂（OS）：可改变木质材料表面的颜色，但会不遮盖木纹
不露木纹
此类木器漆涂刷在木质材料表面后，会完全遮盖原有木纹，表面呈白色或其他彩色
合成树脂调合漆（SOP）：清漆加无机颜料制成。漆膜光亮、平整、细腻、坚硬，外观类似陶瓷或搪瓷
珐琅漆（LE）：一种在常温下即能固化成膜的油漆，涂刷完成后，表面能够形成类似珐琅的质感
聚氨酯树脂漆（UE）：具有极高的耐久性和抗紫外线性能，牢固附着性及突出的保色保光性
光泽感及特点
光泽感
不同类型的木器漆，在涂刷至木质材料表面后，可呈现出不同的光泽性
高光漆：丰满度好，立体效果自然，光泽度高
半亚光漆：光泽感低于高光漆，但高于亚光漆
亚光漆：涂刷后表面呈现亚光效果，较为低调
特点
木器漆特点的划分，主要是从涂刷效果及环保角度等方面进行的，可分为两种类型
油性漆：使用的为有机溶剂，有污染，还可以燃烧；但相对硬度更高、丰满度更好
水性漆：无毒环保、无气味、可挥发物极少、不燃不爆、不黄变；但相对硬度较低、丰满度比油性漆差一些

3. 施工形式

木器漆的施工形式从面层看有清漆和混油两种；从整体看有平面和立体两种类型。

（1）面层施工形式

清漆施工：用砂纸把木饰面表面打光，刷底漆。干透后，用腻子遮盖钉眼、树疤等缺陷，用细砂纸磨光，刷第一遍面漆，干透后打磨，再刷第二遍面漆，而后进行水磨，然后刷最后一遍面漆。

混油施工：需先用原子灰满批木器表面，干透后用砂纸打磨抛光，而后刷第一遍漆，点补不足之处，干透后用砂纸打磨，刷第二遍漆，干透后重复第二遍的步骤，一般刷 2~3 遍。

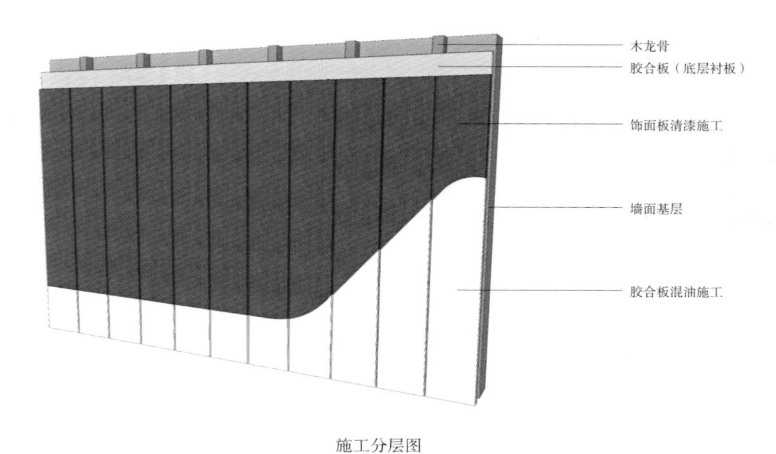
木龙骨
胶合板（底层衬板）
饰面板清漆施工
墙面基层
胶合板混油施工

施工分层图

墙面为两层高度，且使用了不同颜色的木板进行设计，为了凸显设计的特点，采用清漆施工最为适合，亚光的质感与整体风格更协调

半亚光清漆

清漆、混油混合施工

（2）整体施工形式

平面施工：指在建筑原墙面或顶面上，做平面式的基层，表面贴（或钉）木质材料，再用木器漆饰面的方式，效果较为简约。

立体施工：指在建筑原墙面或顶面上，做立体式的基层，而后贴（或钉）木质材料，表面使用木器漆饰面的方式，立体感强，还可设计灯槽，适合现代风格或华丽风格的空间。

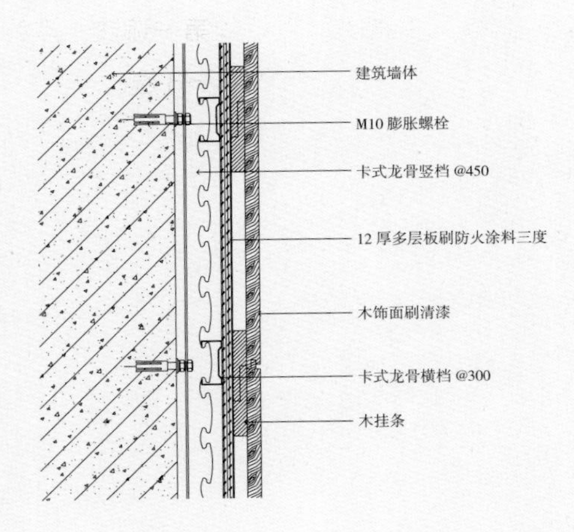
建筑墙体
M10 膨胀螺栓
卡式龙骨竖档 @450
12 厚多层板刷防火涂料三度
木饰面刷清漆
卡式龙骨横档 @300
木挂条

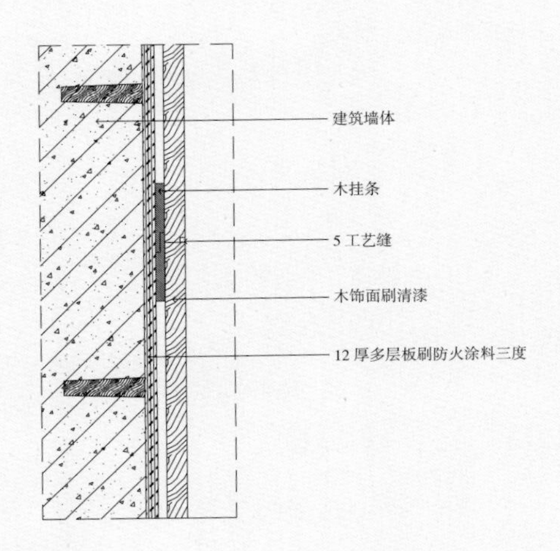
建筑墙体
木挂条
5 工艺缝
木饰面刷清漆
12 厚多层板刷防火涂料三度

施工分层图

木器漆采用平面施工时，在电视墙等主要部位，可以将木质材料与其他材质组合做成平面；或者在木质材料表面，用线条设计一些简洁的造型，均可丰富装饰层次

木器漆立体施工的设计非常多样化，以背景墙为例，若从实用角度出发，可在中间做主要造型，两侧设计为储物架等；若从美观出发，可均设计成造型，并叠加灯光

小贴士

木器漆的施工技巧

不同类型的木材施工略有区别，若为硬木材（如柚木、榉木等）应慎用腻子、泡力水等打底，可直接刷油漆，填缝可用油漆加细木粉搅拌均匀填补；若是一般木材，用透明腻子做底材处理时，腻子应用刮刀均匀涂刮整个基层，宜薄不宜厚，打磨要均匀并要彻底打磨掉多余的透明腻子，以免造成漆病。

CHAPTER TWO

裱糊材料指裱糊施工的纸张或布，具有色彩多样、图案丰富、施工方便、价格选择范围广等特点,可满足不同档次的装修需求。

第二章

裱糊材料

通过裱糊方式进行施工的材料即为裱糊材料，包括墙纸和墙布，墙纸以纸裱褙，墙布的面层为各种布。此类材料具有色彩多样、图案丰富、安全环保、施工便捷、价格可选择范围多样等优点，除了可以用于墙面饰面外，还可用来装饰顶面、隔断、柜门等部位。

裱糊材料在塑造空间的能力上以及设计的可发挥性上，均具有很大的空间，早在文艺复兴时期就开始被使用，随着现代科技的发展，产品研发也在不断进步，主要体现在以下两方面。

更加注重环保性：近年来，人们对环保越来越关注，随之而来的，在室内装修中用量较大的墙纸，在研发时也越来越注重环保性。出现了减少精加工工序、减少添加剂使用的天然类材质的产品，如将草、竹、藤等天然原料经过简单的清洗、加工后采用编织方式制成的编织墙纸，与传统的墙纸、墙布相比，它们更环保、更透气，且具有浓郁的古朴感，符合人们回归田园的理念，另外还有蛭石（云母片）墙纸、树皮墙纸、贝壳墙纸等。

肌理、图案的丰富：人们的审美意识在不断提高，更多的人开始追求个性化，一些常规性的图案和以往墙纸、墙布总体来看不甚明显的肌理感，已难以满足人们的需求，因此，裱糊材料的图案和肌理也越来越丰富，并且还在跟随市场潮流和风格趋势等流行因素不断地进行创新。

天然材料的墙纸 ▶

肌理、图案丰富 ▶

裱糊材料可分为墙纸和墙布两大类，各自的特征与用途如下。

裱糊材料			
墙纸	PVC 墙纸 主料：聚氯乙烯树脂	普通型 PVC 墙纸、发泡型墙纸、功能型墙纸等	用途：天花板、墙壁、隔断、柜门
	纯纸墙纸 主料：各种纸浆	裱纸墙纸、纸浆纸墙纸、纸墙纸、槿麻纸墙纸等	用途：天花板、墙壁、隔断、柜门
	金属墙纸 主料：金属	金箔墙纸、银箔墙纸、金属质感墙纸等	用途：天花板、墙壁、隔断、柜门
	无纺墙纸 主料：无纺布、无纺纸	化纤纤维无纺墙纸和植物纤维加少化纤无纺墙纸等	用途：天花板、墙壁、隔断、柜门
	天然材料墙纸 主料：天然材料	草编墙纸、木纤维墙纸、蛭石墙纸、树皮墙纸、贝壳墙纸等	用途：天花板、墙壁、隔断、柜门
	植绒墙纸 主料：尼龙毛、黏胶毛等	纸类植绒墙纸和膜类植绒墙纸	用途：墙壁、隔断、柜门
墙布	天然材质墙布 主料：棉麻纤维、锦缎、丝绸	纯棉装饰墙布、锦缎墙布、织物墙布、丝绸墙布等	用途：天花板、墙壁、隔断
	无纺墙布 主料：棉麻纤维或合成纤维	天然纤维无纺墙布及合成纤维无纺墙布等	用途：天花板、墙壁、隔断
	化纤材质墙布 主料：化纤纤维	化纤墙布和植绒墙布等	用途：天花板、墙壁、隔断
	玻璃纤维墙布 主料：玻璃纤维	合股纱、直接纱、喷射纱等	用途：天花板、墙壁、隔断

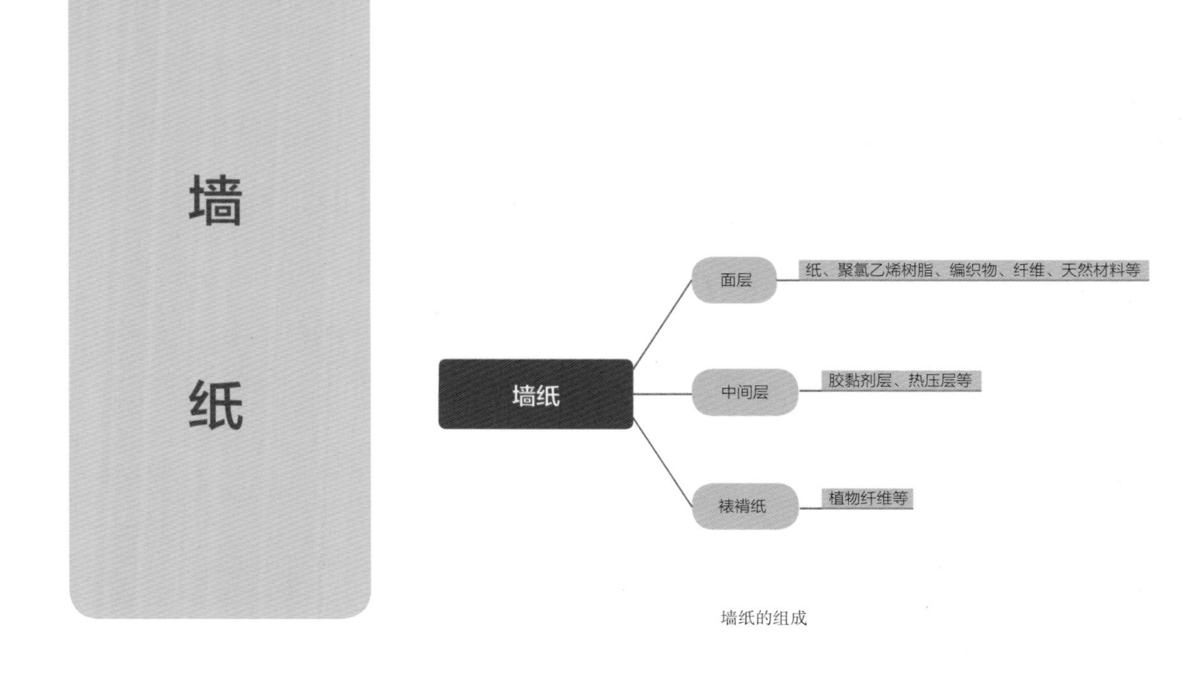
墙
纸
墙纸
面层
纸、聚氯乙烯树脂、编织物、纤维、天然材料等
中间层
胶黏剂层、热压层等
裱褙纸
植物纤维等

墙纸的组成

1. 材料特点

物理性能特点：墙纸也叫作壁纸，以纸作为基层，经过涂布、印刷、覆膜、压纹等工序制成。色系、花纹和质感繁多，装饰效果极强，为设计提供了广阔的可能性。除此外，它还具有一定的强度、韧度和良好的抗水性能，功能性墙纸还具有防火、除臭、抗菌、防霉等功效。

原料分层特点：总体来说墙纸由裱糊纸、中间层和面层三部分组成。裱糊纸的主要作用为承托面层材料和承载胶黏剂；中间层主要为裱糊纸和面层的连接层；面层为装饰层，可使用多种材质。从施工方面来看，墙纸可分为裱糊层和面层两大部分，裱糊层主要为胶黏剂（糯米胶、淀粉胶和桶装胶），面层为各种类型的墙纸。

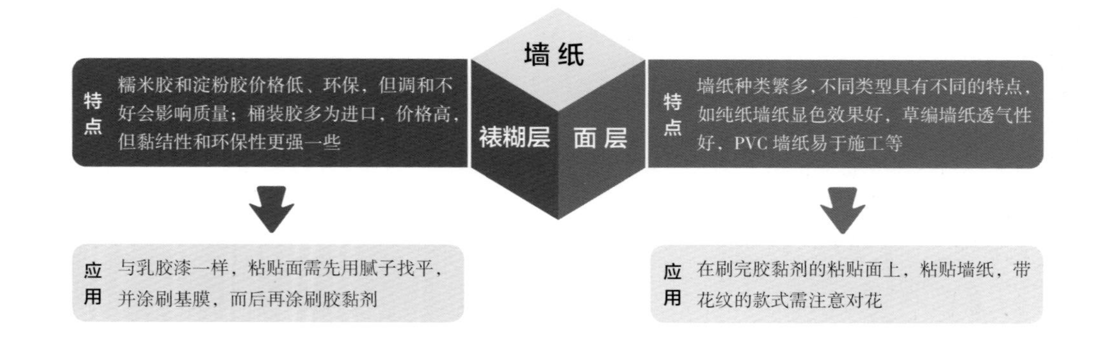
墙纸
裱糊层
面层
特点
糯米胶和淀粉胶价格低、环保，但调和不好会影响质量；桶装胶多为进口，价格高，但黏结性和环保性更强一些
应用
与乳胶漆一样，粘贴面需先用腻子找平，并涂刷基膜，而后再涂刷胶黏剂
特点
墙纸种类繁多，不同类型具有不同的特点，如纯纸墙纸显色效果好，草编墙纸透气性好、PVC墙纸易于施工等
应用
在刷完胶黏剂的粘贴面上，粘贴墙纸，带花纹的款式需注意对花

2. 材料分类

根据面层用材的不同，墙纸可分为 PVC 墙纸、纯纸墙纸、金属墙纸、无纺墙纸、天然材料墙纸和植绒墙纸等类型；根据图案制作方式的不同，又可分为印刷墙纸、手绘墙纸和编织墙纸等。

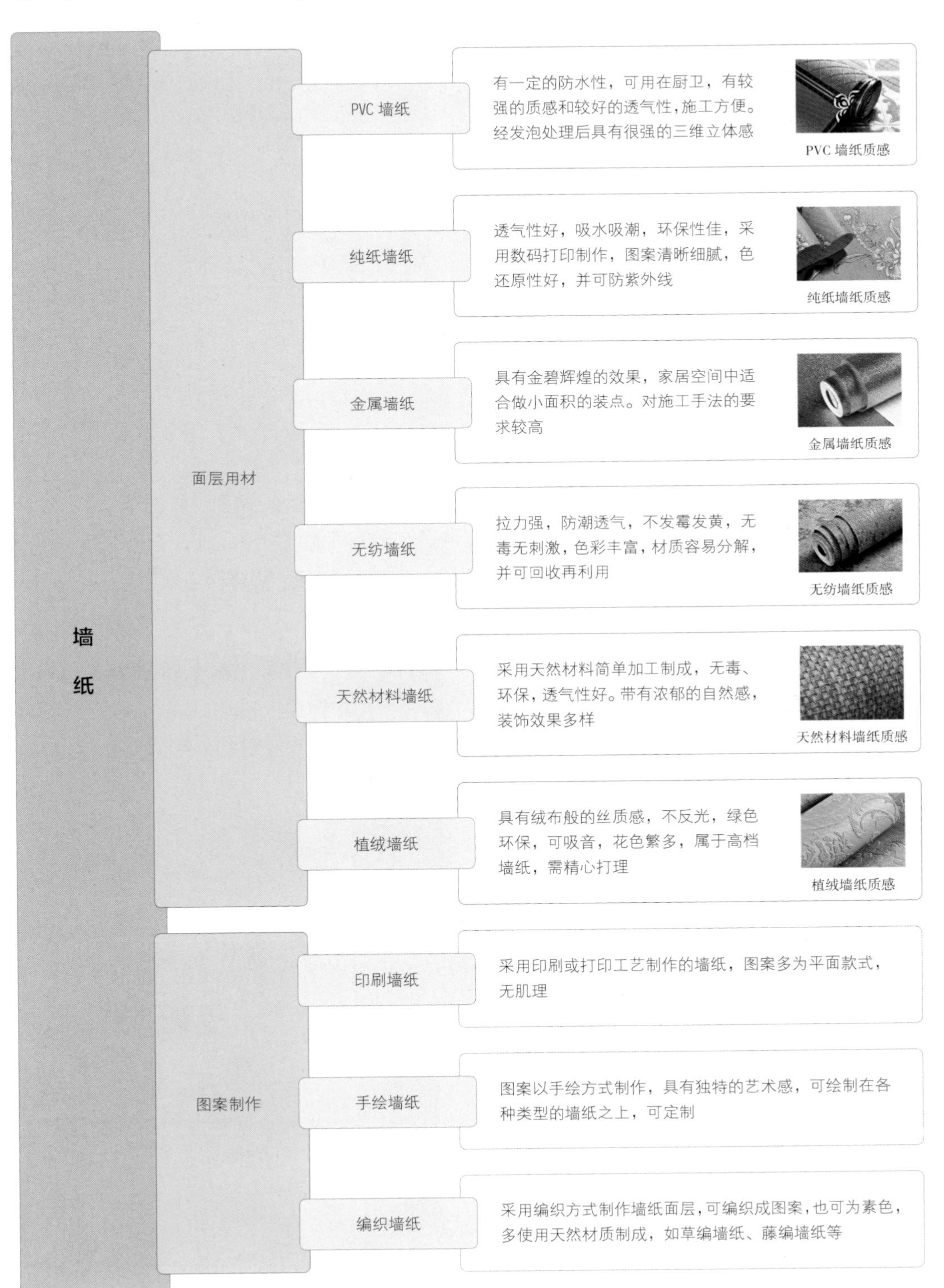
墙纸
面层用材
PVC 墙纸
有一定的防水性，可用在厨卫，有较强的质感和较好的透气性，施工方便。经发泡处理后具有很强的三维立体感
PVC 墙纸质感
纯纸墙纸
透气性好，吸水吸潮，环保性佳，采用数码打印制作，图案清晰细腻，色还原性好，并可防紫外线
纯纸墙纸质感
金属墙纸
具有金碧辉煌的效果，家居空间中适合做小面积的装点。对施工手法的要求较高
金属墙纸质感
无纺墙纸
拉力强，防潮透气，不发霉发黄，无毒无刺激，色彩丰富，材质容易分解，并可回收再利用
无纺墙纸质感
天然材料墙纸
采用天然材料简单加工制成，无毒、环保，透气性好。带有浓郁的自然感，装饰效果多样
天然材料墙纸质感
植绒墙纸
具有绒布般的丝质感，不反光，绿色环保，可吸音，花色繁多，属于高档墙纸，需精心打理
植绒墙纸质感
图案制作
印刷墙纸
采用印刷或打印工艺制作的墙纸，图案多为平面款式，无肌理
手绘墙纸
图案以手绘方式制作，具有独特的艺术感，可绘制在各种类型的墙纸之上，可定制
编织墙纸
采用编织方式制作墙纸面层，可编织成图案，也可为素色，多使用天然材质制成，如草编墙纸、藤编墙纸等

3. 施工形式

墙纸的施工形式有对花和不对花两种方式，除单独粘贴外，还可与造型或其他材料组合施工。

（1）单独施工

墙纸的施工形式有对花和不对花两种，对花又分为平行对花和错位对花两种方式。

对花：平行对花为花纹平行或水平相对；错位对花为花纹交错相对，即张数为单数的墙纸花纹相同，张数为双数的墙纸花纹相同。

不对花：无须对花，粘贴时，通常都需要正反贴。

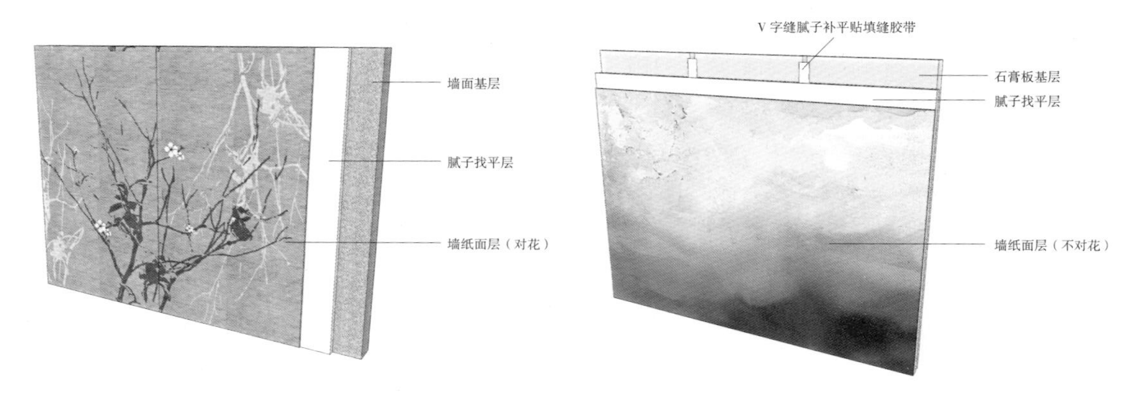
墙面基层
腻子找平层
墙纸面层（对花）
V字缝腻子补平贴填缝胶带
石膏板基层
腻子找平层
墙纸面层（不对花）

施工分层图

纹理不规则，暗纹或素色的墙纸，无须对花施工

小面积手绘墙纸通常为整幅产品，无须对花施工

规律性的图案为了整齐，通常都需要对花施工

（2）组合施工

墙纸施工的便捷性与乳胶漆类似，且花色繁多，常用来装饰墙面。施工时，除了单一花色或混合花色平贴于墙面外，在一些背景墙部位，还可以组合一些造型或其他材质施工，以丰富整体装饰的层次感。造型或所搭配的材质基本没有什么限制性，可根据所选室内风格的特点来确定。

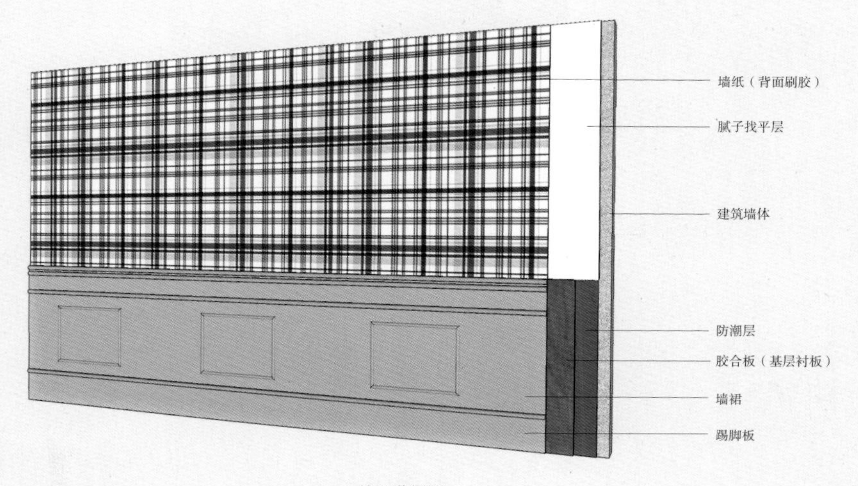
墙纸（背面刷胶）
腻子找平层
建筑墙体
防潮层
胶合板（基层衬板）
墙裙
踢脚板

施工分层图

在小面积的美式空间中，设计时用较具有代表性的连续拱形造型搭配花朵图案的墙纸，表现出美式风格自然感的同时，也增添了一分灵动

格纹墙纸与护墙板的组合，避免了墙面装饰的单一性，且墙纸和护墙板都选择了规则感很强的类型，使书房充满了理性气质

小贴士

墙纸施工注意事项

①非天然材质的墙纸，粘接面通常涂刷一遍基膜即可；若粘贴的是天然材质的墙纸，则需涂刷两遍基膜。

②涂胶时要注意薄厚均匀，特别是表面不便清理胶痕的金属墙纸、草编墙纸、植绒墙纸等，涂胶不可过厚，且表面应粘贴保护带，避免胶溢出至表面而污染墙纸。

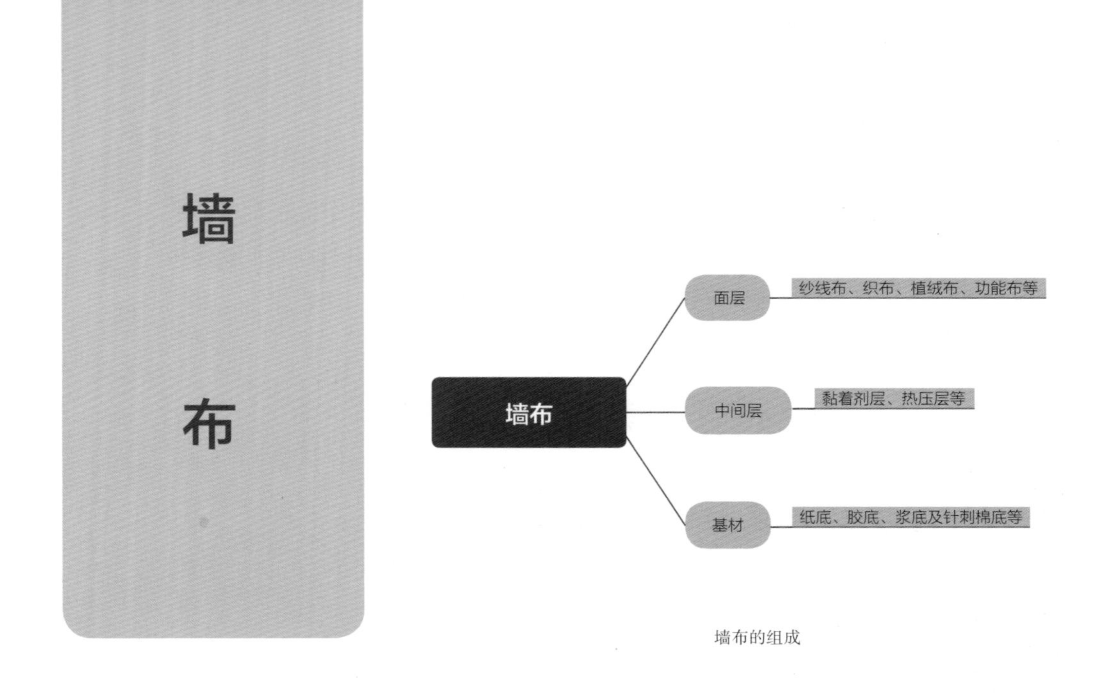
墙
布
墙布
面层
纱线布、织布、植绒布、功能布等
中间层
黏着剂层、热压层等
基材
纸底、胶底、浆底及针刺棉底等
墙布的组成

1. 材料特点

物理性能特点：墙布也叫作壁布，表面均为布类材质，底层有纸也有布，结构有单层也有多层。墙布多采用丝、毛、棉、麻等天然纤维纺织而成，没有气味，环保性佳，且抗拉性好、耐磨、方便打理、吸音隔音。与墙纸类似的是其色彩多样、图案丰富，但花纹的样式相对来说比墙纸少，多为几何图形和花卉图案。

原料分层特点：墙布的结构可分为两种类型，一种是单层结构，由一层材料编织而成；另一种是复合结构，由两层或两层以上的材料复合制成，总体来说，通常可分为基材、中间层和面层三部分。墙布的施工层次与墙纸相同，也分为裱糊层和面层两部分。

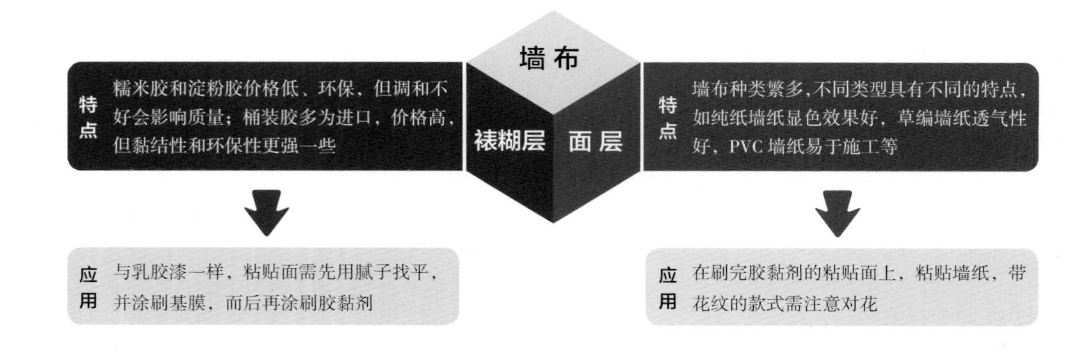
墙布
裱糊层
面层
特点
糯米胶和淀粉胶价格低、环保，但调和不好会影响质量；桶装胶多为进口，价格高，但黏结性和环保性更强一些
应用
与乳胶漆一样，粘贴面需先用腻子找平，并涂刷基膜，而后再涂刷胶黏剂
特点
墙布种类繁多，不同类型具有不同的特点，如纯纸墙纸显色效果好，草编墙纸透气性好，PVC墙纸易于施工等
应用
在刷完胶黏剂的粘贴面上，粘贴墙纸，带花纹的款式需注意对花

2. 材料分类

墙布根据所使用的材料可分为天然材质墙布、无纺墙布、化纤材质墙布及玻璃纤维墙布等；根据层次构成可分为单层墙布和复合墙布两种；根据幅面可分为普通墙布和无缝墙布两种。

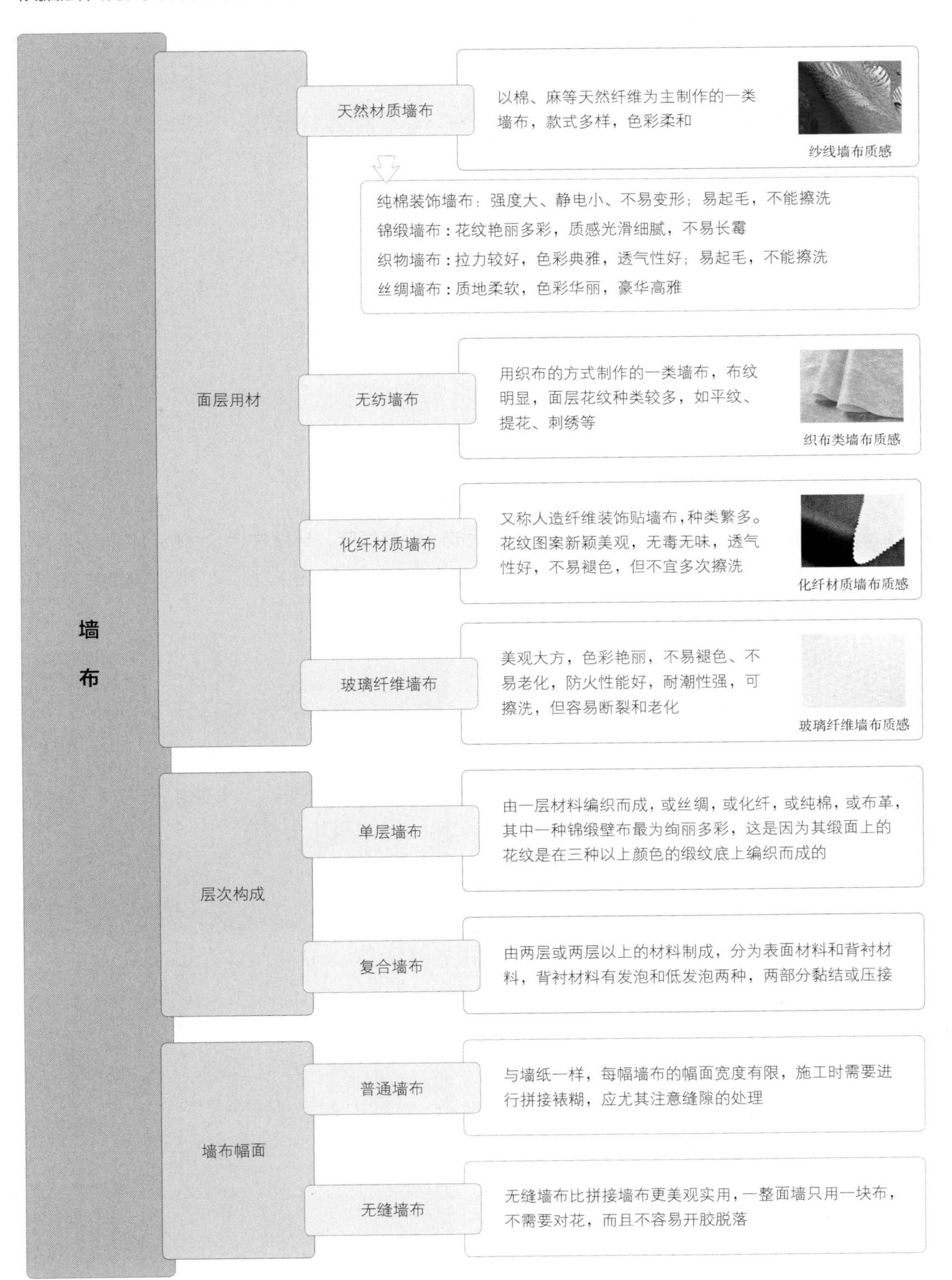

墙布
面层用材
天然材质墙布
以棉、麻等天然纤维为主制作的一类墙布，款式多样，色彩柔和
纱线墙布质感
纯棉装饰墙布：强度大、静电小、不易变形；易起毛，不能擦洗
锦缎墙布：花纹艳丽多彩，质感光滑细腻，不易长霉
织物墙布：拉力较好，色彩典雅，透气性好；易起毛，不能擦洗
丝绸墙布：质地柔软，色彩华丽，豪华高雅
无纺墙布
用织布的方式制作的一类墙布，布纹明显，面层花纹种类较多，如平纹、提花、刺绣等
织布类墙布质感
化纤材质墙布
又称人造纤维装饰贴墙布，种类繁多。花纹图案新颖美观，无毒无味，透气性好，不易褪色，但不宜多次擦洗
化纤材质墙布质感
玻璃纤维墙布
美观大方，色彩艳丽，不易褪色、不易老化，防火性能好，耐潮性强，可擦洗，但容易断裂和老化
玻璃纤维墙布质感
层次构成
单层墙布
由一层材料编织而成，或丝绸，或化纤，或纯棉，或布革，其中一种锦缎壁布最为绚丽多彩，这是因为其缎面上的花纹是在三种以上颜色的缎纹底上编织而成的
复合墙布
由两层或两层以上的材料制成，分为表面材料和背衬材料，背衬材料有发泡和低发泡两种，两部分黏结或压接
墙布幅面
普通墙布
与墙纸一样，每幅墙布的幅面宽度有限，施工时需要进行拼接裱糊，应尤其注意缝隙的处理
无缝墙布
无缝墙布比拼接墙布更美观实用，一整面墙只用一块布，不需要对花，而且不容易开胶脱落

3. 施工形式

墙布有冷胶和热胶两种施工形式，其施工组合方式与墙纸类似，可与造型或其他材质组合。

（1）裱糊方式

墙布的裱糊方式有冷胶和热胶两种施工方式，前者需要单独准备裱糊材料，后者自带背胶。

冷胶施工：需先将墙布胶或者环保糯米胶涂刷到墙壁上，等水分蒸发后形成黏性，再进行墙布铺贴。技术成熟，但单人施工较困难，容易出现起泡、空鼓等问题。

热胶施工：用专业热烫及熨烫操作即可完成裱糊。不污染墙布表面和室内其他物体，不起皱，边角平直。但对施工人员水平要求高，成本高，晒到太阳的地方容易溶胶、起鼓。

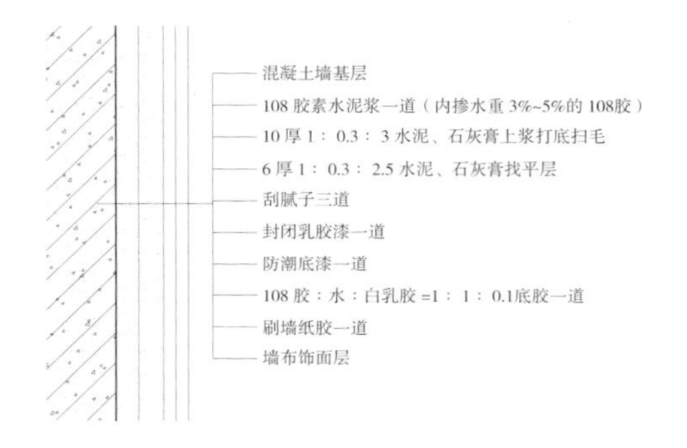
混凝土墙基层
108 胶素水泥浆一道（内掺水重 3%~5%的 108胶）
10 厚 1：0.3：3 水泥、石灰膏上浆打底扫毛
6 厚 1：0.3：2.5 水泥、石灰膏找平层
刮腻子三道
封闭乳胶漆一道
防潮底漆一道
108 胶：水：白乳胶 =1：1：0.1底胶一道
刷墙纸胶一道
墙布饰面层

施工分层图（冷胶施工混凝土基层）

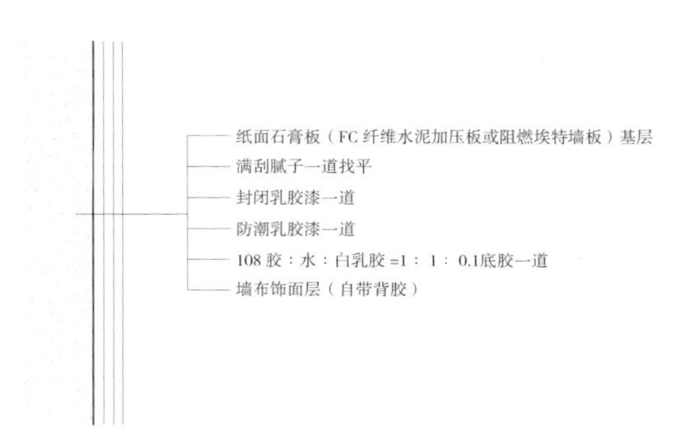
纸面石膏板（FC 纤维水泥加压板或阻燃埃特墙板）基层
满刮腻子一道找平
封闭乳胶漆一道
防潮乳胶漆一道
108 胶：水：白乳胶 =1：1：0.1底胶一道
墙布饰面层（自带背胶）

施工分层图（热胶施工纸面石膏板基层）

单面墙施工时，可根据情况选择冷胶或热压均可

屋内墙面全部裱糊墙布时，更适合选择热压施工

墙布与其他材质混合施工时，适合采用热压施工

（2）组合施工

墙布的组合施工形式，除了可以参考墙纸部分组合施工的内容外，由于其具有柔软感和超强的抗拉扯性，且比普通布料的花色选择范围更广，因此，还可以用来替换普通布料，作为软包或硬包造型的饰面材料使用，用在背景墙部位。但并不是所有类型的墙布均适合做包裹的造型，应选择柔软的类型。

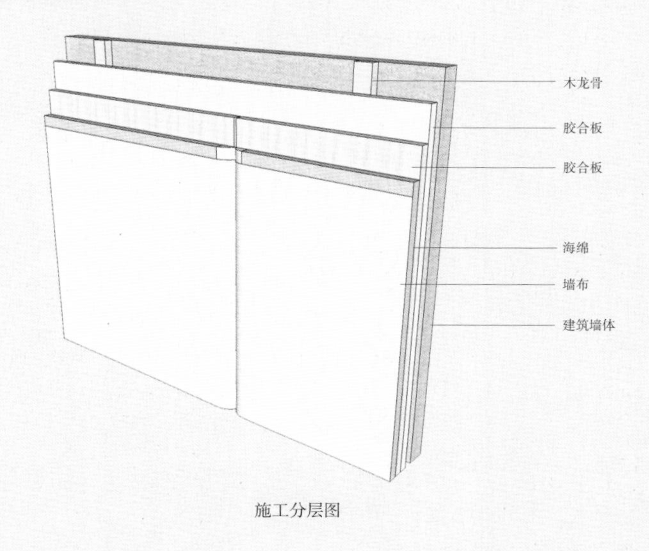
木龙骨
胶合板
胶合板
海绵
墙布
建筑墙体

施工分层图

墙布与墙纸一样，当空间面积较小时可单独使用，若大面积空间或单独使用觉得单调，可同时组合造型及乳胶漆、石材、木料等其他材质丰富层次感

用墙布制作软包或硬包时，可以搭配一些线条来丰富造型，同时做收边使用。若追求现代感，可使用不锈钢条、钨钢条等材料；若追求复古感，则可使用木线条

小贴士

墙布施工应注重基层处理

①老墙或有色差墙体在贴墙布时易产生泛色、透底、色差等情况，应使用白色覆盖型基膜涂刷墙面。

②乳胶漆墙面，可用胶带纸粘贴在表面，5min 后撕开胶带，胶带上没有脱落的涂膜，即符合施工要求，可刷基膜施工；若有脱皮现象，则需将其铲除，重新刮腻子，干透后再刷基膜施工。

CHAPTER THREE

木质材料以其独特的装饰感和易加工性能，为设计工作提供了无限可能性，可用于制作板材、地板、家具、贴面装饰等。

第三章

木质材料

木质材料以其独特的装饰感和易加工性能，为设计工作提供了无限可能性，可用于制作板材、地板、家具、贴面装饰等。从现有市面产品来看，木质材料总体可分为天然木和人造木两大类，人造木又包含实木皮夹板和人造夹板两种类型。

木质材料作为饰面材料的一个大的分支，使用频率非常高，伴随着人们审美眼光的不断进步，各个厂家也在不断地开发新品。其发展前景可总结为两个方向。

新产品不断开发：如炭化木、防腐木的出现，以及夹板种类的不断丰富等。炭化木和防腐木环保性极强，以常见的树种为原料，经过处理后，具有防腐、防水性能，可用在潮湿区域，解决了木料易腐朽的难题；早期的夹板多用于结构制作，发展至今，更高端的科技手段和打印技术，使可仿制纹理种类增多，在墙面、顶面及家具的饰面应用上选择更丰富。

木材循环利用和特殊效果的开发：将使用过的木材处理后进行再次使用，或将木皮等原有下脚料进行处理，表现独特的个性美。此类材料包括古船木、老木板及软木等，不仅可用来装饰墙面和家具，还可用在地面，充分满足人们的个性化需求。

天然木 ▶
人造木 ▶

木质材料可分为实木材料和人造木材料两大类，特征与用途如下。

木质材料	类别	来源	品种	用途
实木材料	实木板	来源：天然木材	樱桃木、柚木、白桦、杉木、红木等	用途：地板、墙壁、天花板、家具、门扇
实木材料	古船木	来源：旧船的船板	古船木板、古船木马赛克等	用途：墙壁、天花板、家具、门扇
实木材料	防腐处理木	来源：天然木材	炭化木、防腐木、桑拿板等	用途：地板、墙壁、天花板
实木材料	老木板	来源：使用过的木材	旧门板、旧家具板、旧地板等	用途：地板、墙壁、家具、门扇
人造木材料	木皮	来源：天然木材切成的薄片	白桦、橡树、斑马木、红木等	用途：墙壁、家具、门扇
人造木材料	贴面胶合板	来源：面层为天然木或科技木	柚木、胡桃木、檀木、枫木、橡木等	用途：墙壁、家具、门扇
人造木材料	胶合板	来源：木段或木方刨切的木皮或薄木板	三厘板、五厘板、九厘板等	用途：墙壁、地板及家具基层
人造木材料	刨花板	来源：木材或其他木质纤维的碎料	刨花板、欧松板、实木颗粒板等	用途：墙壁及家具基层，部分可饰面
人造木材料	密度板	来源：木质纤维或其他植物素纤维	低密度纤维板、高密度纤维板、中密度纤维板等	用途：墙壁及家具基层
人造木材料	集成材	来源：天然木材的短小料	南亚松、云杉、白蜡木等	用途：墙壁及家具基层或饰面

实木板

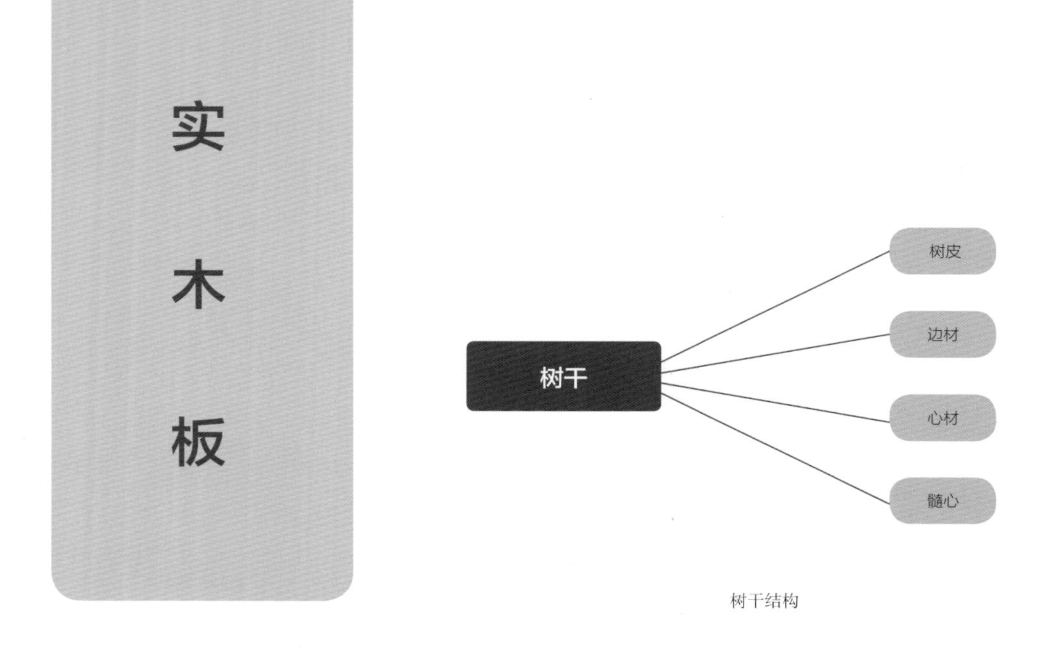
树干
树皮
边材
心材
髓心

树干结构

1. 材料特点

物理性能特点：实木材料具有不易导热，可保温、可调湿，不易发潮，重量轻但韧性和强度好，极易加工等优点，且纹理天然独特，触感柔和，装饰性极佳。但也存在易燃、易腐朽、易被虫蛀、带有天然瑕疵等缺点。

原料分层特点：实木板的原料为各类树木的树干，从树木的横截面或原木的端头上观察，可将木材分为 4 个部分：最外层为树皮，最中心的部分为髓心（树心），髓心周围是心材，心材以外至树皮的边缘部分为边材，实木多选取“心材”和“边材”制成。

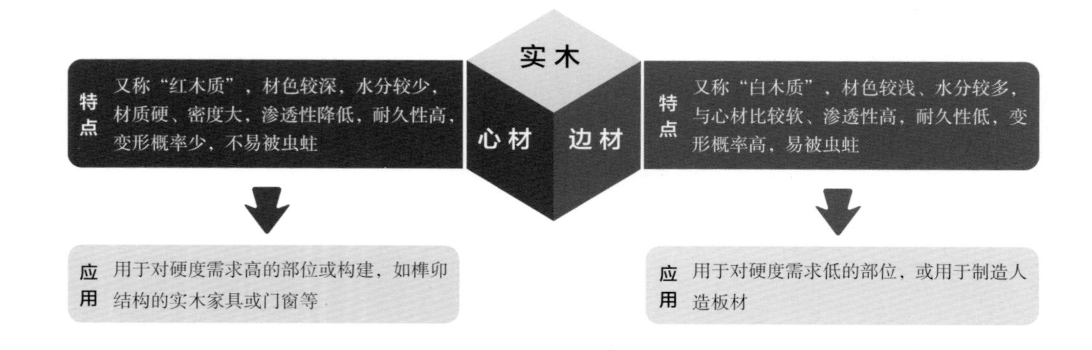
实木
心材
边材
特点
又称“红木质”，材色较深，水分较少，材质硬、密度大，渗透性降低，耐久性高，变形概率少，不易被虫蛀
应用
用于对硬度需求高的部位或构建，如榫卯结构的实木家具或门窗等
特点
又称“白木质”，材色较浅、水分较多，与心材比较软、渗透性高，耐久性低，变形概率高，易被虫蛀
应用
用于对硬度需求低的部位，或用于制造人造板材

2. 材料分类

实木板的原材料可分为阔叶木和针叶木两类；实木根据下料方向的不同，会产生不同的纹理，通常有直纹和弦面纹理两种。

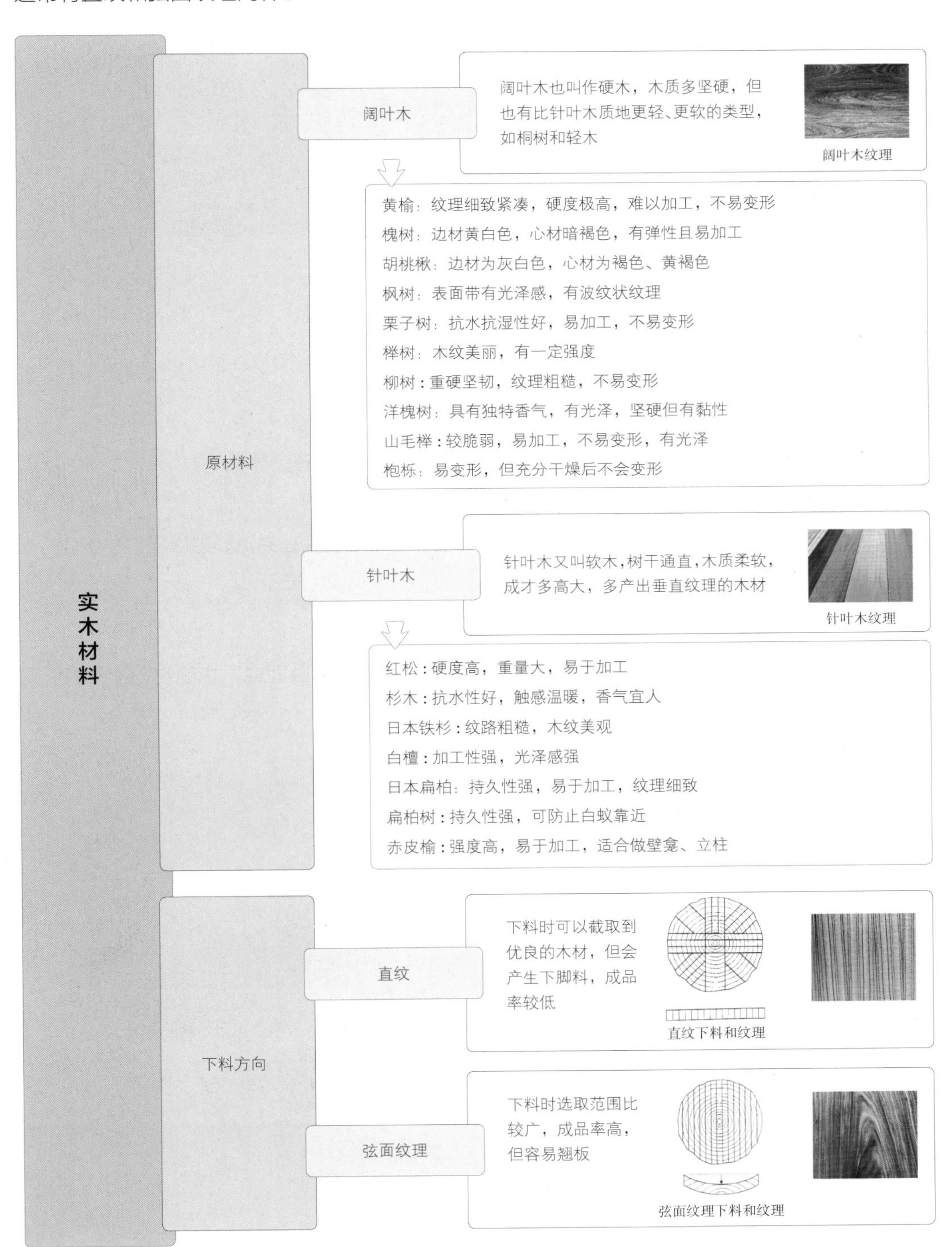
实木材料
原材料
阔叶木
阔叶木也叫作硬木，木质多坚硬，但也有比针叶木质地更轻、更软的类型，如桐树和轻木
阔叶木纹理
黄榆：纹理细致紧凑，硬度极高，难以加工，不易变形
槐树：边材黄白色，心材暗褐色，有弹性且易加工
胡桃楸：边材为灰白色，心材为褐色、黄褐色
枫树：表面带有光泽感，有波纹状纹理
栗子树：抗水抗湿性好，易加工，不易变形
榉树：木纹美丽，有一定强度
柳树：重硬坚韧，纹理粗糙，不易变形
洋槐树：具有独特香气，有光泽，坚硬但有黏性
山毛榉：较脆弱，易加工，不易变形，有光泽
枹栎：易变形，但充分干燥后不会变形
针叶木
针叶木又叫软木，树干通直，木质柔软，成才多高大，多产出垂直纹理的木材
针叶木纹理
红松：硬度高，重量大，易于加工
杉木：抗水性好，触感温暖，香气宜人
日本铁杉：纹路粗糙，木纹美观
白檀：加工性强，光泽感强
日本扁柏：持久性强，易于加工，纹理细致
扁柏树：持久性强，可防止白蚁靠近
赤皮榆：强度高，易于加工，适合做壁龛、立柱
下料方向
直纹
下料时可以截取到优良的木材，但会产生下脚料，成品率较低
直纹下料和纹理
弦面纹理
下料时选取范围比较广，成品率高，但容易翘板
弦面纹理下料和纹理

3. 施工形式

实木材料可作为顶面、墙面及地面的饰面材料，本书以后章节会对实木地板进行单独讲解，这里主要分析装饰顶面和墙面的做法。

（1）木质墙

木质墙可增加亲切感，原料为厚 9~15mm、宽 80~150mm 的木板，拼贴方式有直拼、斜拼、花拼等，前两种较常用。接缝可采取无缝、倒角、勾缝及箱式等做法。

适合的木材有：杉木、松木、檀香树、美国铁杉、美洲柏及日本扁柏等。

在木质墙的拼贴方式中，直拼最为简洁，因此适用范围最广，可用在多种风格及面积的空间中，因为简洁也不容易出错。直拼可横拼，也可竖拼，前者适合高度足够但长度较短的墙面，后者适合高度较低但长度较长的墙面

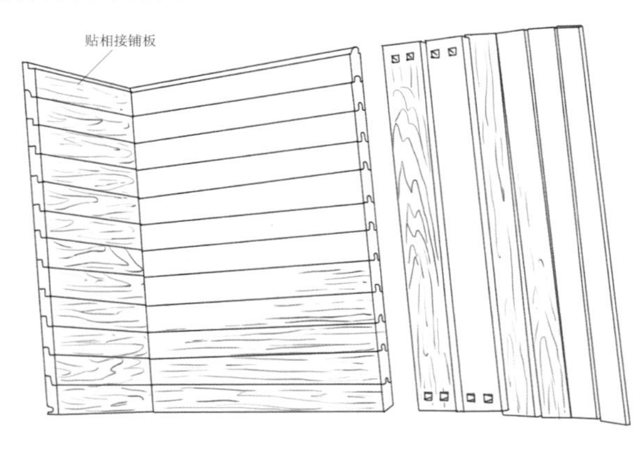
贴相接铺板

施工分层图

斜拼

（2）日式木质天花板

日式木质天花板常用的有板条式及木板接缝垫条式等样式，板条式更具休闲感，木板接缝垫条式更简约。

实木多采用杉木，直纹和弦面纹理均会使用。

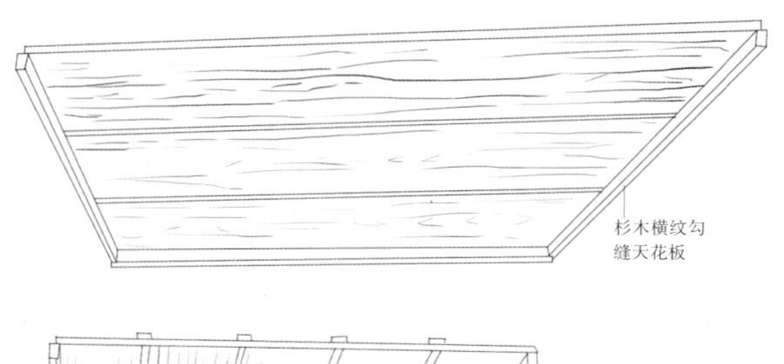
杉木横纹勾
缝天花板

板条式

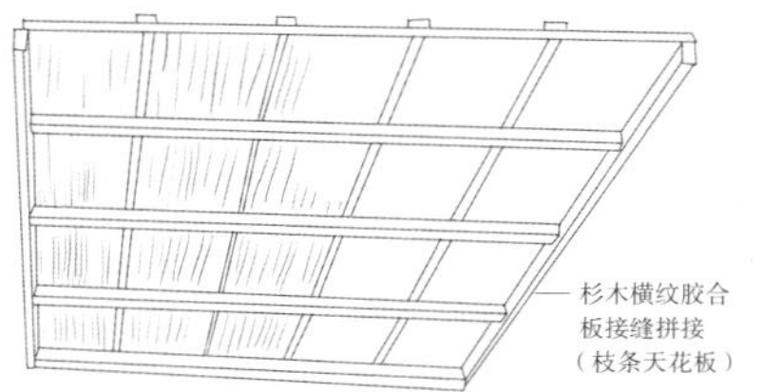
杉木横纹胶合
板接缝拼接
（枝条天花板）

施工分层图

木板接缝垫条式

（3）紧密型木质天花板

多用于小木屋或田园风格的室内空间中，直接用木材做天花板或在原顶面上贴紧密型的木材。多采用外露的榫头对接方式。

适合的木材有：杉木、松木、榉木、日本扁柏等。

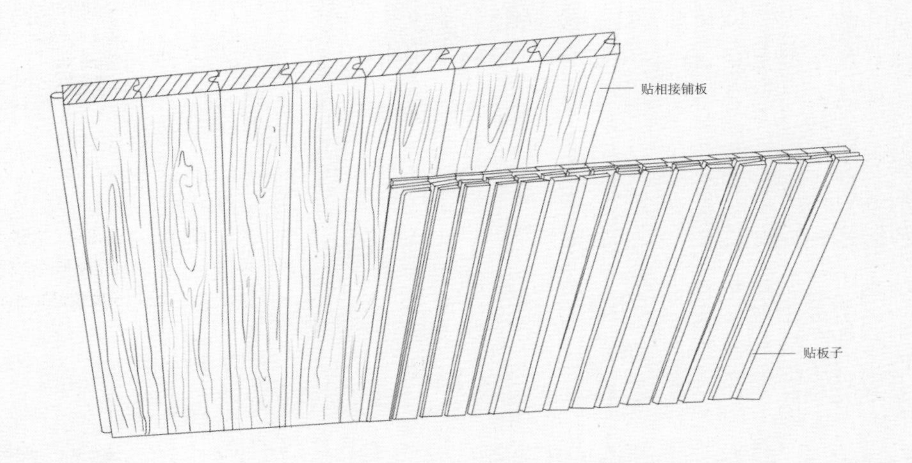
贴相接铺板
贴板子

施工分层图

在木质天花板中，紧密型是比较常用的一种，适合的风格较多。在设计时，可添加与密拼板垂直方向的木“梁”，也可不添加

田园或复古类的风格或大面积居室则建议加“梁”，当梁的宽度较窄且显得单薄时，可加宽宽度，并在底面搭配其他材料做一些装饰

小贴士

实木板应注意使用环境

实木板的纹理具有多变性和独特性，非常适合塑造温馨而又追求独特感的环境。干燥后的实木虽然不易变形，但对环境要求也较高，温差过大、湿度过大或过小都容易引起变形，气候为此类型的地区不适合使用实木板，家居中的厨房、卫浴等用水较多的空间同样不适用。

古
木

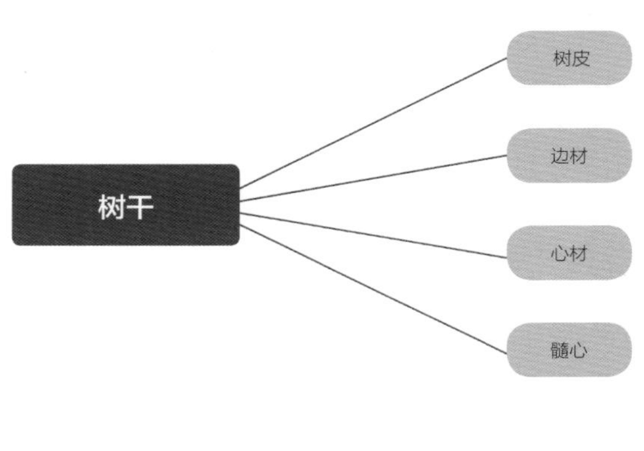
树干
树皮
边材
心材
髓心

古木（硬木）的树干结构

1. 材料特点

物理性能特点：古木指有一定使用年限的古老实木或使用过又重新利用的木材，包括但不限于各种实木板、木门板、木地板、木墙板、船木等，主要品种为硬木。此类木料带有使用过或风化的痕迹，具有浓郁的沧桑感和自然感，装饰效果独特。

原料分层特点：古木主要以硬木为主，属于原木的一种，因此按照分层方式来讲，其与实木相同，也分为心材和边材。同时，按照其细胞构造的取材来说，它又可分为春材和秋材，两者因为生长季节的不同，纹理等均有较为明显的区别。

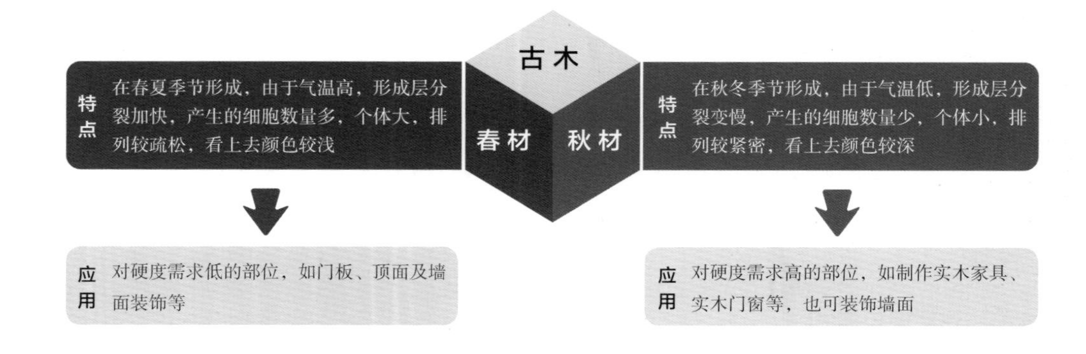
古木
春材
秋材
特点 在春夏季节形成，由于气温高，形成层分裂加快，产生的细胞数量多，个体大，排列较疏松，看上去颜色较浅
应用 对硬度需求低的部位，如门板、顶面及墙面装饰等
特点 在秋冬季节形成，由于气温低，形成层分裂变慢，产生的细胞数量少，个体小，排列较紧密，看上去颜色较深
应用 对硬度需求高的部位，如制作实木家具、实木门窗等，也可装饰墙面

2. 材料分类

古木按照木料的来源可分为原木、老船木及旧木板三种类型，按照切割面的方向可分为横切面、径切面和弦切面三种类型。

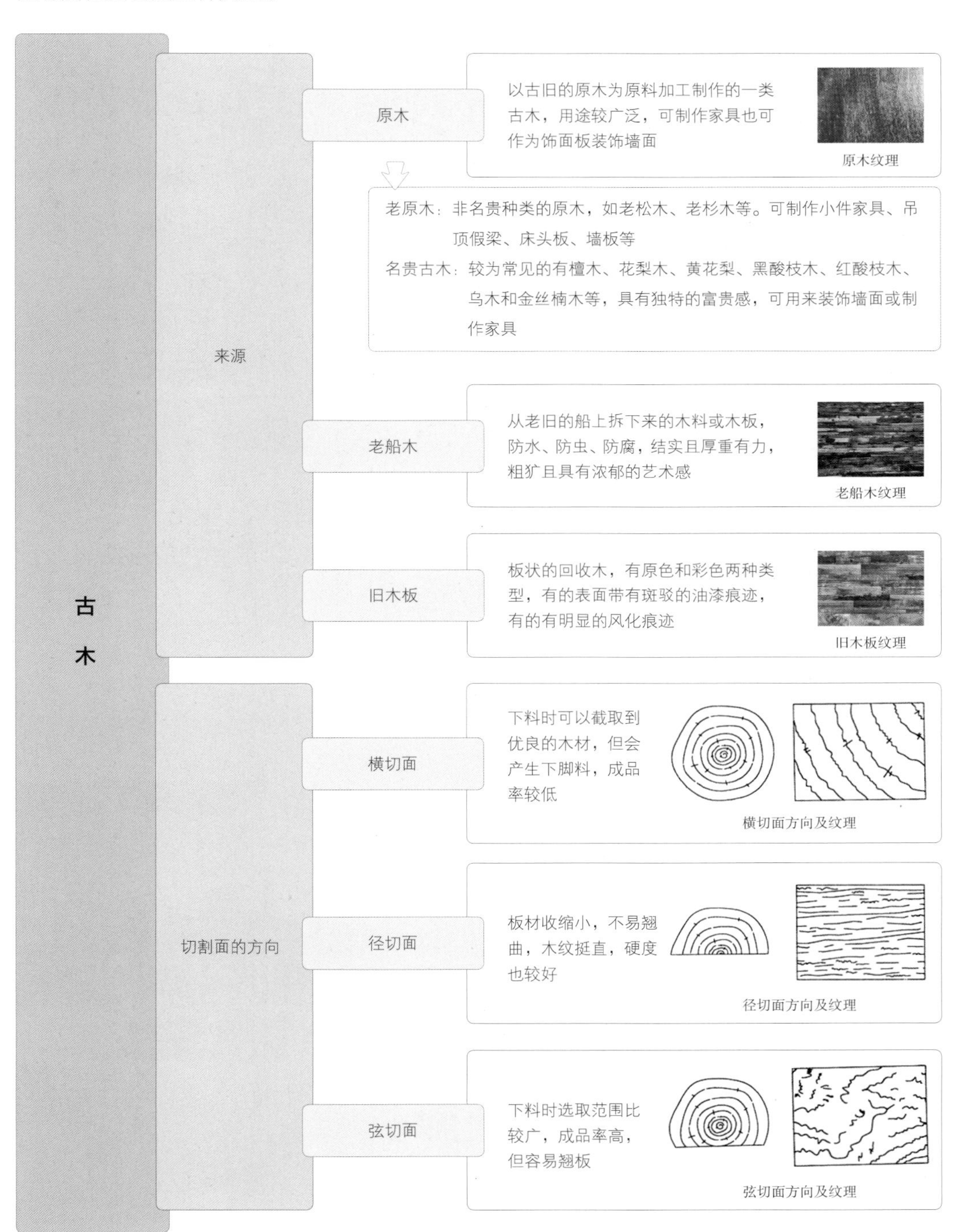
古木
来源
原木
以古旧的原木为原料加工制作的一类古木，用途较广泛，可制作家具也可作为饰面板装饰墙面
原木纹理
老原木：非名贵种类的原木，如老松木、老杉木等。可制作小件家具、吊顶假梁、床头板、墙板等
名贵古木：较为常见的有檀木、花梨木、黄花梨、黑酸枝木、红酸枝木、乌木和金丝楠木等，具有独特的富贵感，可用来装饰墙面或制作家具
老船木
从老旧的船上拆下来的木料或木板，防水、防虫、防腐，结实且厚重有力，粗犷且具有浓郁的艺术感
老船木纹理
旧木板
板状的回收木，有原色和彩色两种类型，有的表面带有斑驳的油漆痕迹，有的有明显的风化痕迹
旧木板纹理
切割面的方向
横切面
下料时可以截取到优良的木材，但会产生下脚料，成品率较低
横切面方向及纹理
径切面
板材收缩小，不易翘曲，木纹挺直，硬度也较好
径切面方向及纹理
弦切面
下料时选取范围比较广，成品率高，但容易翘板
弦切面方向及纹理

3. 施工形式

古木的使用方式与实木类似，可用来装饰顶面、墙（柱）面及地面等部位，装饰墙面时，除了作为板面使用外，还可做成马赛克，如古船木马赛克。

（1）古木板墙（柱）

古木板墙通常是由条状或窄板状的古木拼接施工而成的，施工有竖向直拼、横向直拼、斜拼等方式。同时，因为古木板来源不一，尺寸和高度等不会如新的实木板一般整齐，但这也正是它的特色。施工时，可同时搭配等高不等宽、厚度高差、形成阴影等方式来强化这种特点。

用古木板装饰墙面，搭配做旧木板画烘托复古感

古船木条竖向直拼包柱

（2）古木组合墙

古木除了可以单独用来装饰墙面外，还可以与其他有类似装饰效果的材料进行组合施工，使其粗犷、复古的感觉更突出，如文化石、硅藻泥、草编墙纸等。

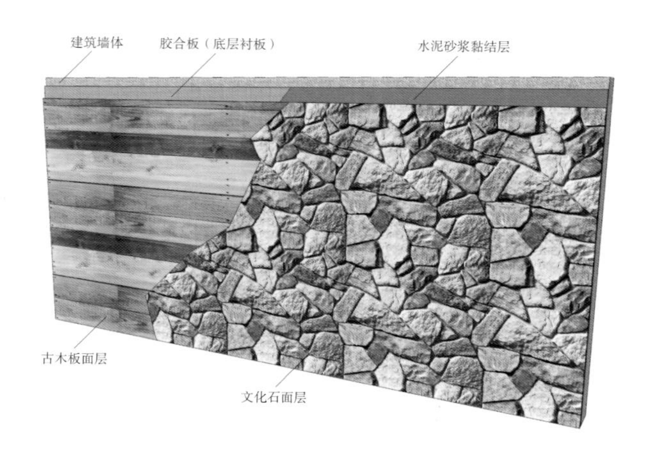
建筑墙体
胶合板（底层衬板）
水泥砂浆黏结层
古木板面层
文化石面层

施工分层图

古木板与文化石组合

古木板与乳胶漆组合

（3）古木天花板

用古木来装饰天花板，多采用紧密拼装的方式进行施工。由于古木表面多不平整，与装饰墙面保留这些不平感不同的是，用其装饰天花板时，需要考虑人们的心理安全感，建议对表面进行略微的刮磨或刨平操作，使顶面水平基本保持一致。除此之外，也可用色泽相近的大板，做假梁式的装饰。

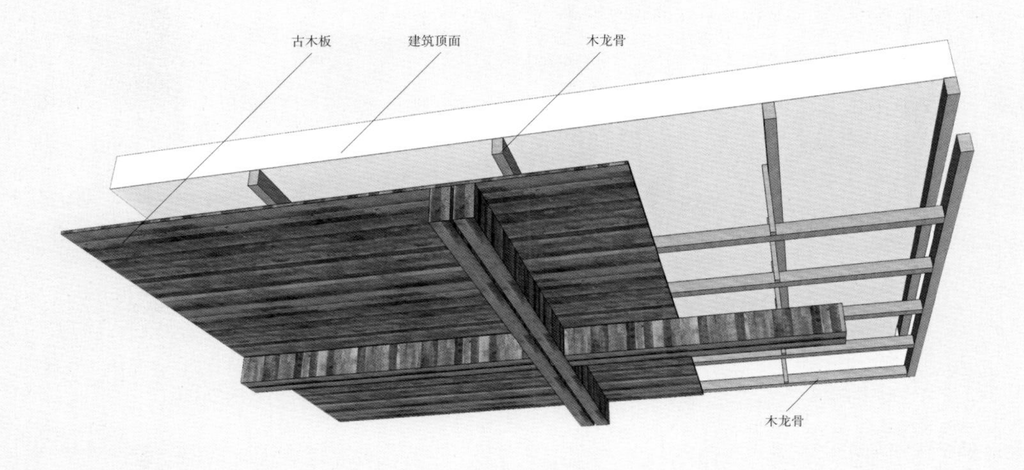
古木板
建筑顶面
木龙骨
木龙骨

施工分层图

当空间面积较小或采光不佳时，紧密拼装式的古木天花板会让人觉得过于厚重，可以用色泽相近的古木大板进行修整，做成假梁式的装饰，同样具有复古感

密拼式的古木天花板与实木天花板紧密型的施工方式是相同的，效果也类似，不同的是古木天花板的复古感和淳朴感更强一些，更适合田园或乡村风格的室内

小贴士

古木板施工注意事项

古木不属于标准化可复制产品，因此，在施工前建议在水平面上预先拼接一次，确认施工效果后再进行施工；墙面上的古木墙板主要起到装饰作用，使用过程中较少承受外力，可采用单边槽固定、明钉固定、特殊配件固定等方式进行安装。

防腐木

防腐木裁切方式

1. 材料特点

物理性能特点：防腐木是指通过一些处理方式，使普通的木材具有防腐蚀、防潮、防真菌、防虫蚁、防霉变以及防水等特性的一类装饰材料，在室内可装饰顶面、墙面和地面。此类木材经过处理后不怕潮湿，甚至可用在用水的区域中，如卫浴间、厨房、阳台等处。

原料分层特点：防腐木的制作原料与古木相同，同样是以硬木为主。硬木属于原木的一种，因此按照分层方式来讲，其与古木和实木相同，也分为心材和边材，但因防腐木都经过加工处理，且用途都较为类似，所以有的板块会混合心材和边材，不如实木板那样分明。防腐木多为窄板条或板条状，因此纹理多为径切面纹理。

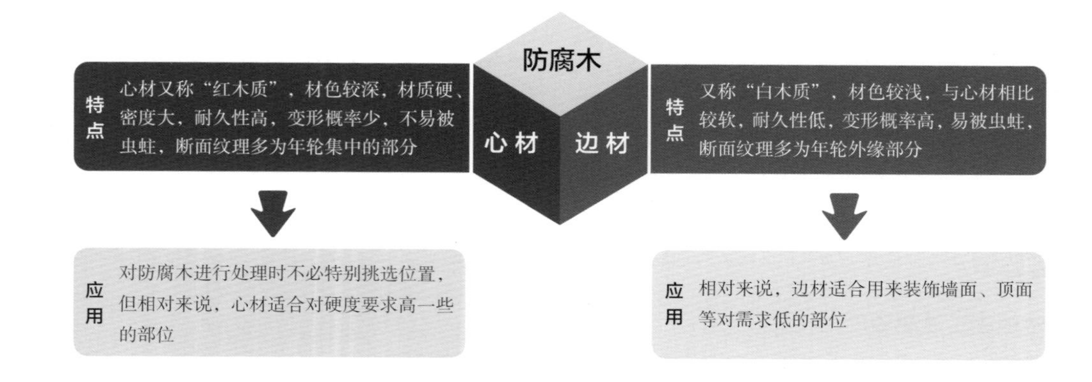
防腐木
心材
边材
特点
心材又称“红木质”，材色较深，材质硬、密度大，耐久性高，变形概率少，不易被虫蛀，断面纹理多为年轮集中的部分
应用
对防腐木进行处理时不必特别挑选位置，但相对来说，心材适合对硬度要求高一些的部位
特点
又称“白木质”，材色较浅，与心材相比较软，耐久性低，变形概率高，易被虫蛀，断面纹理多为年轮外缘部分
应用
相对来说，边材适合用来装饰墙面、顶面等对需求低的部位

2. 材料分类

由天然木材加工的防腐木主要包括有防腐木、炭化木和桑拿板三种类型，生态木虽然也防腐，但它属于人造木，这里不包括在内。

防腐木
加工方式
防腐木
密度大、强度高，可防腐、防水，可直接接触潮湿环境。加工性好，握钉力好，维护比较方便
防腐木纹理
俄罗斯樟子松：能直接采用高压渗透法做全断面防腐处理。纹理优美，力学性能表现优秀，除饰面外还可做构件使用
北欧赤松：防潮、防腐烂性能优秀，可以直接用于与水体、土壤接触的环境中
黄松：经过防腐和压力处理的黄松，防腐剂可直达木心。安装时可任意切割，断面无须再刷防腐涂料
铁杉：美观又结实，具有很强的稳定性、很强的握钉力和优异的黏合性能，表面可进行涂饰，耐磨性优异
炭化木
经过炭化处理的木材，木纹效果比较显著，色泽高雅。尺寸稳定性高，不易腐朽、霉变，维护方便
炭化木纹理
表面炭化木：用氧焊枪烧烤，使木材表面具有一层很薄的炭化层，对木材性能的改变可类比木材的油漆。表面木纹具有凹凸感和立体效果，不适合用在接触水的部位
深度炭化木：将木材加热进行炭化，具有较好的防腐防虫功能，但不适合直接接触大量水的部位
桑拿板
防腐、耐高温，不易变形。可刨可锯，插接式连接。若用在卫生间顶面，需刷两遍亚光清漆防潮
桑拿板纹理
红雪松：无节疤，纹理清晰，色泽光亮，质感好。具有防腐、防霉、防腐烂的功能，尺寸稳定，不易变形，有天然的芳香，尤其适合用来建造桑拿房
樟子松：质感好，节疤纹理较为美观，是市场中很流行的产品，价格低于红雪松，性价比高。但樟子松油性大，不适合用在桑拿房中，可用在护墙板、吊顶或飘窗等部位
白松：木纹平直，纹理均匀，耐用性好，不易翘曲变形，也较为适合用在桑拿房中
铁杉：木材纹理直，结构细而均匀，材质坚实，耐水湿。可用在护墙板、吊顶或飘窗等部位
花旗松：具有浅淡的玫瑰色泽和美观的通直纹理，可用在护墙板、吊顶或飘窗等部位

3. 施工形式

防腐木在室内空间中，常见的施工有制作墙面和制作天花板两种，还可装饰飘窗和局部地面。

（1）防腐木墙面

防腐木墙面有墙板和墙裙两种施工形式。

墙板：墙面从上至下整体都使用防腐木做装饰，这种施工方式较多地用于阳台、桑拿房等空间内，且可与同种材质的防腐木顶面组合。

墙裙：防腐木仅做墙裙施工，上部可搭配墙纸、乳胶漆等其他材料。这种施工方式适用范围较广，可用在除厨房和卫浴间之外的其他空间中。

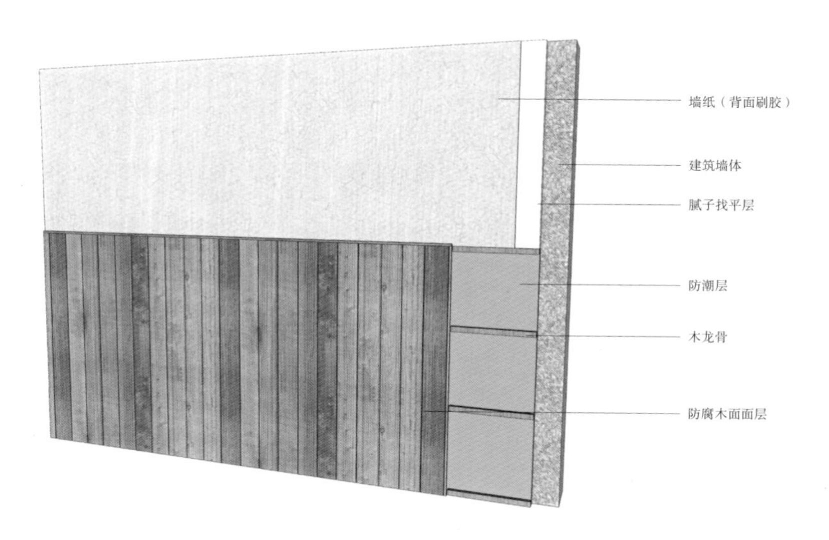
墙纸（背面刷胶）
建筑墙体
腻子找平层
防潮层
木龙骨
防腐木面面层

施工分层图

炭化木墙裙与墙纸组合

桑拿板墙裙与乳胶漆组合

防腐木设计为阳台护墙板

（2）防腐木天花板

所有类型的防腐木都可用做天花板，不同的是，桑拿板带有扣槽，板块之通过扣槽连接，整体呈现紧密型结构；而防腐木和炭化木则需完全使用明钉固定在吊顶龙骨上，可紧密也可做成栅格。防腐木天花板的施工有全部采用防腐木和部分采用防腐木两种形式，部分采用防腐木时，可与石膏板等组合施工，防腐木用在中间、局部或四周均可。

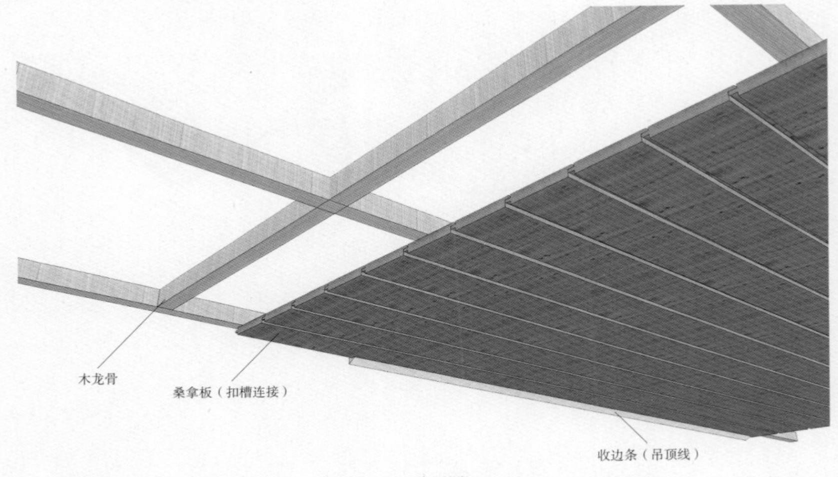
木龙骨
桑拿板（扣槽连接）
收边条（吊顶线）

施工分层图

餐厨合一的空间内，在进行烹饪时会有一定的水汽，使用深度炭化木装饰天花板，既可增添自然气息，又可避免出现因水汽的侵蚀而使木材腐烂的情况

所有的防腐木均使用天然木材制成，节疤和色差是不可避免的。装饰顶面时，如果介意节疤，可在施工前对材料进行挑选，些许色差涂刷木蜡油后即可覆盖

小贴士

防腐木施工注意事项

①炭化木比未进行炭化处理前握钉力有所下降，推荐使用先打孔再钉孔安装来减少和避免木材开裂。

②密拼式的防腐木吊顶，需对板与板之间拼接的缝隙进行填缝。选择与防腐木板材相同颜色的填缝材料，将板与板之间的缝隙填满。每一处钉孔都需要做填补处理，全部填补完成后，清理多余的填缝料。

木皮

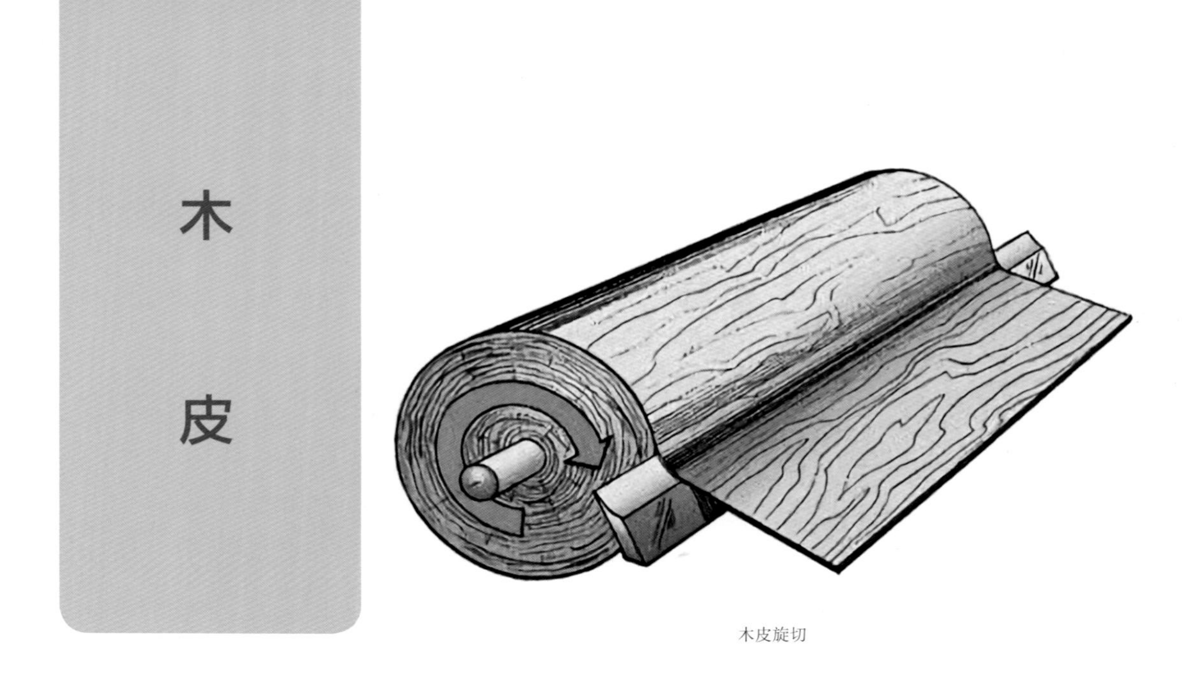

木皮旋切

1. 材料特点

物理性能特点：木皮也叫作单板、薄木，是将木材以旋切或锯制的方法所生产的木质薄片状的一种饰面材料，厚度一般为 0.4 ~1mm 。它在还原了天然木材纹理和质感的同时，解放了木材的材料限制，种类丰富、纹理多样，可用作家具、墙面及门板等部位的装饰贴面。

原料分层特点：天然木皮的原料为各类树木的树干，木皮按照切割结构来分有五种类型：旋切（原木顶着切刀旋转）、弦切（平切，切刀沿着原木中心平行线切割）、径切（垂直年轮方向切割成直纹）、剖料切（主要对象为橡木，以微小角度切向木材的木髓射线切割出直纹）和纵向切（平锯板材平方通过刀片）。

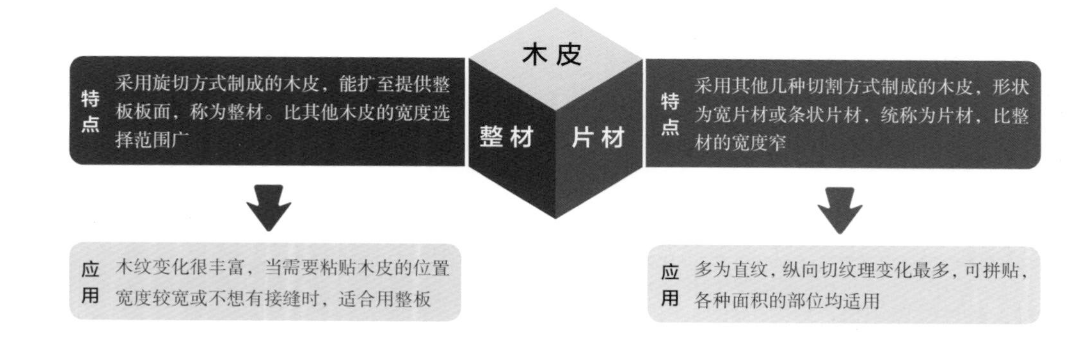
木皮
整材
片材
特点
采用旋切方式制成的木皮，能扩至提供整板板面，称为整材。比其他木皮的宽度选择范围广
特点
采用其他几种切割方式制成的木皮，形状为宽片材或条状片材，统称为片材，比整材的宽度窄
应用
木纹变化很丰富，当需要粘贴木皮的位置宽度较宽或不想有接缝时，适合用整板
应用
多为直纹，纵向切纹理变化最多，可拼贴，各种面积的部位均适用

2. 材料分类

木皮按照使用原料的不同可分为天然木皮和科技木皮两类；按照形态可分为单色木皮、拼接木皮、编织木皮三类；按照品种可分为胡桃木、樱桃木、柚木等。

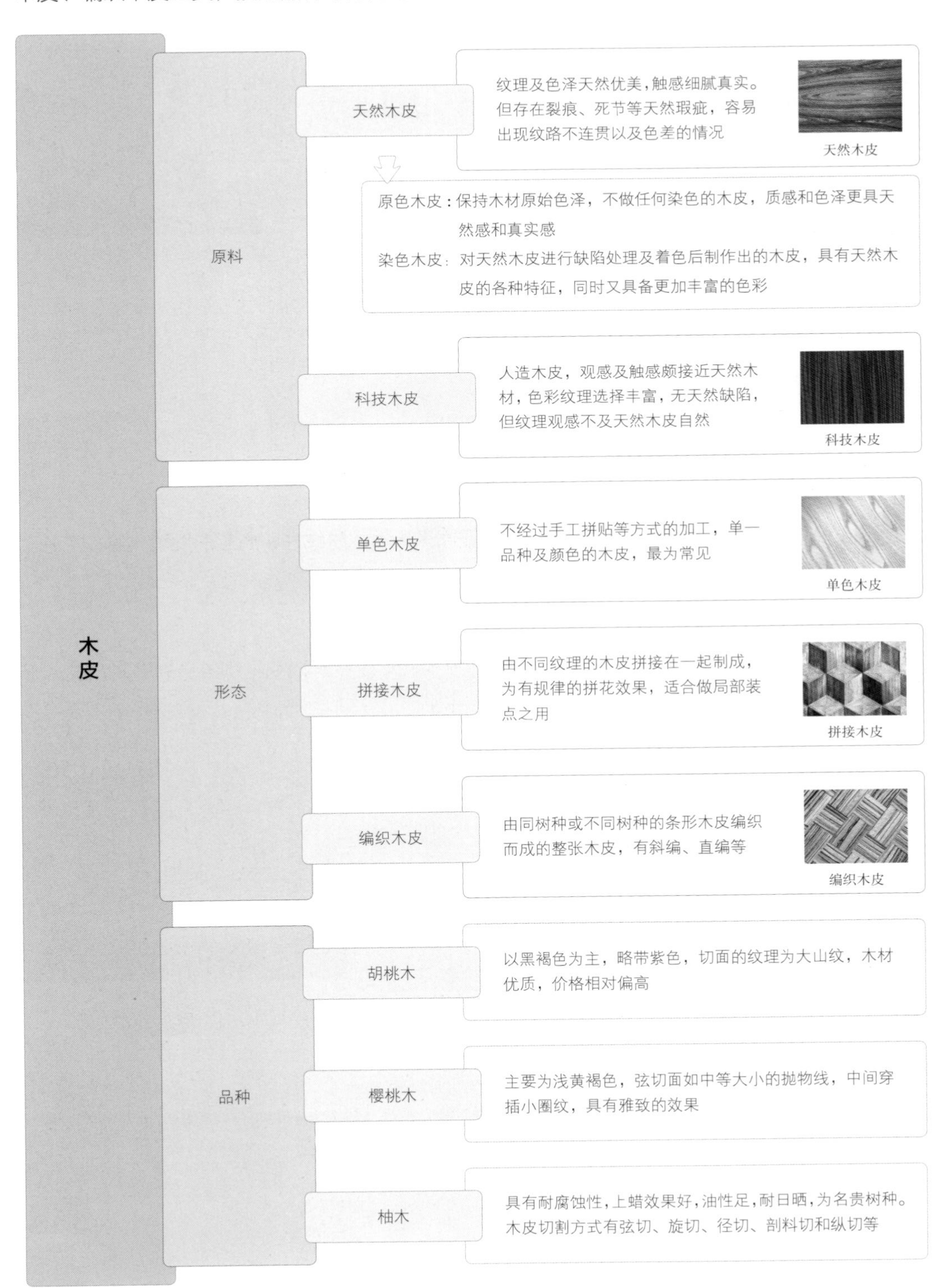

木皮
原料
天然木皮
纹理及色泽天然优美，触感细腻真实。但存在裂痕、死节等天然瑕疵，容易出现纹路不连贯以及色差的情况
天然木皮
原色木皮：保持木材原始色泽，不做任何染色的木皮，质感和色泽更具天然感和真实感
染色木皮：对天然木皮进行缺陷处理及着色后制作出的木皮，具有天然木皮的各种特征，同时又具备更加丰富的色彩
科技木皮
人造木皮，观感及触感颇接近天然木材，色彩纹理选择丰富，无天然缺陷，但纹理观感不及天然木皮自然
科技木皮
形态
单色木皮
不经过手工拼贴等方式的加工，单一品种及颜色的木皮，最为常见
单色木皮
拼接木皮
由不同纹理的木皮拼接在一起制成，为有规律的拼花效果，适合做局部装点之用
拼接木皮
编织木皮
由同树种或不同树种的条形木皮编织而成的整张木皮，有斜编、直编等
编织木皮
品种
胡桃木
以黑褐色为主，略带紫色，切面的纹理为大山纹，木材优质，价格相对偏高
樱桃木
主要为浅黄褐色，弦切面如中等大小的抛物线，中间穿插小圈纹，具有雅致的效果
柚木
具有耐腐蚀性，上蜡效果好，油性足，耐日晒，为名贵树种。木皮切割方式有弦切、旋切、径切、剖料切和纵切等

3. 施工形式

木皮多被用于家具、门扇和墙面饰面，除此之外，也可装饰夹板造型的顶面。木皮施工的方式为粘贴，操作时，可单面涂胶，也可双面涂胶。

（1）家具、门扇贴木皮施工

贴木皮，有单面涂胶和双面涂胶两种方式。

单面涂胶：用短毛滚筒单面涂胶，再用电熨斗加热 10~30 秒。适合使用白乳胶和木皮胶施工的情况。

双面涂胶：胶分别涂在木皮和需要装饰的面板上，无须加热。适合使用万能胶和强力胶施工的情况。

木皮的厚度较薄，施工时如果转角过多或造型较复杂则不适合使用木皮，边角的部分容易破裂，施工难度也会更大，如例图中这种大块面的直角转角较多的家具面层，更适合使用木皮来饰面

平板式的推拉门没有任何造型设计，很适合用木皮贴面

一体式床头使用木皮做饰面

（2）顶面施工

木皮需要粘贴在木基层之上，所以用其装饰顶面时，适合基层采用夹板、木工板或多层板等板材造型的情况。进行施工设计时，可将其与石膏板吊顶及原顶组合成凹凸造型，以丰富层次。

木皮贴夹板造型顶面

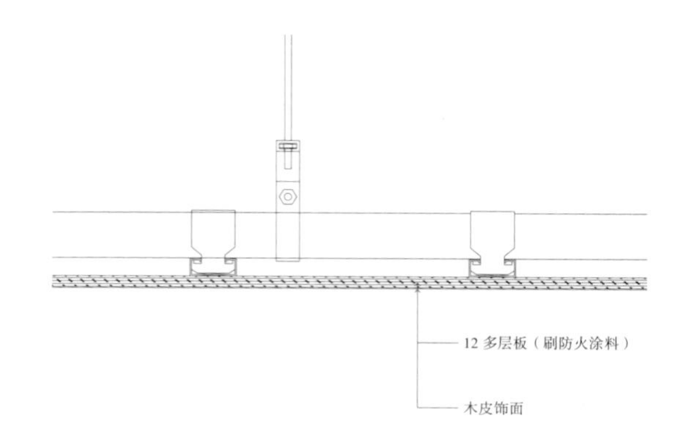
12 多层板（刷防火涂料）
木皮饰面

施工分层图

木皮夹板吊顶与石膏板吊顶组合

（3）墙面施工

墙面使用木皮做饰面，常见的有两种方式：单独施工和组合施工。

单独施工：指整面墙全部使用木皮做饰面的情况，当墙面全部施工木纹装饰时，为了增加层次感，通常会搭配一些分缝等造型，木皮不好操作，因此此种施工方式较为少用。

组合施工：指用木皮与其他材质组合饰面的情况，是较为常用的一种施工形式。

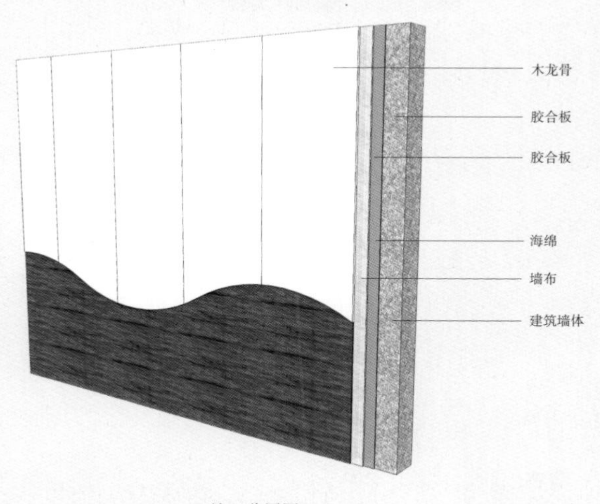
木龙骨
胶合板
胶合板
海绵
墙布
建筑墙体

施工分层图

当墙面整体均设计为木纹材质且不设计拼缝时，使用木皮施工是非常合适的。为了效果更美观，可选择旋切加工的整材，具有更丰富的木纹，可避免单调感

木皮可进行拼花、编织等拼接设计，这是木纹饰面板无法达到的，当追求特殊的木纹效果时，就可使用木皮做此类设计，来增加个性

小贴士

木皮施工前应先进行裁切

裁木皮是将木皮裁成能拼成符合施工面规格尺寸要求的工序，同时，这样做也是为了达到满意的装饰效果，并保证接缝的严密和木皮的平整。通常应先进行长度方向的裁切，而后进行宽度方向的裁切。裁切木皮时，应留余量，长度方向一般余量为20cm。裁切切口应光滑、平直，不能有毛刺、撕裂。

薄木贴面板

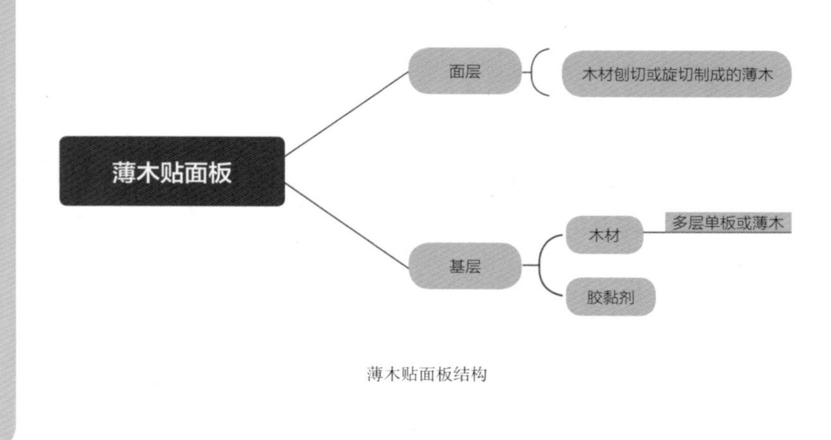
薄木贴面板
面层
木材刨切或旋切制成的薄木
基层
木材
多层单板或薄木
胶黏剂

薄木贴面板结构

1. 材料特点

物理性能特点：薄木贴面板也叫作贴面胶合板或装饰饰面板，具有木材的纹理和质感，可用做墙面、柱、门窗套、门、家具、隔断等部分的饰面。薄木贴面板与木皮有着相似的装饰效果，但施工更便利，基本囊括了所有的木种，色彩、纹理多样，适合多种装饰风格。

原料分层特点：薄木贴面板属于胶合板的一种，是人造复合板材，面层为天然木材或科技木材通过精密刨切或旋切制成厚度为 0.2~0.5mm 的微薄木片，也就是木皮；基层为由木段旋切成单板或由木方刨切成薄木再用胶黏剂胶合而成的三层或多层的胶合板，两部分使用胶黏剂和热压工艺结合在一起。

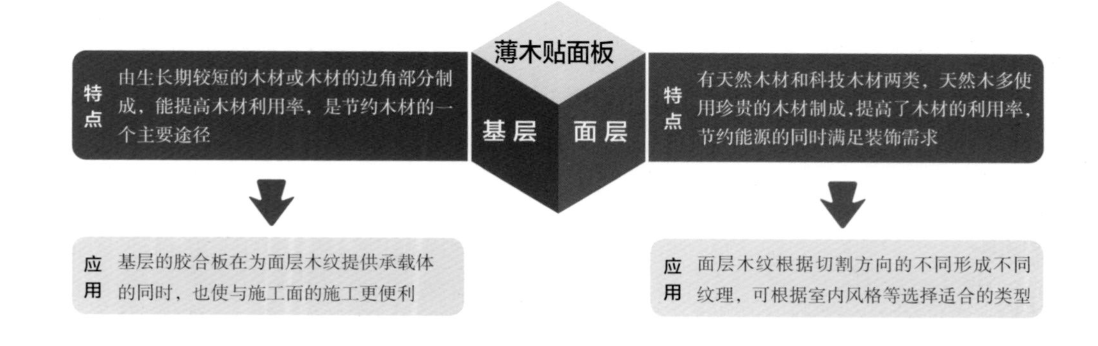
薄木贴面板
基层
面层
特点
由生长期较短的木材或木材的边角部分制成，能提高木材利用率，是节约木材的一个主要途径
应用
基层的胶合板在为面层木纹提供承载体的同时，也使与施工面的施工更便利
特点
有天然木材和科技木材两类，天然木多使用珍贵的木材制成，提高了木材的利用率，节约能源的同时满足装饰需求
应用
面层木纹根据切割方向的不同形成不同纹理，可根据室内风格等选择适合的类型

2. 材料分类

薄木贴面板根据制作原料的不同可分为天然薄木、人造薄木和集成薄木三种类型；根据使用树种的不同，可分为檀木、柚木、樱桃木、黑胡桃木等多种类型。

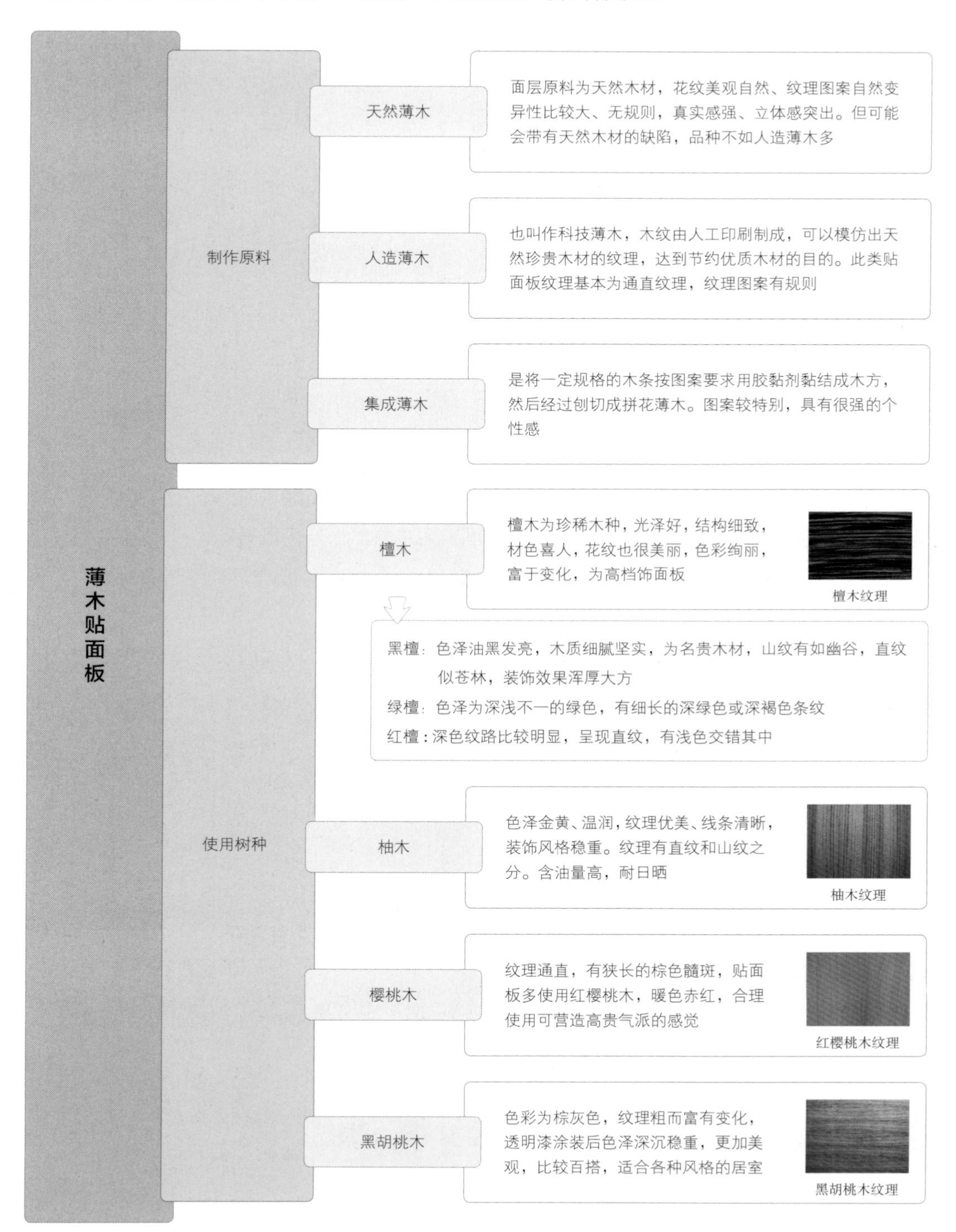

薄木贴面板
制作原料
天然薄木
面层原料为天然木材，花纹美观自然、纹理图案自然变异性比较大、无规则，真实感强、立体感突出。但可能会带有天然木材的缺陷，品种不如人造薄木多
人造薄木
也叫作科技薄木，木纹由人工印刷制成，可以模仿出天然珍贵木材的纹理，达到节约优质木材的目的。此类贴面板纹理基本为通直纹理，纹理图案有规则
集成薄木
是将一定规格的木条按图案要求用胶黏剂黏结成木方，然后经过刨切成拼花薄木。图案较特别，具有很强的个性感
使用树种
檀木
檀木为珍稀木种，光泽好，结构细致，材色喜人，花纹也很美丽，色彩绚丽，富于变化，为高档饰面板
檀木纹理
黑檀：色泽油黑发亮，木质细腻坚实，为名贵木材，山纹有如幽谷，直纹似苍林，装饰效果浑厚大方
绿檀：色泽为深浅不一的绿色，有细长的深绿色或深褐色条纹
红檀：深色纹路比较明显，呈现直纹，有浅色交错其中
柚木
色泽金黄、温润，纹理优美、线条清晰，装饰风格稳重。纹理有直纹和山纹之分。含油量高，耐日晒
柚木纹理
樱桃木
纹理通直，有狭长的棕色髓斑，贴面板多使用红樱桃木，暖色赤红，合理使用可营造高贵气派的感觉
红樱桃木纹理
黑胡桃木
色彩为棕灰色，纹理粗而富有变化，透明漆涂装后色泽深沉稳重，更加美观，比较百搭，适合各种风格的居室
黑胡桃木纹理

3. 施工形式

薄木贴面板用途广泛，但最常用来装饰墙面。墙面的施工形式有平面式和立体式两种。

（1）平面式墙面

用薄木贴面板做平面式墙面施工，是指没有立面凹凸感造型的施工形式，是很常见的一种做法，可以单独使用饰面板做装饰，也可与其他材料组合造型。为了避免表面单调感，当木纹面积较大时，可搭配一些如不锈钢、木材质的线条或明显的缝隙等形式，来丰富整体层次。

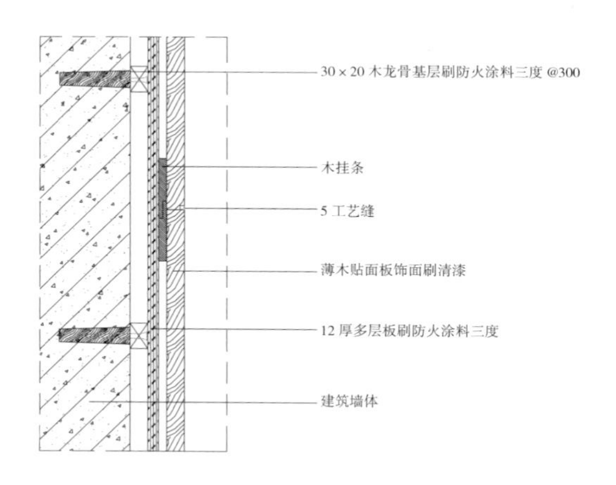
30 × 20 木龙骨基层刷防火涂料三度 @300
木挂条
5 工艺缝
薄木贴面板饰面刷清漆
12 厚多层板刷防火涂料三度
建筑墙体

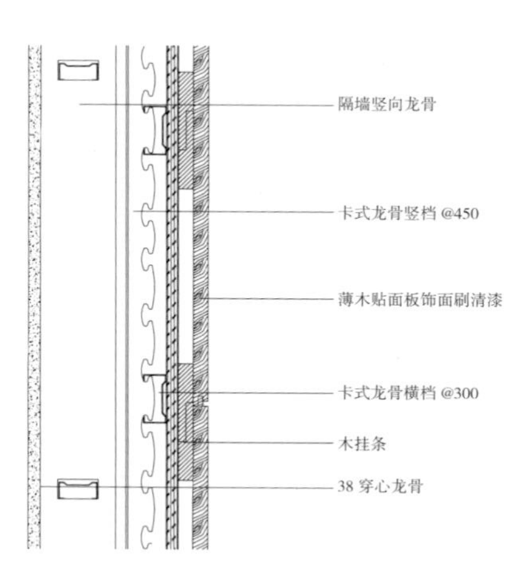
隔墙竖向龙骨
卡式龙骨竖档 @450
薄木贴面板饰面刷清漆
卡式龙骨横档 @300
木挂条
38 穿心龙骨

施工分层图

明显的缝隙造型，可以带来很强的节奏感

电视墙整体都使用薄木贴面板饰面

薄木贴面板与石材组合，做平面式造型

（2）立体式墙面

立体式墙面是指墙面上的部分造型与其他部分有凹凸层次的施工形式。如一些纹理较淡的贴面板，大面积使用时容易显得单调；而色彩较厚重的类型，大面积使用时容易显得沉闷。此时，可适当用一些立体造型来增加层次感，造型还可加入灯光来烘托氛围。饰面除了单独使用外，还可与如石材、墙纸、乳胶漆等其他材料组合进行施工，进一步丰富层次。

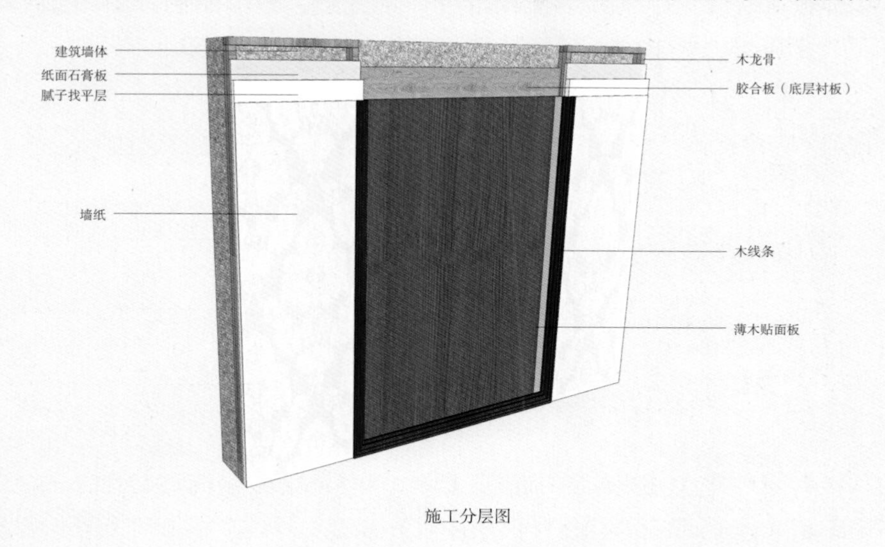
建筑墙体
纸面石膏板
腻子找平层
墙纸
木龙骨
胶合板（底层衬板）
木线条
薄木贴面板

施工分层图

一些小面积空间内，立体造型可设计得简洁一些，如以块面造型为主等。为了避免拥挤感，除了单独使用外，还可用其与乳胶漆、墙纸等施工便捷的材料进行组合

若不喜欢过于复杂的施工方式，还可用木方或构造板材做成一定宽度的方柱，间隔一定的距离排列，面层用薄木贴面板统一饰面，加以灯光，同样具有很强的立体感

小贴士

薄木贴面板施工注意事项

①在安装贴面板前须在板面上刷好合格的底漆，以防止板材变形和在使用过程中被污染，影响视觉效果。
②木龙骨、基层板等木质类基层材料需涂刷两遍防火漆。基层应做好防潮处理，如铺一层油毡或油纸。
③大面积的施工，需先对贴面板的木纹进行挑选，将色泽、纹理相近的放在一起。

结构板材

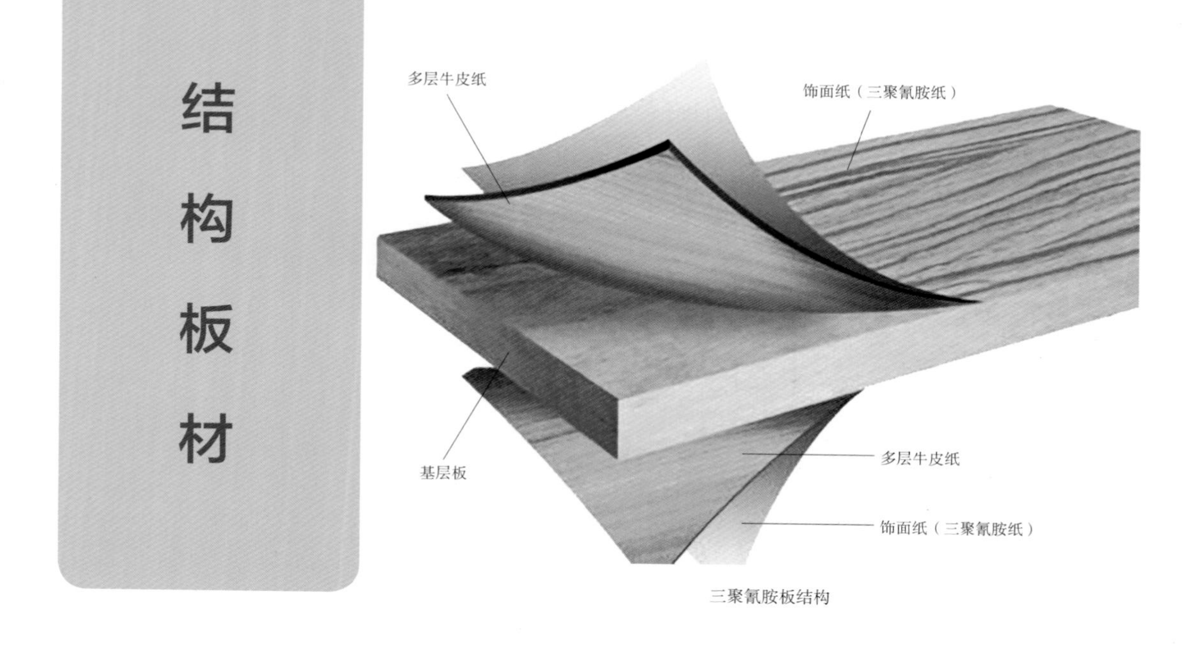
多层牛皮纸
饰面纸（三聚氰胺纸）
基层板
多层牛皮纸
饰面纸（三聚氰胺纸）

三聚氰胺板结构

1. 材料特点

物理性能特点：结构板材是指在室内装饰工程中，用作基层找平或基层结构的一类板材，可用在家具、门窗套、门、墙面造型等部分。部分结构板材的表面具有较为独特的纹理，如欧松板、指接板等，还可直接兼做饰面建材使用。

原料分层特点：结构板材的种类较多，无法统一分层，但从总体来看可总结为一层和多层两种类型。一层结构指使用实木条或几何形状的实木刨片制成的板材；多层指两层以上的结构，通常有基层和面层两个组成部分，较有代表性的为三聚氰胺板。

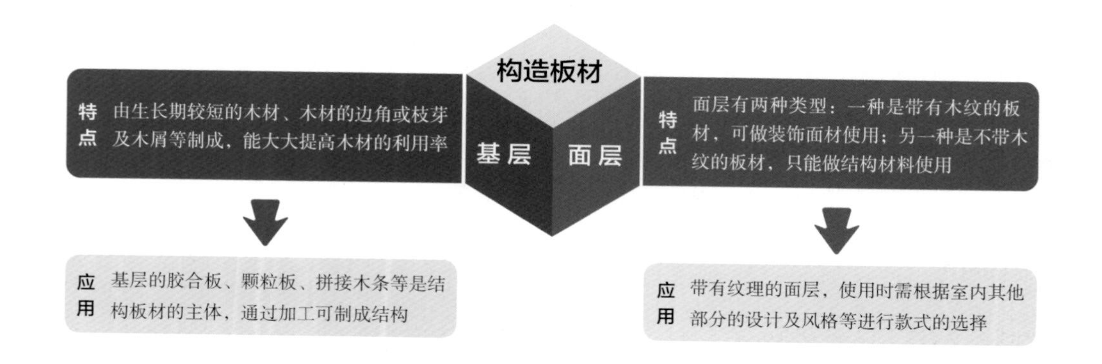
构造板材
基层
面层
特点 由生长期较短的木材、木材的边角或枝芽及木屑等制成，能大大提高木材的利用率
特点 面层有两种类型：一种是带有木纹的板材，可做装饰面材使用；另一种是不带木纹的板材，只能做结构材料使用
应用 基层的胶合板、颗粒板、拼接木条等是结构板材的主体，通过加工可制成结构
应用 带有纹理的面层，使用时需根据室内其他部分的设计及风格等进行款式的选择

2. 材料分类

结构板材从饰面类型来看，可分为未饰面板材、饰面板材和一体饰面板材三种类型；从加工方式上来看，可分为集成实木板和合成板两大类。

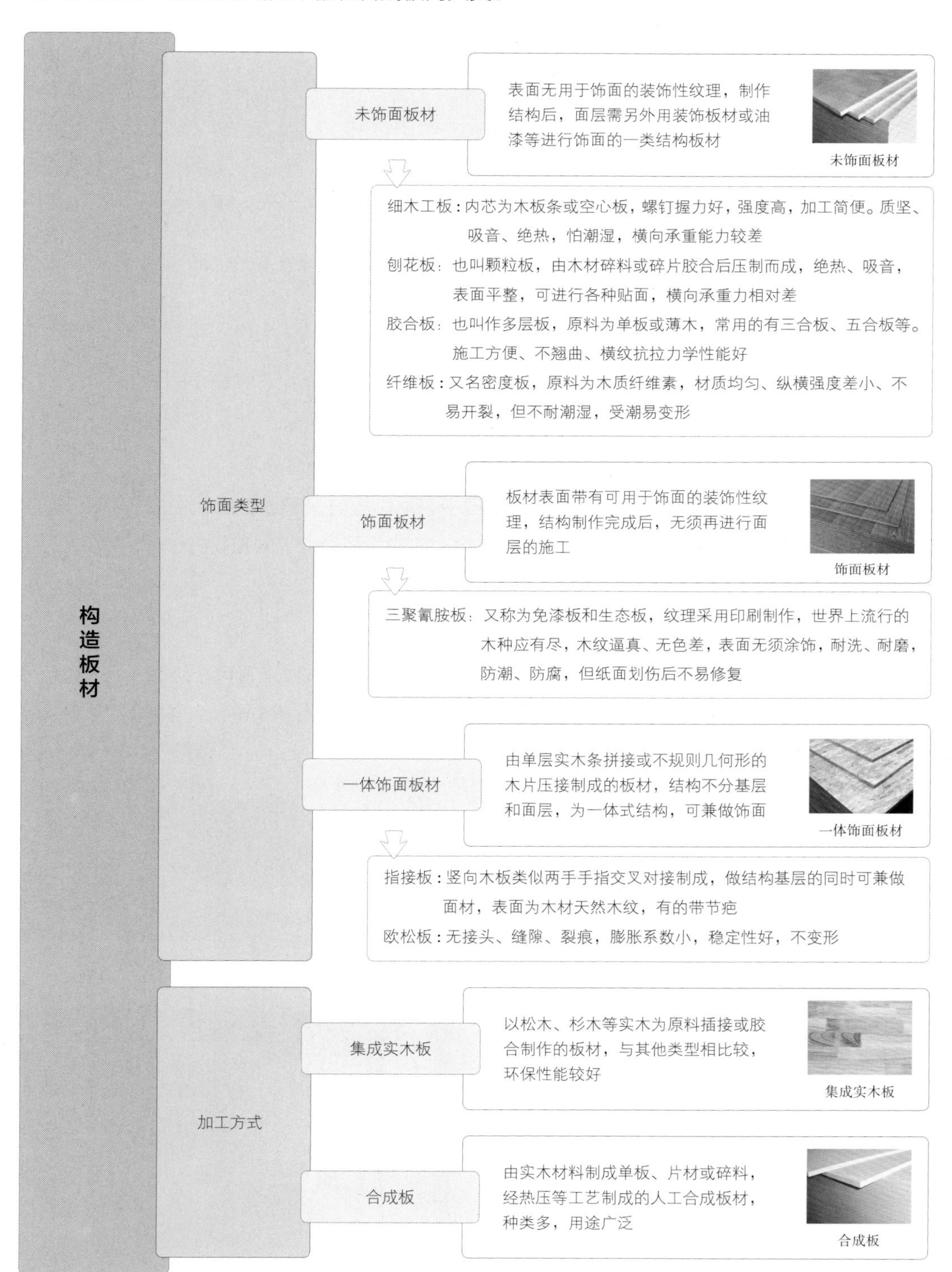

构造板材
饰面类型
未饰面板材
表面无用于饰面的装饰性纹理，制作结构后，面层需另外用装饰板材或油漆等进行饰面的一类结构板材
未饰面板材
细木工板：内芯为木板条或空心板，螺钉握力好，强度高，加工简便。质坚、吸音、绝热，怕潮湿，横向承重能力较差
刨花板：也叫颗粒板，由木材碎料或碎片胶合后压制而成，绝热、吸音，表面平整，可进行各种贴面，横向承重力相对差
胶合板：也叫作多层板，原料为单板或薄木，常用的有三合板、五合板等。施工方便、不翘曲、横纹抗拉力学性能好
纤维板：又名密度板，原料为木质纤维素，材质均匀、纵横强度差小、不易开裂，但不耐潮湿，受潮易变形
饰面板材
板材表面带有可用于饰面的装饰性纹理，结构制作完成后，无须再进行面层的施工
饰面板材
三聚氰胺板：又称为免漆板和生态板，纹理采用印刷制作，世界上流行的木种应有尽，木纹逼真、无色差，表面无须涂饰，耐洗、耐磨，防潮、防腐，但纸面划伤后不易修复
一体饰面板材
由单层实木条拼接或不规则几何形的木片压接制成的板材，结构不分基层和面层，为一体式结构，可兼做饰面
一体饰面板材
指接板：竖向木板类似两手手指交叉对接制成，做结构基层的同时可兼做面材，表面为木材天然木纹，有的带节疤
欧松板：无接头、缝隙、裂痕，膨胀系数小，稳定性好，不变形
加工方式
集成实木板
以松木、杉木等实木为原料插接或胶合制作的板材，与其他类型相比较，环保性能较好
集成实木板
合成板
由实木材料制成单板、片材或碎料，经热压等工艺制成的人工合成板材，种类多，用途广泛
合成板

3. 施工形式

结构板材有两种施工形式：一是仅用作结构的基层结构施工；二是既做结构又做面层的一体式施工。

（1）基层结构施工

面层未做饰面的结构类板材，主要作用是制作基层，包括门窗、柜子、平面包柱、墙面造型、柱面造型、地台等，均要用到结构板材，板块与板块之间根据需要，可钉接、榫接或用连接件连接。施工时，需根据使用部位的环境或制作基层的类型选择适合的种类，例如横向承重能力差的板材，就不适合用于制作横板较长的柜子；潮湿区域不适合使用防潮能力差的板材等。

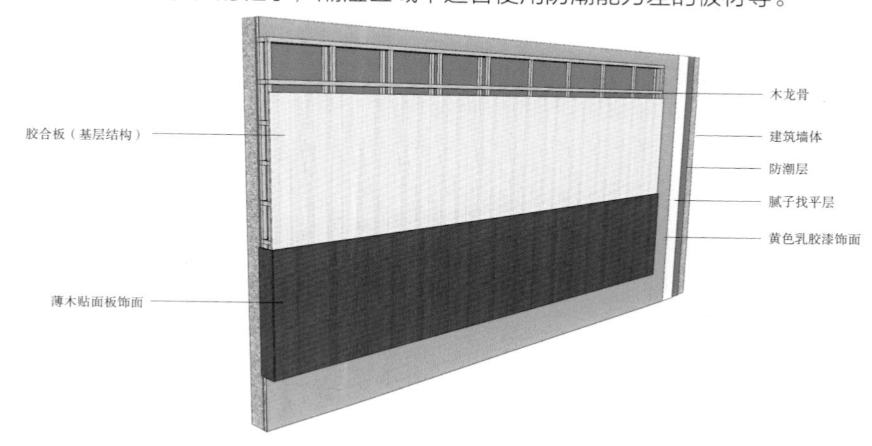
胶合板（基层结构）
薄木贴面板饰面
木龙骨
建筑墙体
防潮层
腻子找平层
黄色乳胶漆饰面

施工分层图

立体式的背景墙造型，基层为结构板材，面层为大理石纹 KD 板

收纳式电视墙，基层为结构板材，饰面为混油

榻榻米基层及上面的柜体，基层均为结构板材

（2）一体式施工

一体式施工是指使用可兼做饰面的结构类板材，制作造型、家具的施工形式，可使用的板材包括三聚氰胺板、欧松板及指接板等。与无饰面的结构板材使用部位大致相同，可用于制作门、柜子、平面包柱、墙面造型及柱子造型等。选择此类板材施工，无须再叠加饰面层，无须涂饰或仅做涂饰即可，可节省工时。

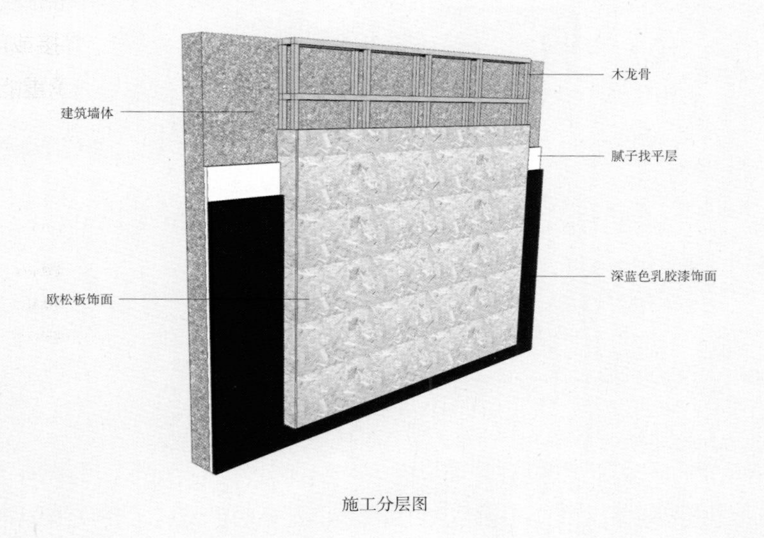
木龙骨
建筑墙体
腻子找平层
深蓝色乳胶漆饰面
欧松板饰面

施工分层图

欧松板的纹理非常具有个性感，除了用于制作基层外，还可将其作为饰面材料装饰顶面、墙面等部位，若担心拼缝不美观，则可根据板材幅面来定制造型，避免拼缝

三聚氰胺板很适合设计为以直线条和大块面为主的一体式柜子，如用三聚氰胺板覆盖墙面后，局部安装柜子，露出部分背板，美观且具整体感，同时还可省工时

小贴士

结构板材施工注意事项

①不同类型的结构板材，适合使用的钉子的类型也有区别，施工时需注意，例如欧松板更适合使用自攻螺钉连接，普通的钢钉难以钉牢固。

②耐潮性较差的结构板材，封边处理非常重要，施工时一定要做好封边，否则容易变形。

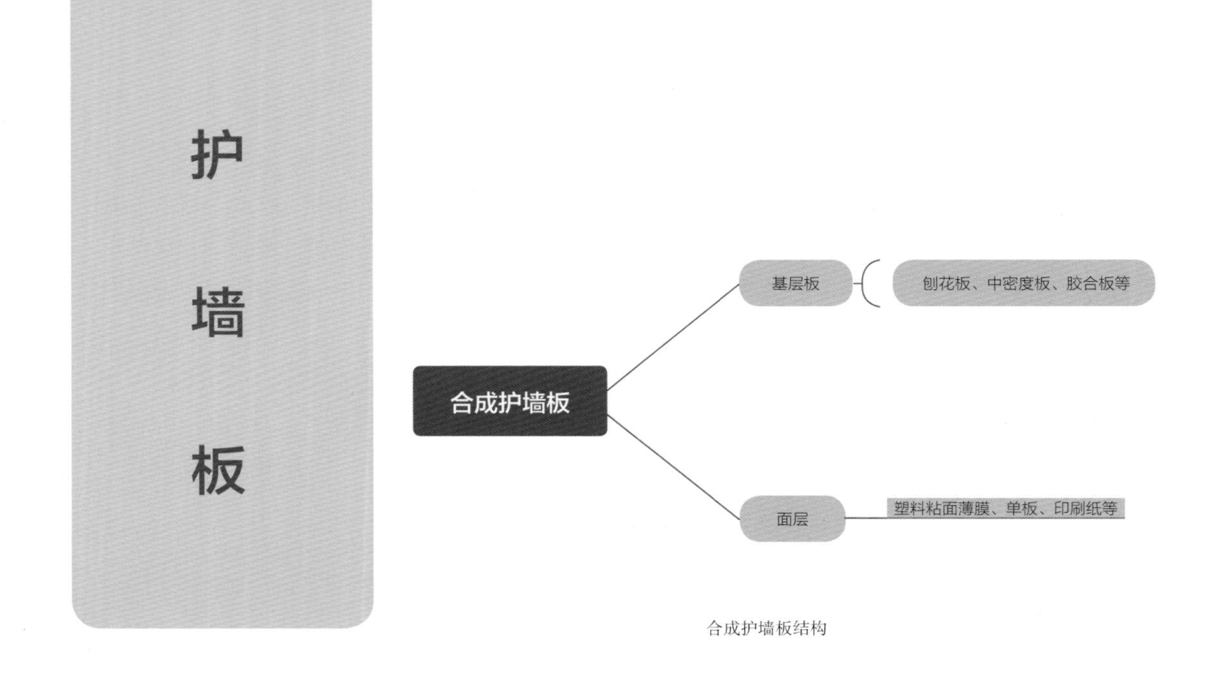
护
墙
板
合成护墙板
基层板
刨花板、中密度板、胶合板等
面层
塑料粘面薄膜、单板、印刷纸等
合成护墙板结构

1. 材料特点

物理性能特点：护墙板是一种墙体装饰材料，款式多样并且可以定制。装饰效果好，抗冲击、耐磨损，抗损性远胜于涂料和壁纸，甚至用小刀刮划表面都无明显伤痕。安装方便、快捷，拼接自如，容易养护，并且可多次拆装使用。还具有吸音降噪、促进睡眠、防辐射、防紫外线、调节温差的功能。

原料分层特点：护墙板分为全覆盖墙板和墙裙两大类型。总体来说，可分为墙板和辅料两大部分，具体来说使用最全面部件的整墙板组成部分包括：墙板、顶角线、收边线、腰线、脚线等，其中墙板包括上、下水平框、竖直框、芯板及角框等部分。

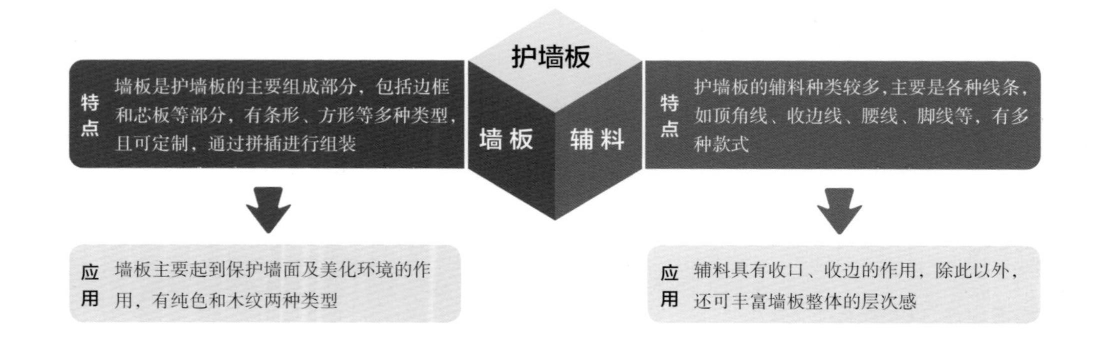
护墙板
墙板
辅料
特点
墙板是护墙板的主要组成部分，包括边框和芯板等部分，有条形、方形等多种类型，且可定制，通过拼插进行组装
特点
护墙板的辅料种类较多，主要是各种线条，如顶角线、收边线、腰线、脚线等，有多种款式
应用
墙板主要起到保护墙面及美化环境的作用，有纯色和木纹两种类型
应用
辅料具有收口、收边的作用，除此以外，还可丰富墙板整体的层次感

2. 材料分类

护墙板按材料可分为纯实木墙板、实木综合类墙板及实木复合墙板三种类型；按照尺寸与造型可分为整墙板、中空墙板和墙裙三种类型；按照装饰效果可分为木纹板和纯色板两种类型。

护墙板
材料
纯实木墙板
纯实木墙板指横竖方、芯（肚）板、所有木质零部件（托板、压条除外）均使用实木锯材或实木板材制作的一类护墙板，木纹自然，触感好，装饰效果较高级，价格高
实木综合类墙板
实木综合类墙板指横竖方、框架部分使用实木板材或锯材，芯（肚）板采用人造板作为基材制作的一类护墙板，效果与纯实木墙板类似，但价格比纯实木墙板低一些
实木复合墙板
实木复合墙板，指横竖方及肚（芯）板全部采用人造板，表面贴实木皮或直接采用油漆涂饰的一类护墙板，应用范围很广，性价比高
尺寸与造型
整墙板
整墙板为整面墙均做造型的一类护墙板，一般多做背景墙，或整屋使用，可与隐藏门组合。其设计的基本特点是尽量实现“左右对称”
中空墙板
中控墙板芯板的位置通常不做木饰面，只使用墙板边框和压线，中间使用墙纸、乳胶漆等其他装饰材料代替木饰面
墙裙
墙裙即为半高墙板，底部落地搭配踢脚板，上沿以腰线收边，腰线以上至顶面之间的位置留白，以其他装饰材料完成装饰
装饰效果
木纹板
表面为各种类型的木纹，材质多为实木或实木复合板，多为深色木料，装饰效果复古、大气，可搭配金色线条增加奢华感，适合宽敞或采光好的空间
纯色板
表面为混油质感的各种色彩，常见的有白色、灰色、蓝色、粉色等，各类面积、各种风格的室内均可使用，适用范围比木纹板更广泛一些

3. 施工形式

总体来说，护墙板的施工形式可分为全覆盖施工和墙裙施工两种类型。

（1）全覆盖施工

全覆盖护墙板施工有墙框两组合（简称落樘）、墙板墙裙两组合、墙板两组合（满墙板）、墙裙墙框上围裙组合、护墙板包柱与背景墙组合、护墙板罗马柱与背景墙组合、护墙板背景墙、护墙板与门窗洞套或垭口套组合等多种组合方式。

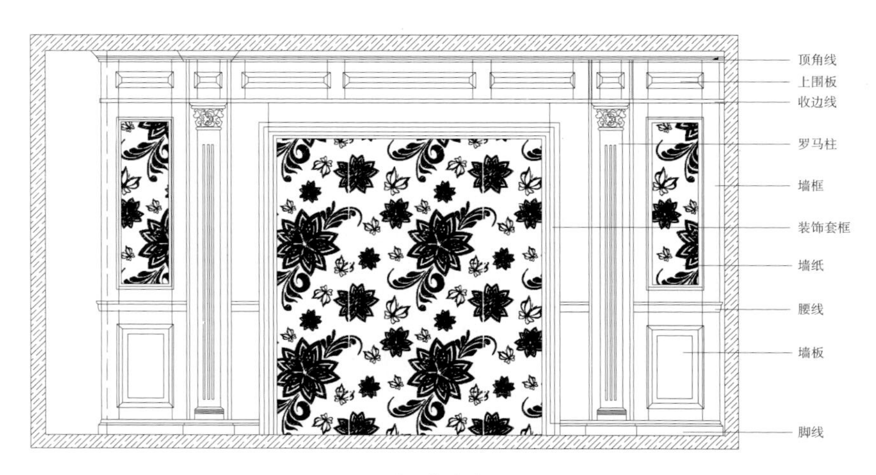
顶角线
上围板
收边线
罗马柱
墙框
装饰套框
墙纸
腰线
墙板
脚线

施工分层图

墙裙、墙框、上围裙组合形式的整墙板式背景墙

整墙板与垭口套组合

纯色护墙板与木皮组合的中空墙板式背景墙

（2）墙裙施工

墙裙一般适用于过道、楼梯墙、卧室以及阳角外露的墙面，它能很好地保护室内极易被破坏的墙面，墙裙高度一般为从地面向上 95cm 左右，有特殊需求时也可将其加高。在安装护墙板前应先做好墙面木工板基层（基层板厚度为 9~15mm 的多层板），墙裙要配“L”形盖头腰线，施工时应注意做好的墙板收口。

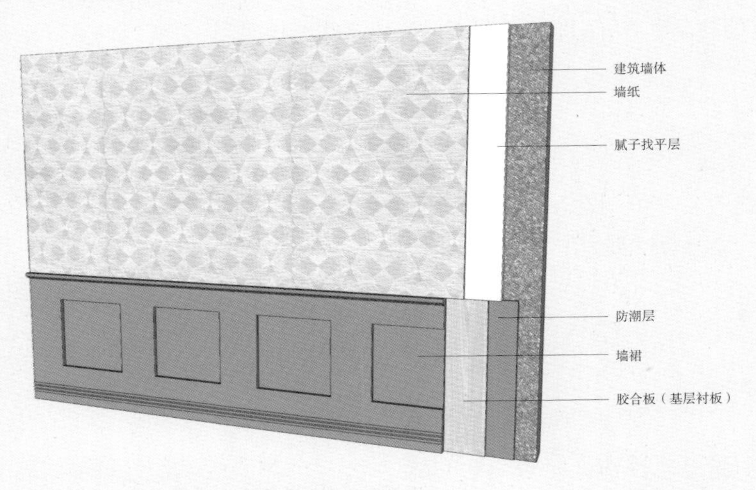
建筑墙体
墙纸
腻子找平层
防潮层
墙裙
胶合板（基层衬板）

施工分层图

墙裙与乳胶漆是很常见的一种组合，会显得干净又利落，若空间面积较小，墙裙更建议选择白色，乳胶漆可选择与墙裙有一些色差的颜色，以丰富层次感

墙裙与墙纸的组合也是非常常见的一种设计形式，因为墙纸的花色繁多，因此与组合乳胶漆相比，其变化更加多样

小贴士

护墙板施工注意事项

①开始施工前，墙面上需做一定的防潮措施。实木护墙板需将原包装拆封就地保存至少 48 h。

②根据护墙板和墙面尺寸，计算出整数块，多余空间用拼板完成，拼板应分配在端部。

③在安装前将每一分块找方、找直后试装一次，经调整修理后再正式钉装。

软木

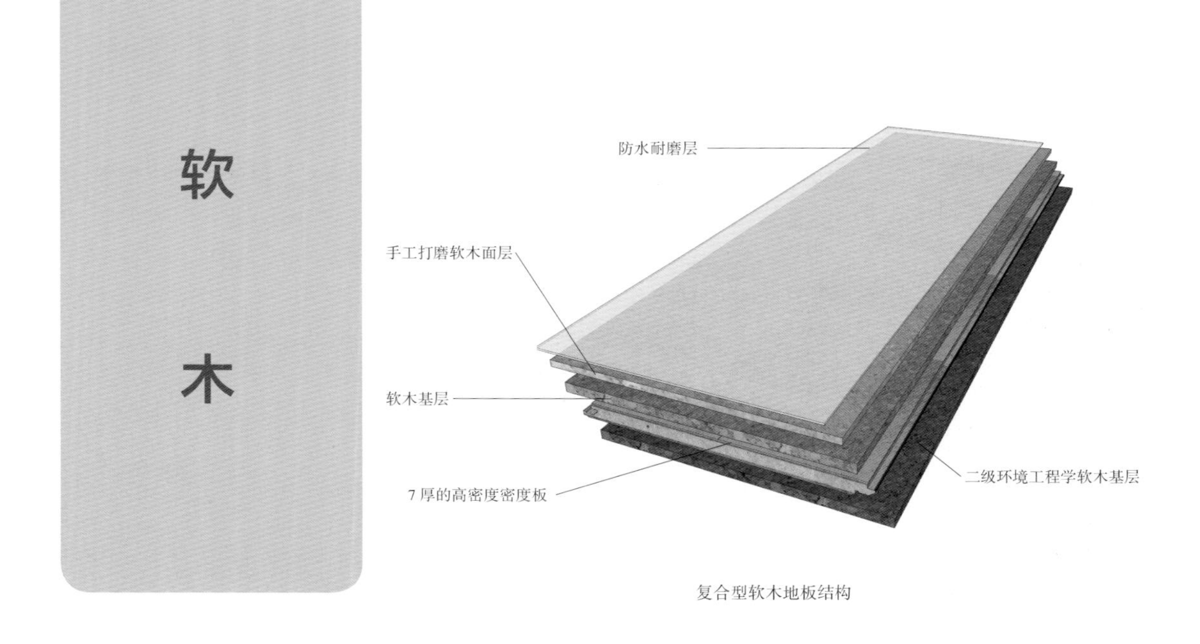
防水耐磨层
手工打磨软木面层
软木基层
7 厚的高密度密度板
二级环境工程学软木基层

复合型软木地板结构

1. 材料特点

物理性能特点：软木的质地柔软，故称为软木。软木原料可重复采摘，成品也可回收后重复利用，节能又环保。软木具有绝佳的弹性、隔音性、隔热性及防水性，且无毒、无味、密度小、手感柔软、不易着火，对水、油脂、有机酸、盐类、酯类等都不起化学作用。

原料分层特点：软木的主要制作原料为栓皮栎的外皮，它分成几个层面，最表面的是黑皮，也是最硬的部分，黑皮下面是白色或淡黄色的物质，很柔软，是软木的精华所在，软木板使用这一层的数量越多，质量就越好。软木墙板使用纯软木制作，为单层结构。软木地板除了纯软木的种类外，还有复合型产品，其结构主要由软木层和其他部分组成。

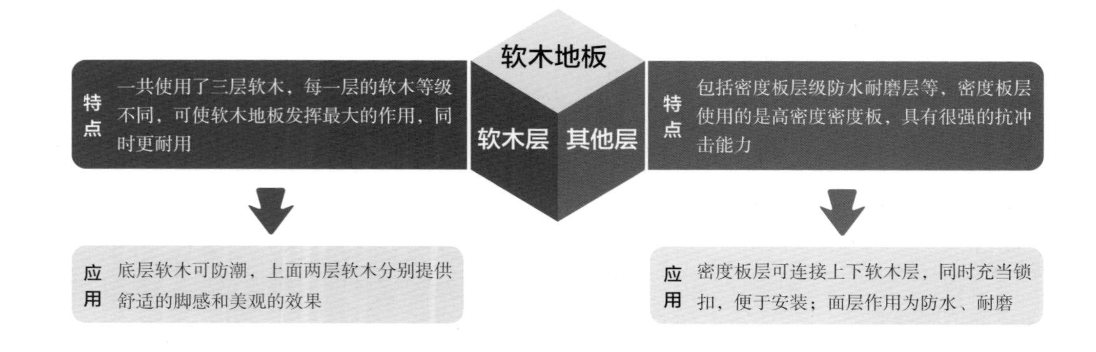
软木地板
软木层
其他层
特点 一共使用了三层软木，每一层的软木等级不同，可使软木地板发挥最大的作用，同时更耐用
特点 包括密度板层级防水耐磨层等，密度板层使用的是高密度密度板，具有很强的抗冲击能力
应用 底层软木可防潮，上面两层软木分别提供舒适的脚感和美观的效果
应用 密度板层可连接上下软木层，同时充当锁扣，便于安装；面层作用为防水、耐磨

2. 材料分类

软木板按照结构可分为纯软木板、耐磨涂层软木板及多层复合软木板三种类型；按照加工形态可分为软木片材、软木条材和软木卷材三种类型；按照施工方式可分为粘贴式和锁扣式两类。

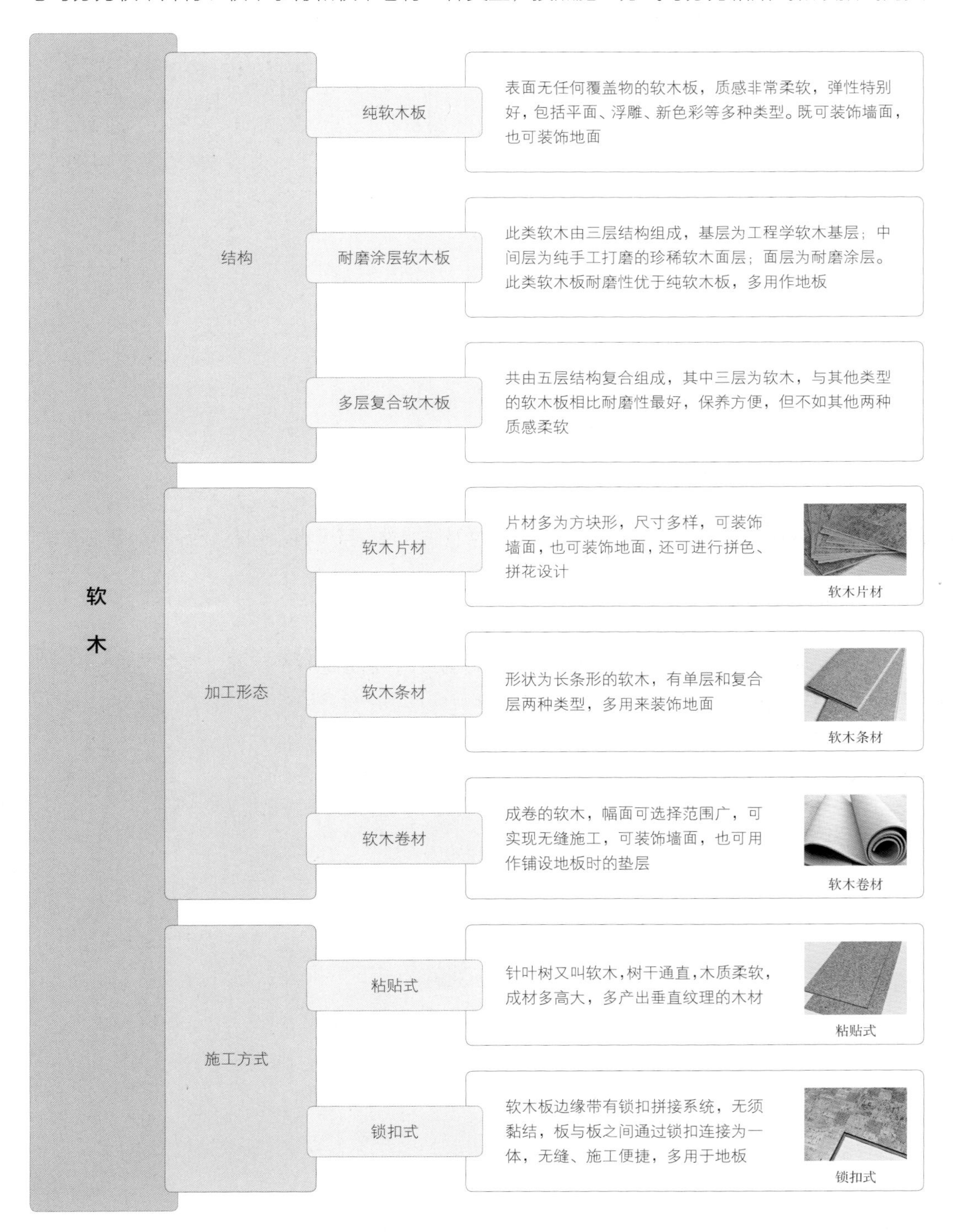
软木
结构
纯软木板
表面无任何覆盖物的软木板，质感非常柔软，弹性特别好，包括平面、浮雕、新色彩等多种类型。既可装饰墙面，也可装饰地面
耐磨涂层软木板
此类软木由三层结构组成，基层为工程学软木基层；中间层为纯手工打磨的珍稀软木面层；面层为耐磨涂层。此类软木板耐磨性优于纯软木板，多用作地板
多层复合软木板
共由五层结构复合组成，其中三层为软木，与其他类型的软木板相比耐磨性最好，保养方便，但不如其他两种质感柔软
加工形态
软木片材
片材多为方块形，尺寸多样，可装饰墙面，也可装饰地面，还可进行拼色、拼花设计
软木片材
软木条材
形状为长条形的软木，有单层和复合层两种类型，多用来装饰地面
软木条材
软木卷材
成卷的软木，幅面可选择范围广，可实现无缝施工，可装饰墙面，也可用作铺设地板时的垫层
软木卷材
施工方式
粘贴式
针叶树又叫软木，树干通直，木质柔软，成材多高大，多产出垂直纹理的木材
粘贴式
锁扣式
软木板边缘带有锁扣拼接系统，无须黏结，板与板之间通过锁扣连接为一体，无缝、施工便捷，多用于地板
锁扣式

3. 施工形式

软木可做地板，也可用于装饰墙面，不同种类其施工方式不同，可粘贴也可靠锁扣连接。

（1）软木地板

软木地板的施工有粘贴和锁扣连接两种方式，其中粘贴施工有“工”字形和“田”字形两种。

“工”字形：从中轴点开始粘贴，竖轴为边线，水平轴为底线，对边对缝，安装好第一排后安装第二排第一块，以这个片板的中点为起点，将其粘贴在第一排墙板的第一片和第二片的接缝处。

“田”字形：以中轴点为始点，以竖轴为边线，水平轴为底线，安装第一块后顺次安装，安装好一个间区后，用滚轮进行按压。此种形式也可用于粘贴墙板。

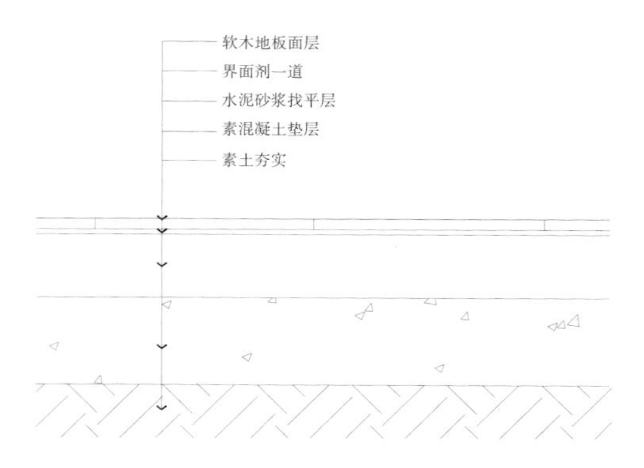
软木地板面层
界面剂一道
水泥砂浆找平层
素混凝土垫层
素土夯实

施工分层图

软木地板防水性很强，可用在开敞式厨房之中

（2）软木墙板

软木墙板主要采用粘贴的方式来施工，基层处理得好可直接粘贴，若有造型需求，底部可用胶合板做衬板，也可用龙骨加衬板来做基层。软木板在装饰墙面时，不建议使用面积过大，若为小面积墙面可整体施工；若墙面较宽，更建议与其他材料组合使用，如乳胶漆、木纹类材料等；若想要更个性一些，甚至可以搭配水银镜。

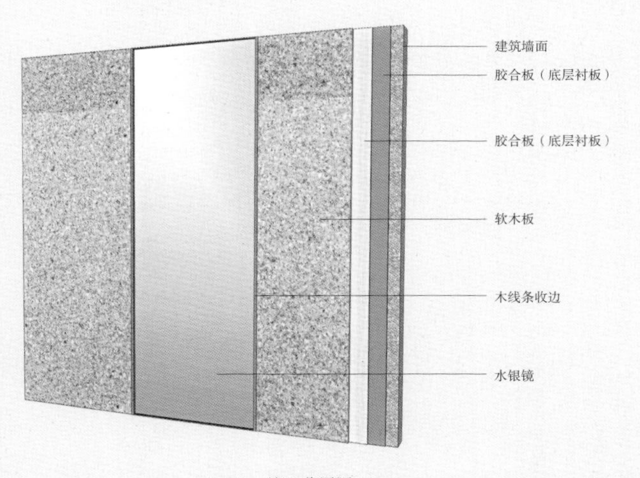

建筑墙面
胶合板（底层衬板）
胶合板（底层衬板）
软木板
木线条收边
水银镜

施工分层图

过道全部使用木纹护墙板，温馨但略显单调，在主题墙的书橱的两侧加入护墙板，不改变原有温馨、质朴氛围的同时，又具有丰富层次感的作用

软木板的纹理并不单一，有很多款式可以选择。因此，在选择软木板时，建议从室内整体效果出发，从色彩及纹理效果上形成统一感，若反差过大易显得混乱

小贴士

不同基层需区别对待

①板材墙：无上漆、无破损、无松动现象，板材对接处表面及接口处应平整。

②腻子墙：首先砂光，然后封上水性漆或涂基膜，完全干燥后方可施工。

③水泥基层：需处理平整、干净，再开始铺贴。水泥地面则需涂刷界面剂，而后做一层自流平再铺贴。

CHAPTER FOUR

石材品类众多，有上万个花色品种，因其多变的纹理和耐磨、经久等特点，深受设计师的喜爱。

第四章

石材

人们在一千多年前就开始使用石材作为建筑装饰的主要材料，当时使用的是天然石材，有些建筑甚至内外均使用石材来建造。因其美观且独特的装饰效果和耐磨、经久等物理特点，一直被设计师们沿用至今，成为经典的装饰材料之一。天然石材具有很多无可复制的特点，尤其是其多变且自然的纹理，很难被取代，因此其发展前景仍然是十分可观的。

现在每一年天然石材的需求量仍然是巨大的，但因为原料的特殊性，很难如同人造产品一样有一个统一的标准，但随着市场的进一步细化和需求的变化，天然石材的应用变化主要体现为以下三个方面。

石材与空间的结合使用：如室内外一体化或拼花图案的定制等。

技术进步带来的变化：如石材表面的精加工出现更多可能性，或将其制成薄板，或与瓷砖等制成复合材料等。

服务整合带来的变化：如加工商直接负责提供方案，来帮助设计师更好地应用创新。

在天然石材仍被大量使用的同时，也因为原料的不断减少及开采限制等原因，出于保护环境和节约能源的目的，人造石材的种类及花色也在不断增多，在一些部位逐渐开始取代天然石材，随着需求量的增大和科学技术的进步，也有着很宽广的发展前景。

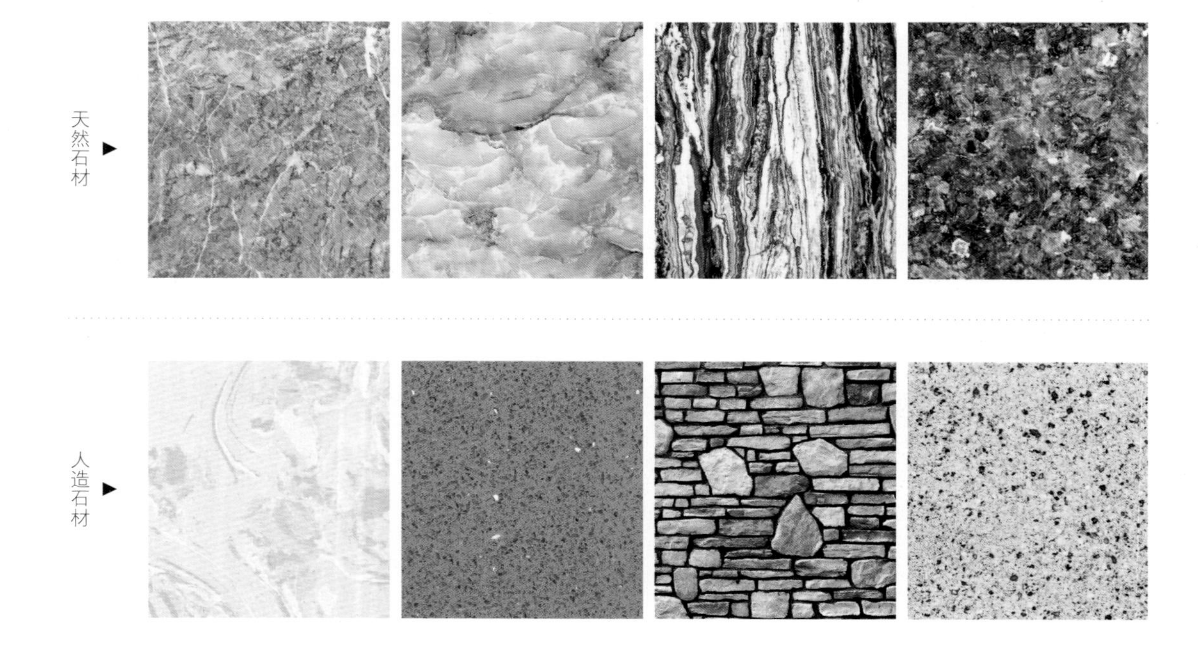
天然石材 ▶
人造石材 ▶

石材可从功能、使用部位、工艺及特色等方面进行分类，特征与用途如下。

石材	类别	品种	常见种类	用途
石材	天然石材	大理石	爵士白、波斯灰、雅士白、大花绿、啡网纹、银白龙等	用途：墙壁、地面、台面、隔断、屏风
		花岗岩	绿星、芝麻灰、山西黑等	用途：墙壁、地面、台面
		砂岩	红色砂岩、黄色砂岩、黄木纹砂岩、绿色砂岩等	用途：墙壁、地面、柱子
		板岩	淡青色板岩、黑色板岩、褐色板岩、棕色板岩、黄色板岩等	用途：墙壁、地面
		玉石 来源：石灰岩	黄色烟玉、竹节玉、绿玉、英伦玉、蓝凤凰等	用途：墙壁、地面、屏风
		洞石 来源：沉积岩	白洞石、超白洞石、黄洞石、米黄洞石、红洞石等	用途：墙壁、屏风
	人造石材	人造大理石 主料：大理石或花岗岩的碎石	水泥型、聚酯型、复合型及烧结型等	用途：墙壁、地面、台面
		人造水磨石 主料：大理石碎料、水泥	石子颗粒、玻璃颗粒、贝壳颗粒、彩色混合颗粒等	用途：墙壁、地面、台面
		人造石英石 主料：天然石英	极细颗粒、细颗粒、中等颗粒、大颗粒等	用途：墙壁、地面、台面
		人造文化石 主料：水泥、陶粒等	城堡石、层岩石、乱片石、鹅卵石、砖石等	用途：墙壁、垭口

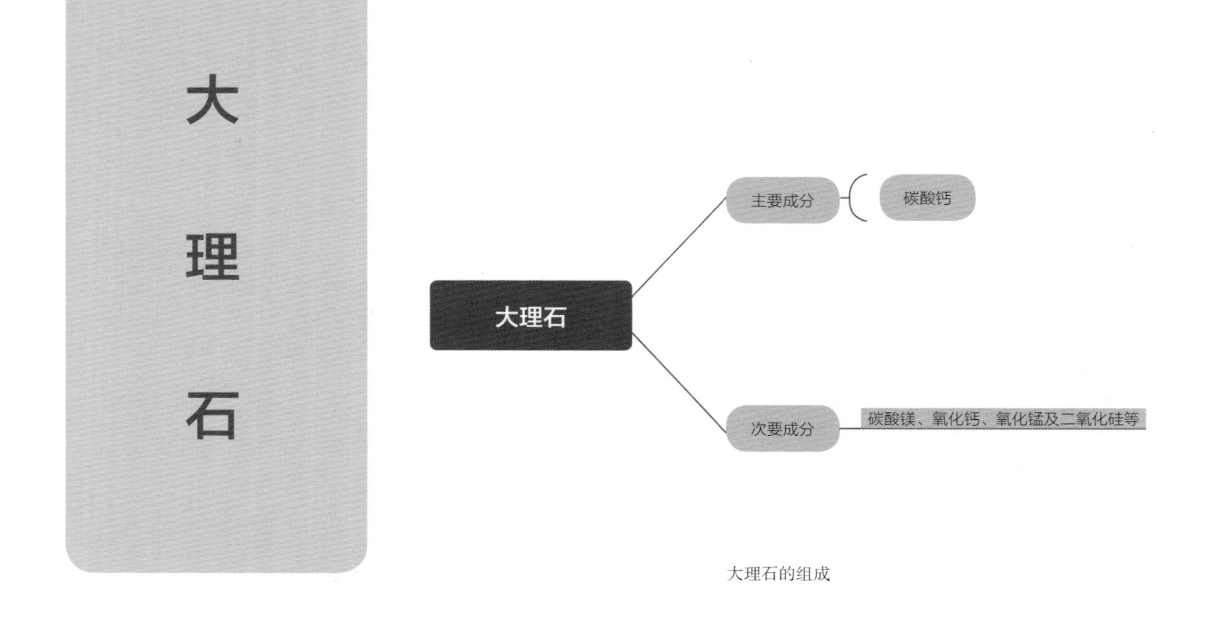
大
理
石
大理石
主要成分
碳酸钙
次要成分
碳酸镁、氧化钙、氧化锰及二氧化硅等

大理石的组成

1. 材料特点

物理性能特点：大理石纹理自然、多变，色彩丰富，装饰效果华丽、美观。材质稳定，能够保证长期不变形。加工性能优良，可锯、可切、可磨光、钻孔、雕刻等。保养方便简单，不必涂油，不易粘微尘，使用寿命长。可加工成各种形材、板材，可用于装饰墙面、地面、台面、柱等部位。

原料分层特点：大理石荒料通常为块状，需要经过切割、磨光等工序才能制成大理石板材，根据荒料厚度的不同，可将大理石加工成平板和薄板两种类型。平板的厚度比薄板要厚一些，一块荒料根据平板的尺寸等分后，剩余的部分可加工成薄板，也可以将一整块荒料均加工成薄板。

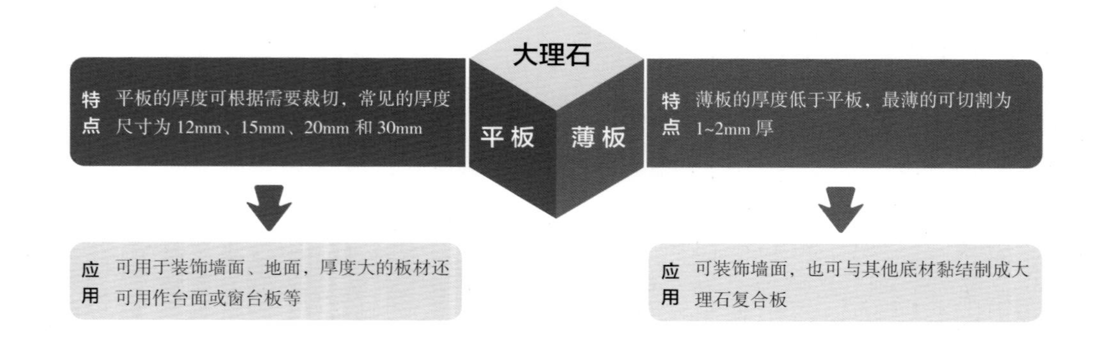
大理石
平板
薄板
特点 平板的厚度可根据需要裁切，常见的厚度尺寸为 12mm、15mm、20mm 和 30mm
应用 可用于装饰墙面、地面，厚度大的板材还可用作台面或窗台板等
特点 薄板的厚度低于平板，最薄的可切割为 1~2mm 厚
应用 可装饰墙面，也可与其他底材黏结制成大理石复合板

2. 材料分类

大理石按照表面处理方式可分为抛光板、亚光板、酸洗板等多种类型；按照加工方式可分为单板和复合板两类；按照色彩可分为米黄色系、黑色系、灰色系、白色系等多种类型。

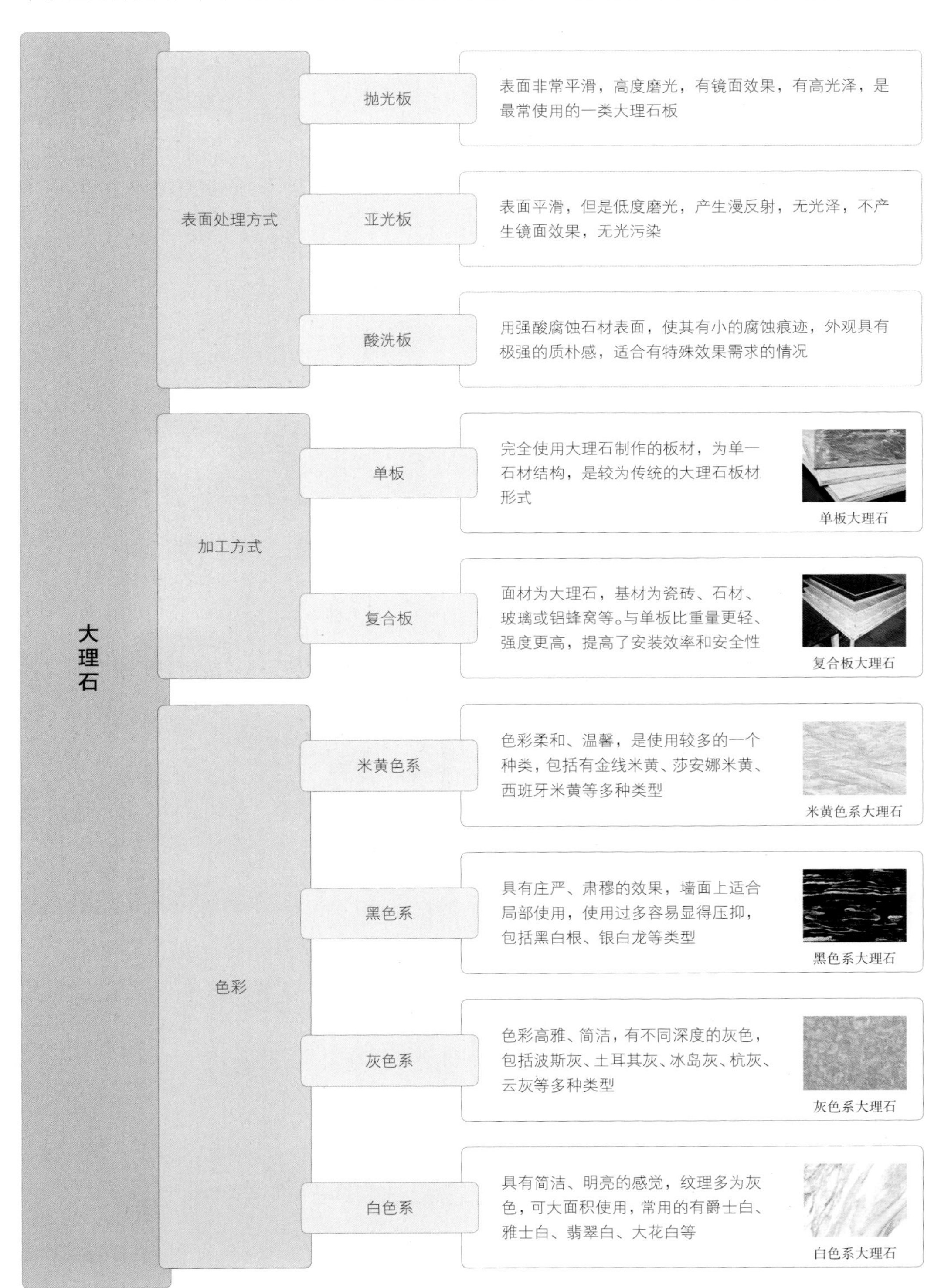
大理石
表面处理方式
抛光板
表面非常平滑，高度磨光，有镜面效果，有高光泽，是最常使用的一类大理石板
亚光板
表面平滑，但是低度磨光，产生漫反射，无光泽，不产生镜面效果，无光污染
酸洗板
用强酸腐蚀石材表面，使其有小的腐蚀痕迹，外观具有极强的质朴感，适合有特殊效果需求的情况
加工方式
单板
完全使用大理石制作的板材，为单一石材结构，是较为传统的大理石板材形式
单板大理石
复合板
面材为大理石，基材为瓷砖、石材、玻璃或铝蜂窝等。与单板比重量更轻、强度更高，提高了安装效率和安全性
复合板大理石
色彩
米黄色系
色彩柔和、温馨，是使用较多的一个种类，包括有金线米黄、莎安娜米黄、西班牙米黄等多种类型
米黄色系大理石
黑色系
具有庄严、肃穆的效果，墙面上适合局部使用，使用过多容易显得压抑，包括黑白根、银白龙等类型
黑色系大理石
灰色系
色彩高雅、简洁，有不同深度的灰色，包括波斯灰、土耳其灰、冰岛灰、杭灰、云灰等多种类型
灰色系大理石
白色系
具有简洁、明亮的感觉，纹理多为灰色，可大面积使用，常用的有爵士白、雅士白、翡翠白、大花白等
白色系大理石

3. 施工形式

大理石的施工形式分为墙面施工和地面施工两种。

（1）墙面施工

大理石的墙面施工，有干挂、湿挂、干贴和湿贴四种方式。其中干挂法使用较多，有安装稳固、不返碱等优点，但占用空间多，造价高，适合安装大板块或施工面积大的情况。干挂法有钢结构干挂法和点挂法两种形式，钢结构需先安装钢骨架，再用干挂件连接钢骨架与石材；点挂法（可参考本书 118 页）是在墙面安装扣件来连接石材，比前一种占用空间小、造价低，仅适用于现浇混凝土墙面。

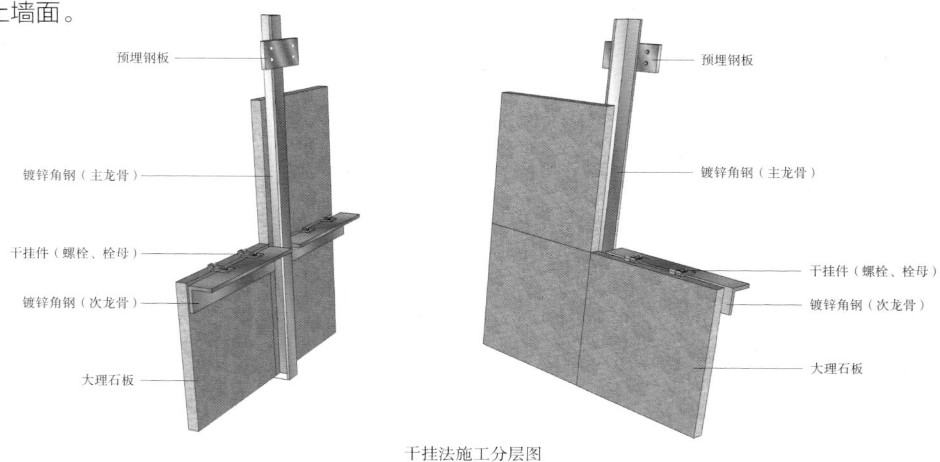
预埋钢板
镀锌角钢（主龙骨）
干挂件（螺栓、栓母）
镀锌角钢（次龙骨）
大理石板
预埋钢板
镀锌角钢（主龙骨）
干挂件（螺栓、栓母）
镀锌角钢（次龙骨）
大理石板

干挂法施工分层图

小块面的大理石，可用石材胶干贴于基层上

大尺寸及大面积的施工，适合选择钢结构干挂法

点挂法安装的石材，整体厚度比钢结构法薄

（2）地面施工

大理石（或花岗岩等天然石材）也常被用来装饰地面，施工分为干铺和湿贴两种方式，但更建议采取干铺法进行，虽然厚度大、成本高，但不易变形、不易空鼓，特别适合用来铺贴大板块。在地面上，大理石除了可以单独铺设外，还可以用不同色彩、不同纹理的大理石或用大理石与其他地面材料组合，做拼花或碎拼施工，来塑造独特的效果。

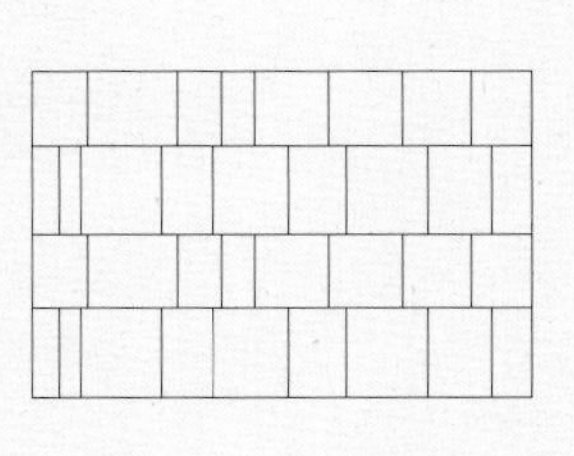

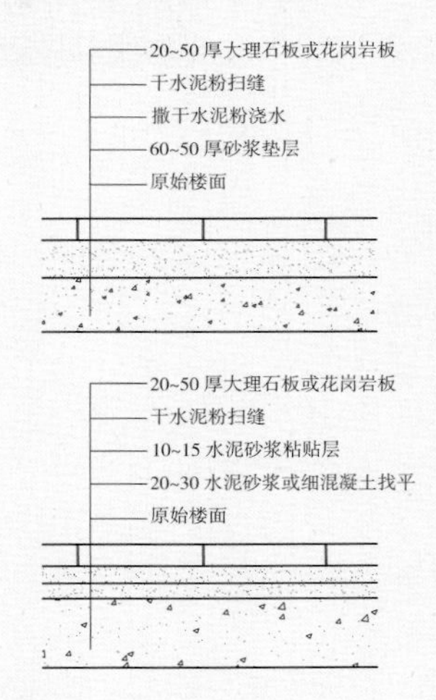
20~50 厚大理石板或花岗岩板
干水泥粉扫缝
撒干水泥粉浇水
60~50 厚砂浆垫层
原始楼面
20~50 厚大理石板或花岗岩板
干水泥粉扫缝
10~15 水泥砂浆粘贴层
20~30 水泥砂浆或细混凝土找平
原始楼面

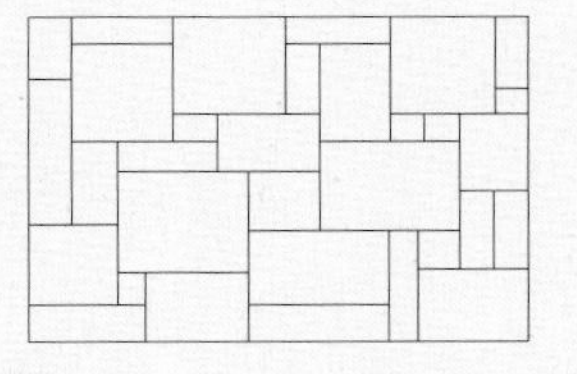

施工分层图

多色、较复杂的拼花，适合采光较好且面积比较宽敞的空间，选择一组明度对比强的大理石相组合，可让整体装饰显得更明快，再用米黄色过渡，可避免突兀感

根据玄关的墙面造型设计地面拼花外轮廓的造型，同时，将装饰家具放在花朵形拼花的中间，都进一步加强了空间内装饰的整体感

小贴士

石材施工前的防护非常重要

在施工前，需要以涂刷、浸泡等方式将防护剂涂布在大理石表面，最佳方式为六面防护。工序必须在无污染的环境下，将石材平放于木方上进行。需涂刷两次防护剂，时间应间隔 24h，涂刷完成后间隔 48h 后方可使用。

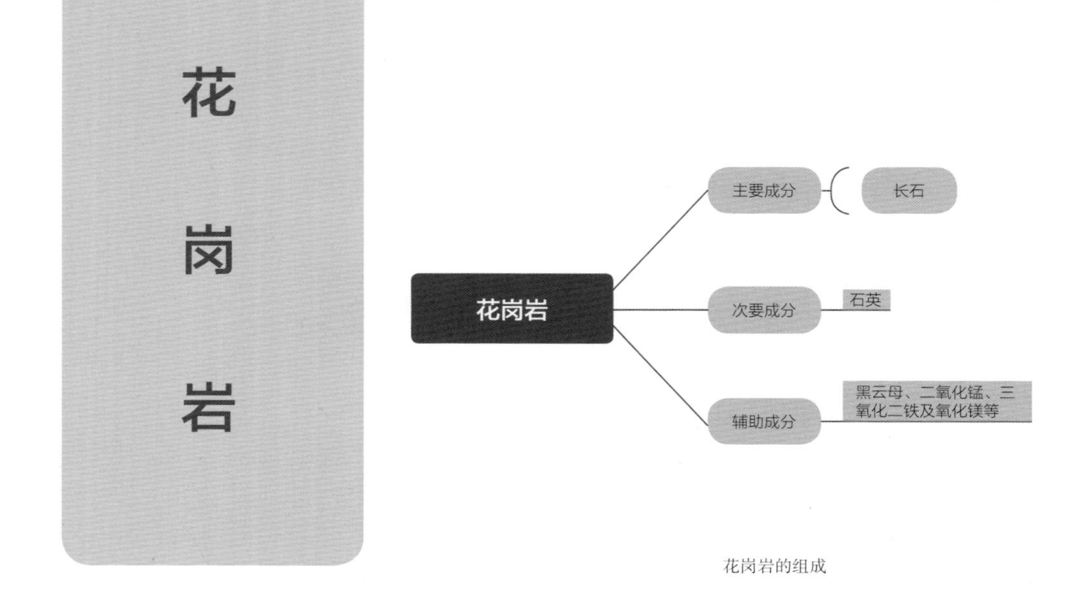
花
岗
岩
花岗岩
主要成分
长石
次要成分
石英
辅助成分
黑云母、二氧化锰、三氧化二铁及氧化镁等

花岗岩的组成

1. 材料特点

物理性能特点：花岗岩结构致密、硬度极高，抗压强度高、吸水率低，经久耐用，易于维护，但耐火性差。纹理与大理石相比，较具有规律性，呈细粒、中粒、粗粒的粒状或似斑状结构，其色彩相对变化不大，适合用来塑造有规律性的效果。

原料分层特点：花岗岩荒料的加工与大理石相同，也分为平板和薄板两种类型，特点可参考大理石。从施工角度来说，花岗岩（大理石）的分层可分为面层和基层两部分。面层即为花岗岩，基层根据施工部位的不同，分为 2~3个小的层次。

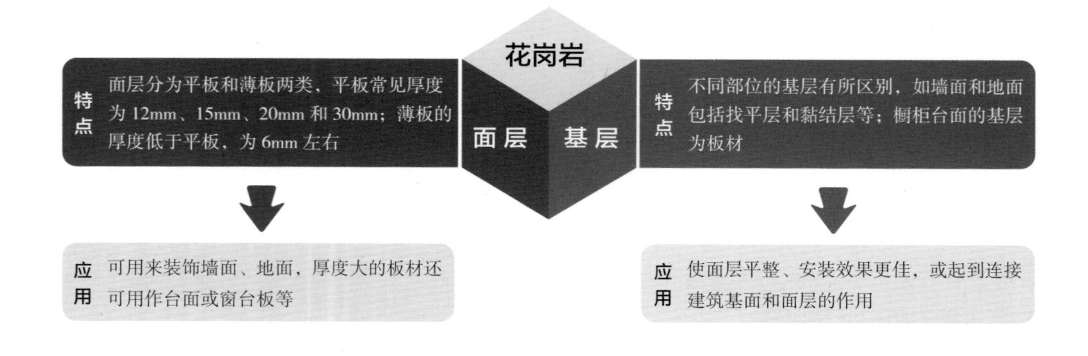
花岗岩
面层
基层
特点 面层分为平板和薄板两类，平板常见厚度为 12mm、15mm、20mm 和 30mm；薄板的厚度低于平板，为 6mm 左右
应用 可用来装饰墙面、地面，厚度大的板材还可用作台面或窗台板等
特点 不同部位的基层有所区别，如墙面和地面包括找平层和黏结层等；橱柜台面的基层为板材
应用 使面层平整、安装效果更佳，或起到连接建筑基面和面层的作用

2. 材料分类

花岗岩根据加工方式不同可分为剁斧板材、机刨板材、粗磨板材和磨光板材四种类型；常见的色彩包括红色系、棕色系、花白系、黑色系、黄色系等。

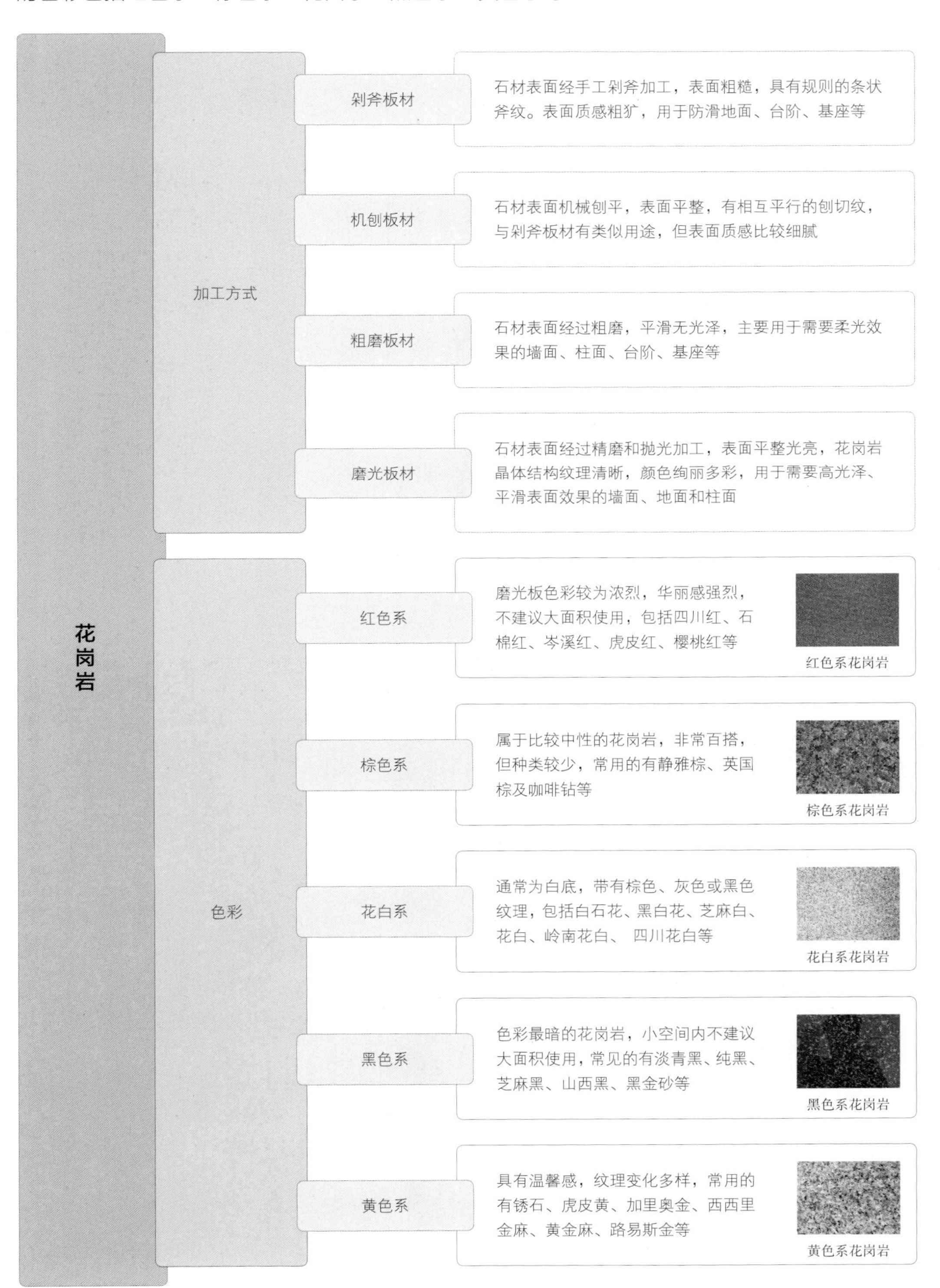

花岗岩
加工方式
剁斧板材
石材表面经手工剁斧加工，表面粗糙，具有规则的条状斧纹。表面质感粗犷，用于防滑地面、台阶、基座等
机刨板材
石材表面机械刨平，表面平整，有相互平行的刨切纹，与剁斧板材有类似用途，但表面质感比较细腻
粗磨板材
石材表面经过粗磨，平滑无光泽，主要用于需要柔光效果的墙面、柱面、台阶、基座等
磨光板材
石材表面经过精磨和抛光加工，表面平整光亮，花岗岩晶体结构纹理清晰，颜色绚丽多彩，用于需要高光泽、平滑表面效果的墙面、地面和柱面
色彩
红色系
磨光板色彩较为浓烈，华丽感强烈，不建议大面积使用，包括四川红、石棉红、岑溪红、虎皮红、樱桃红等
红色系花岗岩
棕色系
属于比较中性的花岗岩，非常百搭，但种类较少，常用的有静雅棕、英国棕及咖啡钻等
棕色系花岗岩
花白系
通常为白底，带有棕色、灰色或黑色纹理，包括白石花、黑白花、芝麻白、花白、岭南花白、 四川花白等
花白系花岗岩
黑色系
色彩最暗的花岗岩，小空间内不建议大面积使用，常见的有淡青黑、纯黑、芝麻黑、山西黑、黑金砂等
黑色系花岗岩
黄色系
具有温馨感，纹理变化多样，常用的有锈石、虎皮黄、加里奥金、西西里金麻、黄金麻、路易斯金等
黄色系花岗岩

3. 施工形式

花岗岩可装饰墙面、地面和台面等部位，这里重点讲解墙面及地面施工。

（1）墙面施工

花岗岩的墙面施工与大理石相同，有干挂、湿挂、干贴和湿贴四种方式。干挂法可参考大理石部分的内容，除了干挂法外，小块面的石材也常采用干贴法施工。干贴即为使用石材胶，将石材贴于墙面基层上的一种施工方式。

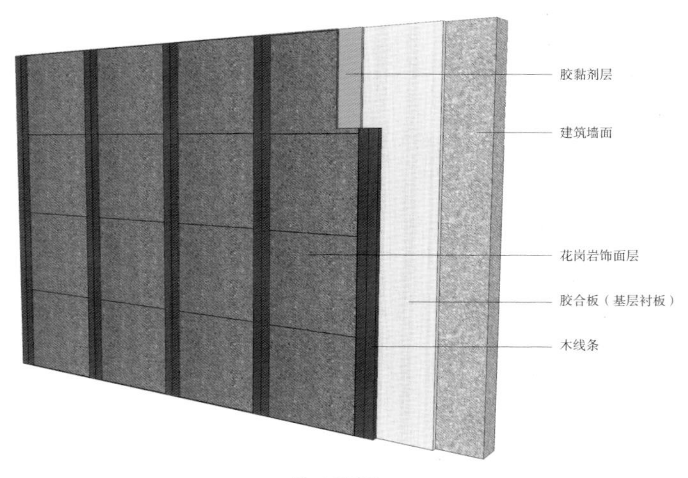
胶黏剂层
建筑墙面
花岗岩饰面层
胶合板（基层衬板）
木线条

施工分层图

花岗岩与木线及黑色烤漆玻璃组合，设计为沙发背景墙

（2）地面施工

花岗岩地面的基层可分为地面和楼面两种类型，地面基层为素土，楼面基层为钢筋混凝土楼板，它们的施工层次略有区别。

花岗岩用作地面装饰材料时，很少大面积地单独使用，而是多与大理石、地砖等组合做拼花设计，或者作为过门石与地板、地砖等组合施工。

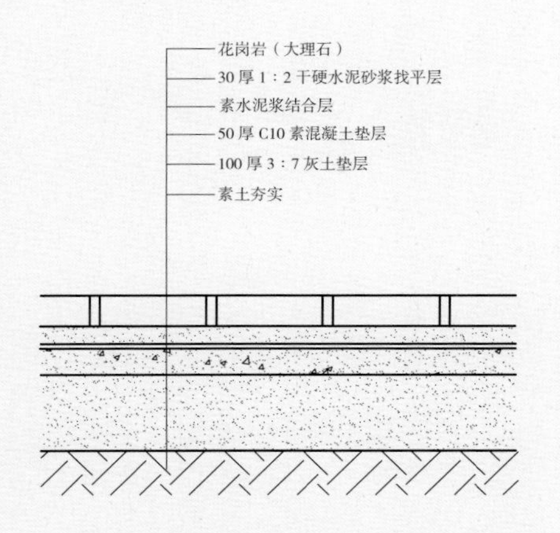
花岗岩（大理石）
30 厚 1：2 干硬水泥砂浆找平层
素水泥浆结合层
50 厚 C10 素混凝土垫层
100 厚 3：7 灰土垫层
素土夯实

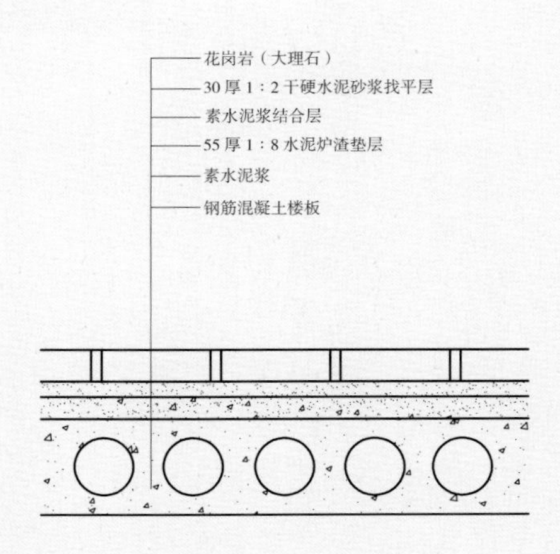
花岗岩（大理石）
30 厚 1：2 干硬水泥砂浆找平层
素水泥浆结合层
55 厚 1：8 水泥炉渣垫层
素水泥浆
钢筋混凝土楼板

施工分层图

用黄色系的花岗岩组合白色玻化砖和黑色大理石，设计为地面拼花，效果华丽而典雅。这种略微复杂的拼花样式，更适合面积宽敞的空间

过门石具有过渡不同材质地面的作用，在厨房和卫生间中，还有挡水的作用。花岗岩是较为常用的过门石材料，施工时需注意色彩的协调性及不同材质高度的处理

小贴士

花岗岩施工注意事项

①与大理石一样，施工前同样需要进行防护。

②若地面需要提高防水功能，可在炉渣垫层上抹 20mm 厚 1：3 的水泥砂浆找平，上刷冷底子油一道，也可以抹 20mm 厚 1：3 的水泥砂浆，上涂水乳型橡胶沥青防水层。

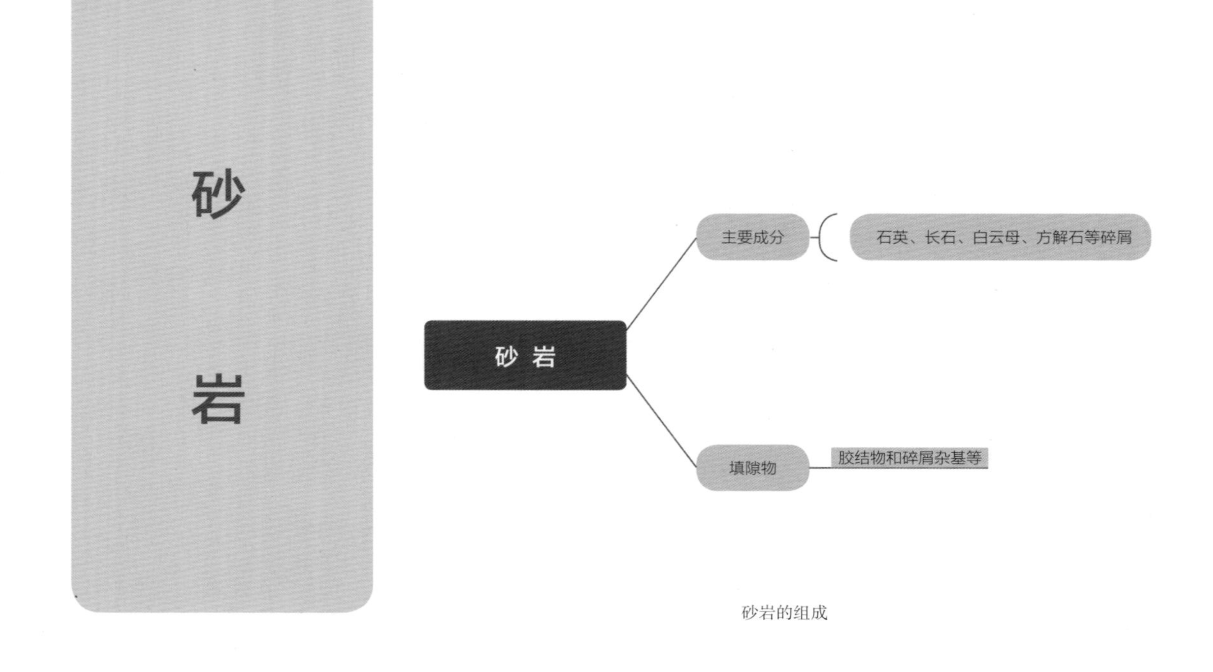
砂
岩
砂 岩
主要成分
石英、长石、白云母、方解石等碎屑
填隙物
胶结物和碎屑杂基等
砂岩的组成

1. 材料特点

物理性能特点：砂岩为亚光石材，无光污染，且放射性基本为零，对人体无害。它还具有防潮、防滑、吸音、吸光、无味、不褪色、冬暖夏凉等优点，且其耐用性可比拟大理石和花岗岩。砂岩属于暖色调材料，能够塑造素雅、温馨又不失华贵大气感的效果。砂岩不仅可作为饰面材料使用，还可进行雕刻，制作成浮雕或柱体等。

原料分层特点：砂岩与大理石和花岗岩相比来说质地较软，因此开板的厚度要厚一些，砂岩的荒料同样为块状，需要经过切割等工序进行加工。装饰墙面时多使用板材，厚度有普通和加厚两种类型，切割时可等分，也可根据需要同时切割出普通板和加厚板。

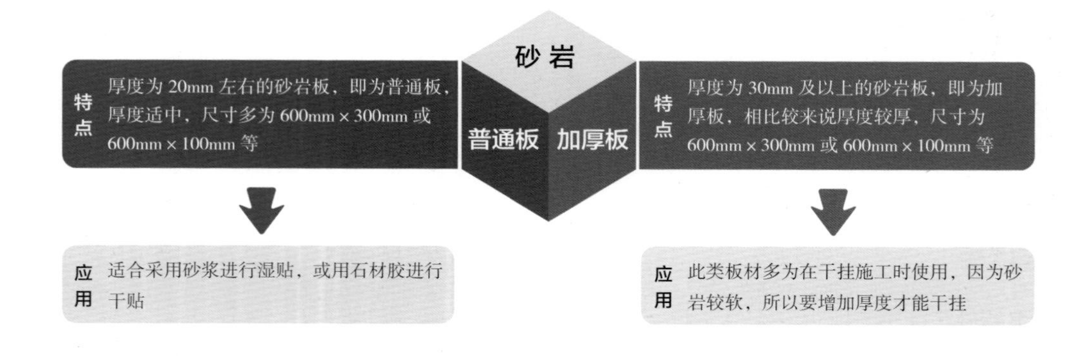
砂岩
普通板
加厚板
特点
厚度为 20mm 左右的砂岩板，即为普通板，厚度适中，尺寸多为 600mm × 300mm 或 600mm × 100mm 等
应用
适合采用砂浆进行湿贴，或用石材胶进行干贴
特点
厚度为 30mm 及以上的砂岩板，即为加厚板，相比较来说厚度较厚，尺寸为 600mm × 300mm 或 600mm × 100mm 等
应用
此类板材多为在干挂施工时使用，因为砂岩较软，所以要增加厚度才能干挂

2. 材料分类

砂岩按照产地来分，比较有代表性的为四川砂岩、云南砂岩和山东砂岩三类；按照品种分类，包括红色砂岩、绿色砂岩、黄色砂岩、灰色砂岩及黑色砂岩、木纹砂岩等。

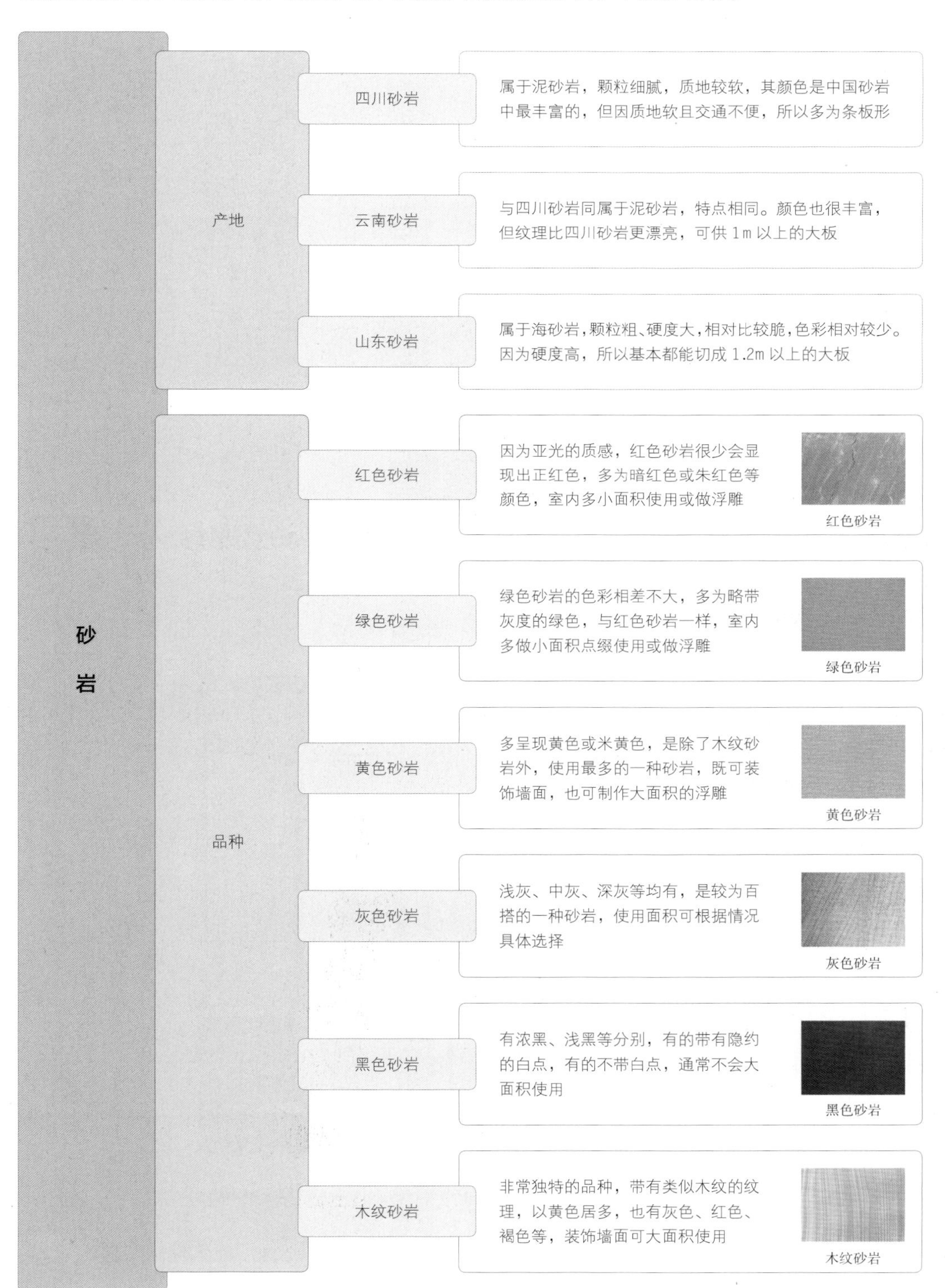

砂岩
产地
四川砂岩
属于泥砂岩，颗粒细腻，质地较软，其颜色是中国砂岩中最丰富的，但因质地软且交通不便，所以多为条板形
云南砂岩
与四川砂岩同属于泥砂岩，特点相同。颜色也很丰富，但纹理比四川砂岩更漂亮，可供1m以上的大板
山东砂岩
属于海砂岩，颗粒粗、硬度大，相对比较脆，色彩相对较少。因为硬度高，所以基本都能切成1.2m以上的大板
品种
红色砂岩
因为亚光的质感，红色砂岩很少会显现出正红色，多为暗红色或朱红色等颜色，室内多小面积使用或做浮雕
红色砂岩
绿色砂岩
绿色砂岩的色彩相差不大，多为略带灰度的绿色，与红色砂岩一样，室内多做小面积点缀使用或做浮雕
绿色砂岩
黄色砂岩
多呈现黄色或米黄色，是除了木纹砂岩外，使用最多的一种砂岩，既可装饰墙面，也可制作大面积的浮雕
黄色砂岩
灰色砂岩
浅灰、中灰、深灰等均有，是较为百搭的一种砂岩，使用面积可根据情况具体选择
灰色砂岩
黑色砂岩
有浓黑、浅黑等分别，有的带有隐约的白点，有的不带白点，通常不会大面积使用
黑色砂岩
木纹砂岩
非常独特的品种，带有类似木纹的纹理，以黄色居多，也有灰色、红色、褐色等，装饰墙面可大面积使用
木纹砂岩

3. 施工形式

砂岩在室内空间中，多用来装饰墙面，常用的施工方式有干贴和干挂两种。

（1）干贴施工

砂岩的干贴施工方法与花岗岩相同，适合小块面的砂岩或施工高度小于 4m 的情况（基层需为水泥基体墙面或木材板面）。黏结材料应选油性黏结剂，如云石胶、石材胶或者质量较好的油性黏结材料。施工时建议从左下角或者右下角开始，逐块安装并调平。

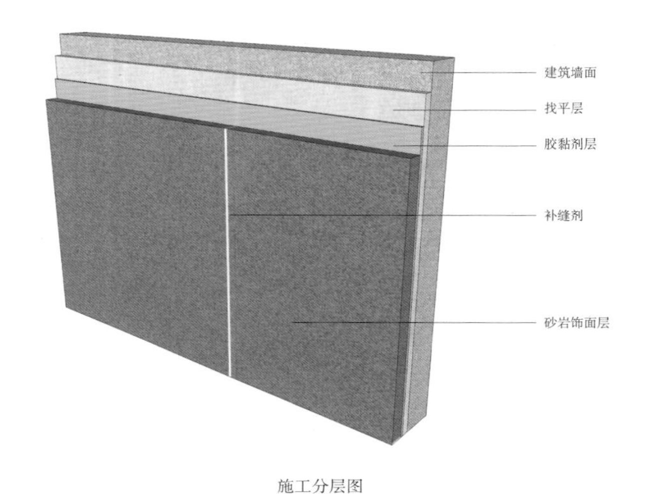
建筑墙面
找平层
胶黏剂层
补缝剂
砂岩饰面层

施工分层图

用灰色木纹砂岩装饰电视背景墙两侧，施工面积较小，可采用干贴法施工

（2）干挂施工

安装高度高于 4m、整墙安装砂岩板和砂岩浮雕的项目应使用干挂的施工方式。砂岩干挂时，如果基层墙面为空心砖砌筑，必须改为实心砖，或者将空心砖的孔洞用砂浆灌实，以保证膨胀螺栓的牢固性。与大理石和花岗岩相同，也有钢结构干挂法和点挂法两种施工形式。

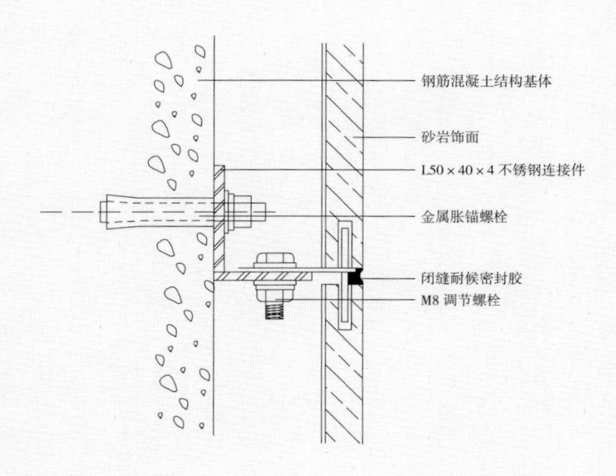
钢筋混凝土结构基体
砂岩饰面
L50×40×4 不锈钢连接件
金属胀锚螺栓
闭缝耐候密封胶
M8 调节螺栓

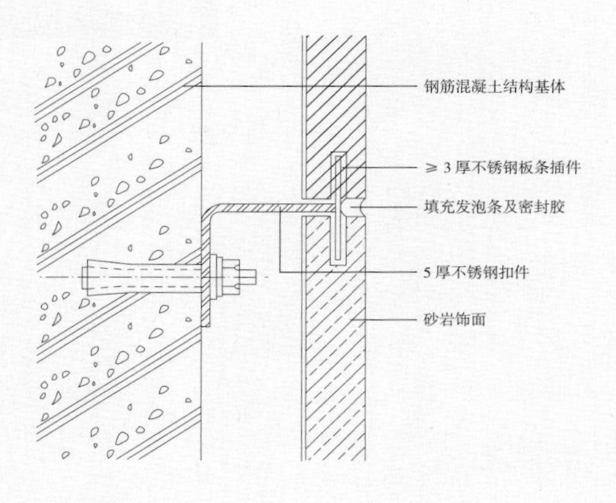
钢筋混凝土结构基体
≥3 厚不锈钢板条插件
填充发泡条及密封胶
5 厚不锈钢扣件
砂岩饰面

施工分层图

木纹砂岩的纹理在韵律感中蕴含着规则性，虽然具有角度的变化却不会打乱节奏。因此，选择它装饰墙面时，即使采用简单的造型，也会具有丰富的层次感

灰色木纹砂岩带有浓郁的理性感和都市感，与玻璃搭配具有很强的现代感和简约感，且为较为素雅的室内空间带来一些动感

小贴士

砂岩施工注意事项

①对于大面镶贴的砂岩板墙面，要进行二次深化设计，尽量避免小块板的出现。

②镶贴砂岩板用的胶必须按照使用说明进行配置。

③砂岩干挂时，无论基层是混凝土还是砂浆面层，表面都不得有起砂现象，若为毛面安装效果更佳。

板岩

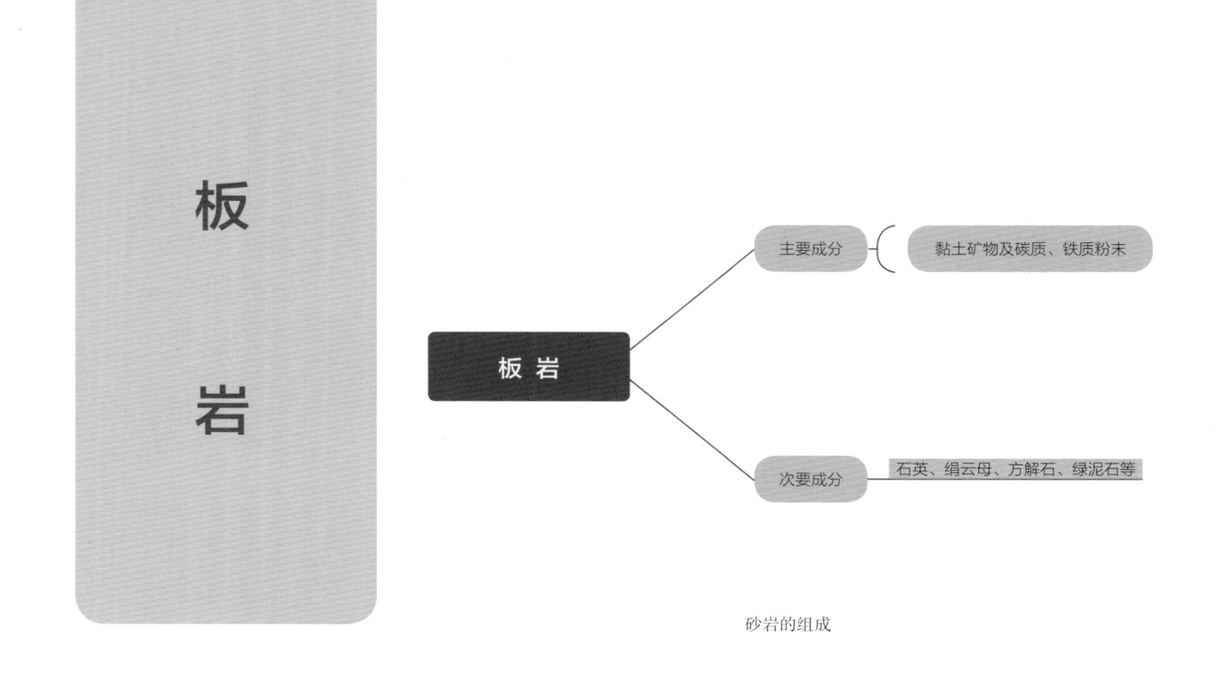
板岩
主要成分
黏土矿物及碳质、铁质粉末
次要成分
石英、绢云母、方解石、绿泥石等

砂岩的组成

1. 材料特点

物理性能特点：板岩也叫作板石，是一种浅变质岩，自然分层好，单层厚薄均匀，硬度适中。具有防腐、耐酸碱、耐高低温、抗压、抗折、隔音、防滑性能出众、无须特别护理等优点。质感亚光，所以没有冰冷感，且纹理特殊，颜色丰富，板面图案自然天成，适合用在多种室内环境中。

原料分层特点：板岩与所有的天然石材一样，都是先开采荒料，而后进行加工的。室内使用的板岩常用厚度为 10mm、20mm 及 30mm，去除掉切割成整板的部分后，零散的石料，还可切割为不规则形状的片材，可在后方加上网格，拼接成一整片。

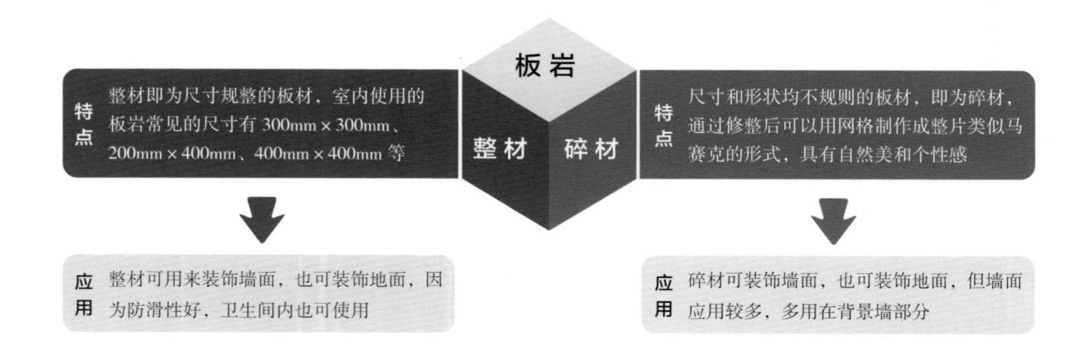
板岩
整材
碎材
特点
整材即为尺寸规整的板材，室内使用的板岩常见的尺寸有 300mm × 300mm、200mm × 400mm、400mm × 400mm 等
应用
整材可用来装饰墙面，也可装饰地面，因为防滑性好，卫生间内也可使用
特点
尺寸和形状均不规则的板材，即为碎材，通过修整后可以用网格制作成整片类似马赛克的形式，具有自然美和个性感
应用
碎材可装饰墙面，也可装饰地面，但墙面应用较多，多用在背景墙部分

2. 材料分类

板岩按照产地来说，目前主要的产地有河北、北京、江西等地区；按照品种分类，常用的有啡窿石、印度秋、绿板岩、挪威森林、加利福尼亚金、铁锈板岩等。

板岩
产地
河北板岩
河北为出产板岩的大省，种类产品众多，主要产铁锈色板岩、黄木纹的杂色板岩、黑色板岩及灰色板岩
北京板岩
北京房山主要出产黄木纹板岩、海洋绿板岩、淡绿板岩及黑色板岩等
江西板岩
江西庐山市主要出产黑色及绿色板岩，但相比较来说，价格比较高
品种
啡窿石
属于黄色系板岩，浅褐色并带有减层叠式的纹理，非常明显。室内适合用于装饰地面
啡窿石
印度秋
属于铁锈板岩的一种，底色是黄色和灰色交替出现，色彩层次很丰富，具有仿锈感，可用于室内墙面与地面
印度秋
绿板岩
属于绿色板岩，底色为绿色，但没有太明显的纹理变化，可用于室内墙面与地面
绿板岩
挪威森林
属于黑色板岩，底色为黑色，夹杂黑色条纹纹理，相当具有特点，可用于室内墙面与地面
挪威森林
加利福尼亚金
属于黄色系板岩，色彩仿古且层次比较丰富，同时含有灰色及黄色等，可用于室内墙面与地面
加利福尼亚金
铁锈板岩
属于幻彩板岩，变化较多且丰富，具有仿佛铁被锈蚀后的效果，非常有个性，可用于室内墙面与地面
铁锈板岩

3. 施工形式

板岩在室内空间中，既可装饰墙面也可装饰地面，总体来说，有砂浆黏结和胶粘两种方式。

（1）胶粘法施工

板岩古朴又极具个性感，在室内很适合用来制作背景墙，通常多用在客厅、餐厅等空间中，此类空间除了混凝土墙面外，有时也会使用木板、胶合板或石膏板等光滑类型的板材做墙面，这种情况下，更适合使用板岩专用的黏着剂或 AB 胶等胶黏剂来施工，可增加板岩与基层的附着力。

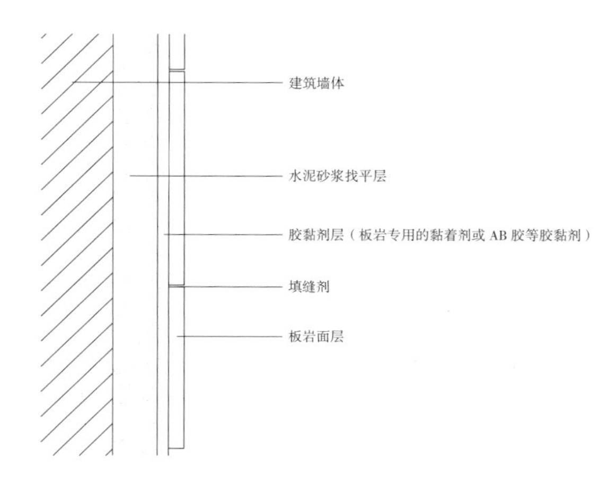
建筑墙体
水泥砂浆找平层
胶黏剂层（板岩专用的黏着剂或 AB 胶等胶黏剂）
填缝剂
板岩面层

施工分层图

板岩小面积作为背景墙施工且基层为板材时，可采用胶粘法施工

（2）砂浆黏结施工

当基层为混凝土材质时，板岩多使用浓稠度适中的灰浆作为黏着材料。施工时，将黏结砂浆涂抹在板岩背面，并用齿形刮板刮成一条条齿状再粘贴，这样可提高牢固度。在墙面，除了单独粘贴外，还可以加入不锈钢条等类型的材料来增加个性感。

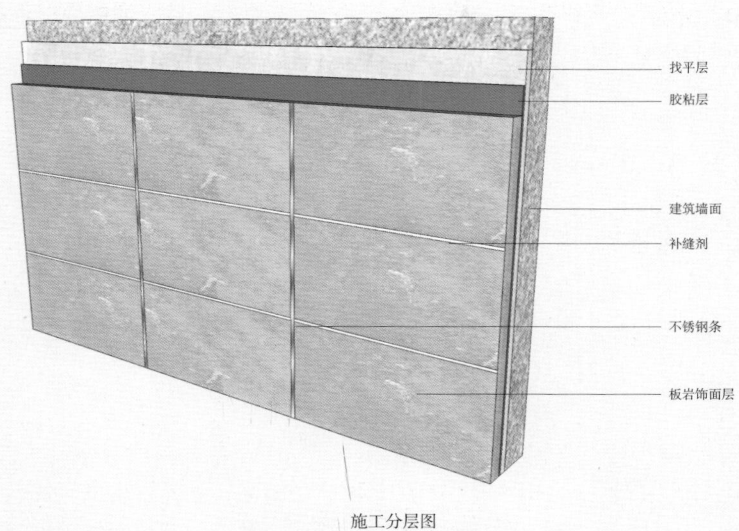
找平层
胶粘层
建筑墙面
补缝剂
不锈钢条
板岩饰面层

施工分层图

在卫生间内，可以将板岩设计为墙地通用的材料，同时装饰墙面和地面。若觉得单调，可选择一面墙使用其他材料，效果会非常具有个性感

板岩的表面除了可以处理成比较光滑的质感外，还可以加工成剁斧面、荔枝面、菠萝面等，会更具质朴感，很适合乡村风格的室内空间

小贴士

板岩施工注意事项

①砂浆黏结施工前，基层应铲平、凿毛、清浮灰，对不平整垂直的墙面应用 1 ： 2.5 的水泥砂浆批刮并凿毛。

②墙面施工时，要注意保持水平，从底部开始砌起，每次堆砌的高度以不超过 3m 为佳。同时上下两层石片最好交错放置，避免出现垂直缝隙。

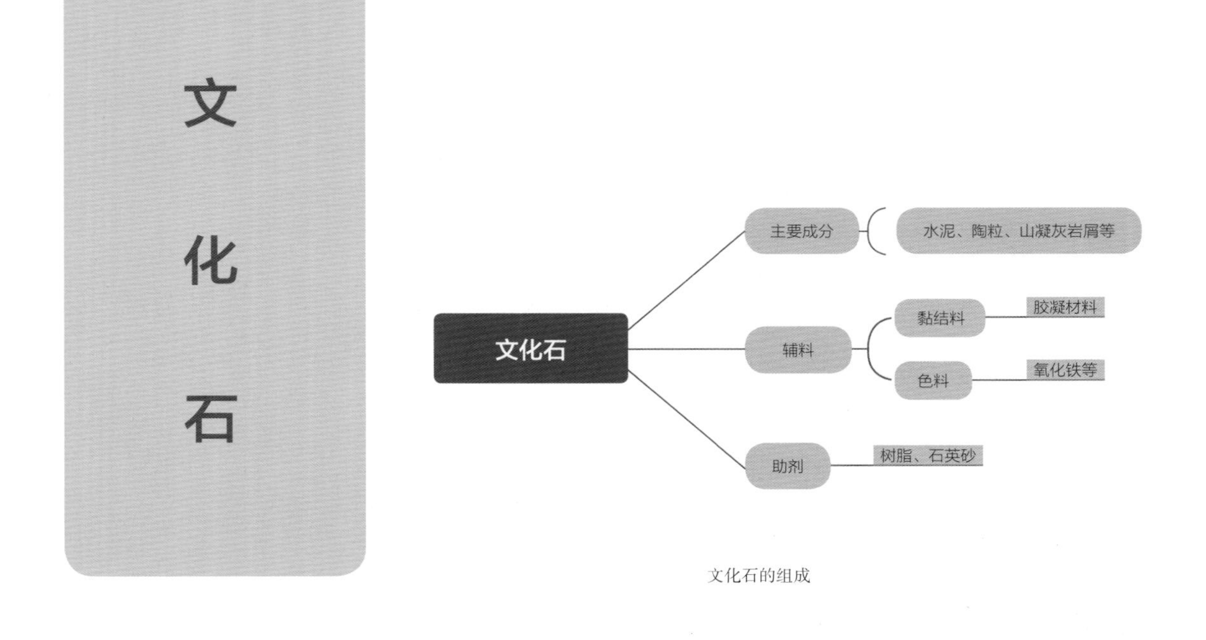
文
化
石
文化石
主要成分
水泥、陶粒、山凝灰岩屑等
辅料
黏结料
胶凝材料
色料
氧化铁等
助剂
树脂、石英砂

文化石的组成

1. 材料特点

物理性能特点：因为开采限制和节能等原因，现使用的文化石多为人造文化石。它是一种仿照自然石材的外形、以无机材料灌入模具制成的一种装饰建材，几乎可以假乱真，是毛石、鹅卵石等天然石材的代替品。具有绿色环保、质轻但强度高、施工方便、经久耐用、不沾灰尘、免维护等优点，是营造室内空间特色的热门装饰元素。

原料分层特点：人造文化石的主要成分为水泥、陶粒及山凝灰岩屑等，采用一体成型方式制作，所以不存在分层。从施工角度来说，可将其分成饰面层和黏结层两部分。

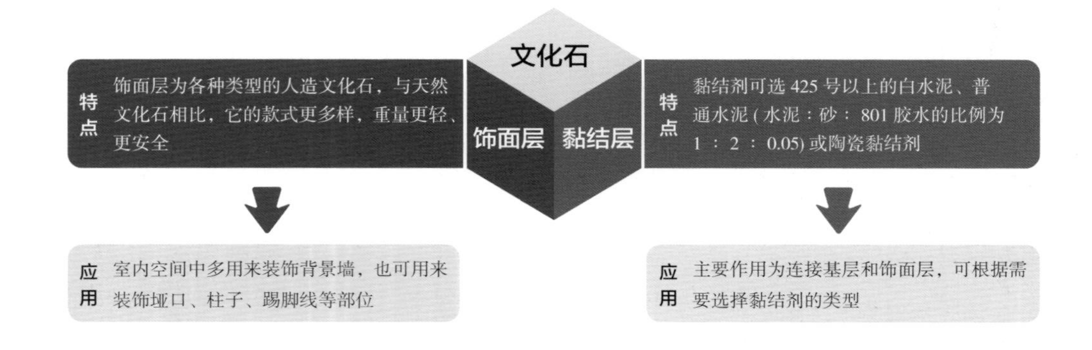
文化石
饰面层
黏结层
特点
饰面层为各种类型的人造文化石，与天然文化石相比，它的款式更多样，重量更轻、更安全
应用
室内空间中多用来装饰背景墙，也可用来装饰垭口、柱子、踢脚线等部位
特点
黏结剂可选 425 号以上的白水泥、普通水泥 (水泥 : 砂 : 801 胶水的比例为 1 : 2 : 0.05) 或陶瓷黏结剂
应用
主要作用为连接基层和饰面层，可根据需要选择黏结剂的类型

2. 材料分类

文化石从作用上分类，可分为平面石和转角石两种类型；从品种上分，有城堡石、层岩石、乱片石、砖石、鹅卵石、木纹石等多种类型。

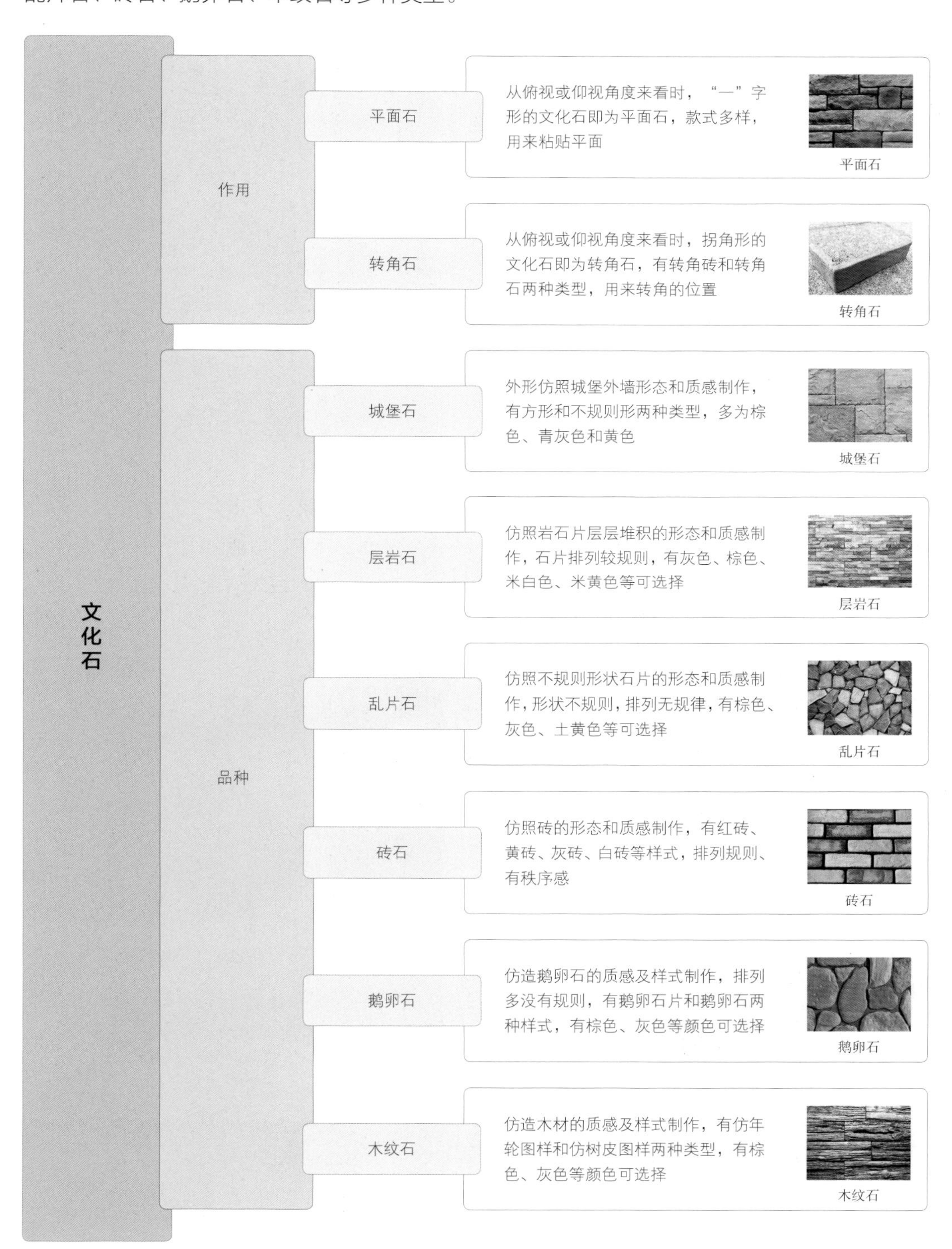

文化石
作用
平面石
从俯视或仰视角度来看时，"一"字形的文化石即为平面石，款式多样，用来粘贴平面
平面石
转角石
从俯视或仰视角度来看时，拐角形的文化石即为转角石，有转角砖和转角石两种类型，用来转角的位置
转角石
品种
城堡石
外形仿照城堡外墙形态和质感制作，有方形和不规则形两种类型，多为棕色、青灰色和黄色
城堡石
层岩石
仿照岩石片层层堆积的形态和质感制作，石片排列较规则，有灰色、棕色、米白色、米黄色等可选择
层岩石
乱片石
仿照不规则形状石片的形态和质感制作，形状不规则，排列无规律，有棕色、灰色、土黄色等可选择
乱片石
砖石
仿照砖的形态和质感制作，有红砖、黄砖、灰砖、白砖等样式，排列规则、有秩序感
砖石
鹅卵石
仿造鹅卵石的质感及样式制作，排列多没有规则，有鹅卵石片和鹅卵石两种样式，有棕色、灰色等颜色可选择
鹅卵石
木纹石
仿造木材的质感及样式制作，有仿年轮图样和仿树皮图样两种类型，有棕色、灰色等颜色可选择
木纹石

3. 施工形式

文化石主要以黏结法进行施工，从形式上可分为密贴和留缝两种类型。

（1）密贴施工

文化石密贴施工，是指石片与石片之间不留明显缝隙的做法。此种施工形式适合城堡石、层岩石、木纹石等类型的文化石，可使这些产品粘贴后的效果更美观、自然。当文化石表面仿制天然石材表面的凹凸感制作时，块与块之间可能会有一些不规则的缝隙，可保留也可填平。

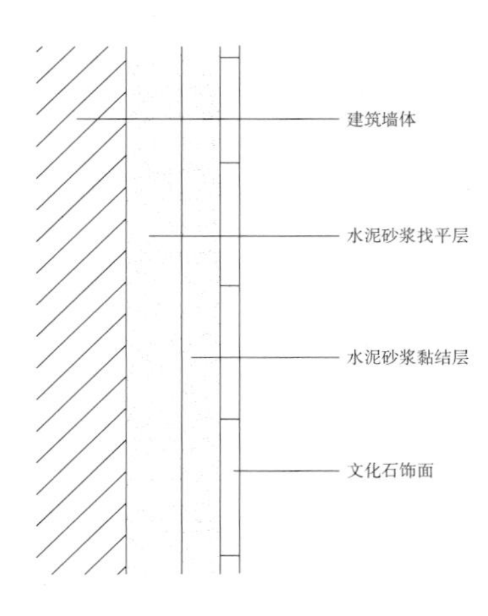
建筑墙体
水泥砂浆找平层
水泥砂浆黏结层
文化石饰面

施工分层图

城堡石用于垭口处的施工，密贴更美观

层岩石密贴更能表现出其质感和特点

简约风格的空间，同样适合采用密贴文化石

（2）留缝施工

文化石留缝施工，指石片与石片之间留有明显缝隙的做法。一些形状不规则的款式及为了追求自然感的款式，如乱片石、鹅卵石及砖石等，都适合采取此种方式来施工。虽然是留缝施工，但除砖石外，其余款式的水平向通缝不应超过 80cm，竖向通缝不应大于 30cm。

木龙骨
纸面石膏板
腻子找平层
墙纸
建筑墙面
文化石饰面
找平层
黏结层

施工分层图

砖石文化石背景墙做留缝施工，更接近于实际用红砖砌筑的墙面的真实效果，搭配地面上的仿古砖，使质朴感更浓郁

用规则感极强的对称性造型搭配光滑的乳胶漆，组合极为不规律的、粗糙的乱片石，形成很强的对比感，使整体设计更个性

小贴士

文化石施工注意事项

①将墙面处理干净并做成粗糙面，如果墙面为塑料或木质等低吸水性光滑面，应加铺铁丝网，做出粗糙底面，充分保养后再铺。

②若所铺设区域有阳光直射，待产品和填缝剂完全干燥后，可喷涂防护剂进行防护处理。

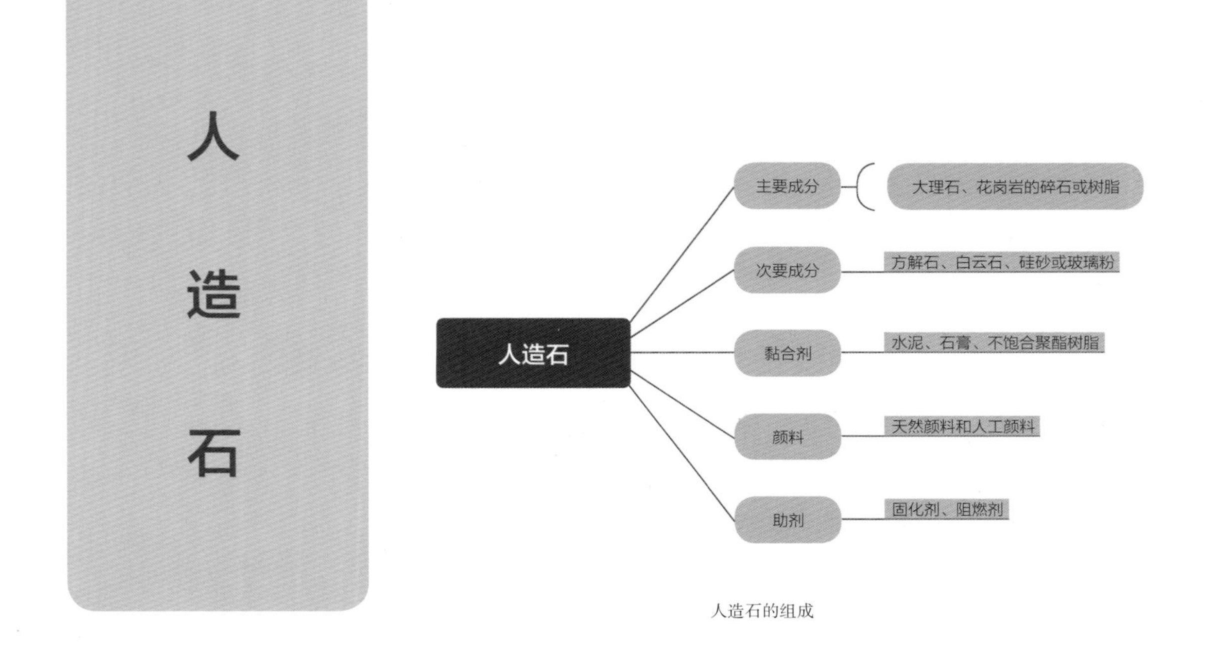
人
造
石
人造石
主要成分
大理石、花岗岩的碎石或树脂
次要成分
方解石、白云石、硅砂或玻璃粉
黏合剂
水泥、石膏、不饱合聚酯树脂
颜料
天然颜料和人工颜料
助剂
固化剂、阻燃剂

人造石的组成

1. 材料特点

物理性能特点：人造石又称合成石材，是一种环保型复合材料，种类多样、颜色丰富。它兼具大理石的天然质感和坚固的质地，同时还具有无毒性、无放射性，阻燃，不粘油、不渗污、抗菌防霉，耐磨、耐冲击，易保养，可无缝拼接、造型百变等优点。其色彩和花纹均可根据设计意图制作，还可制成弧形、曲面等几何形状，但在色泽和纹理上不及天然石材自然、美丽、柔和。

原料分层特点：人造石是人工制造的一体式石材，不存在分层。其种类较多，成分也不尽相同，但总体来说主要成分为大理石、花岗岩的碎石或树脂等。从施工角度来说，可将其分成面层和黏结层两部分。

人造石
面层
黏结层
特点
人造石功能多样，具有陶瓷般的光洁细腻感，易加工且图案丰富，选择余地大，加工制作方便，可提供新的设计元素
特点
不同类型的人造石，需使用不同的胶黏剂作为黏结层，总体来说有水泥砂浆、聚酯砂浆和有机胶黏剂等
应用
可用于墙面、地面、台面、柱面和异形界面的装饰
应用
主要作用为连接基层和饰面层，可根据需要选择黏结剂的类型

2. 材料分类

人造石根据使用材料的不同可分为纯亚克力人造石、树脂板人造石、复合亚克力人造石、人造大理石、人造石英石和人造水磨石等类型；按照纹理可分为颗粒纹理、仿大理石纹理和素色三类。

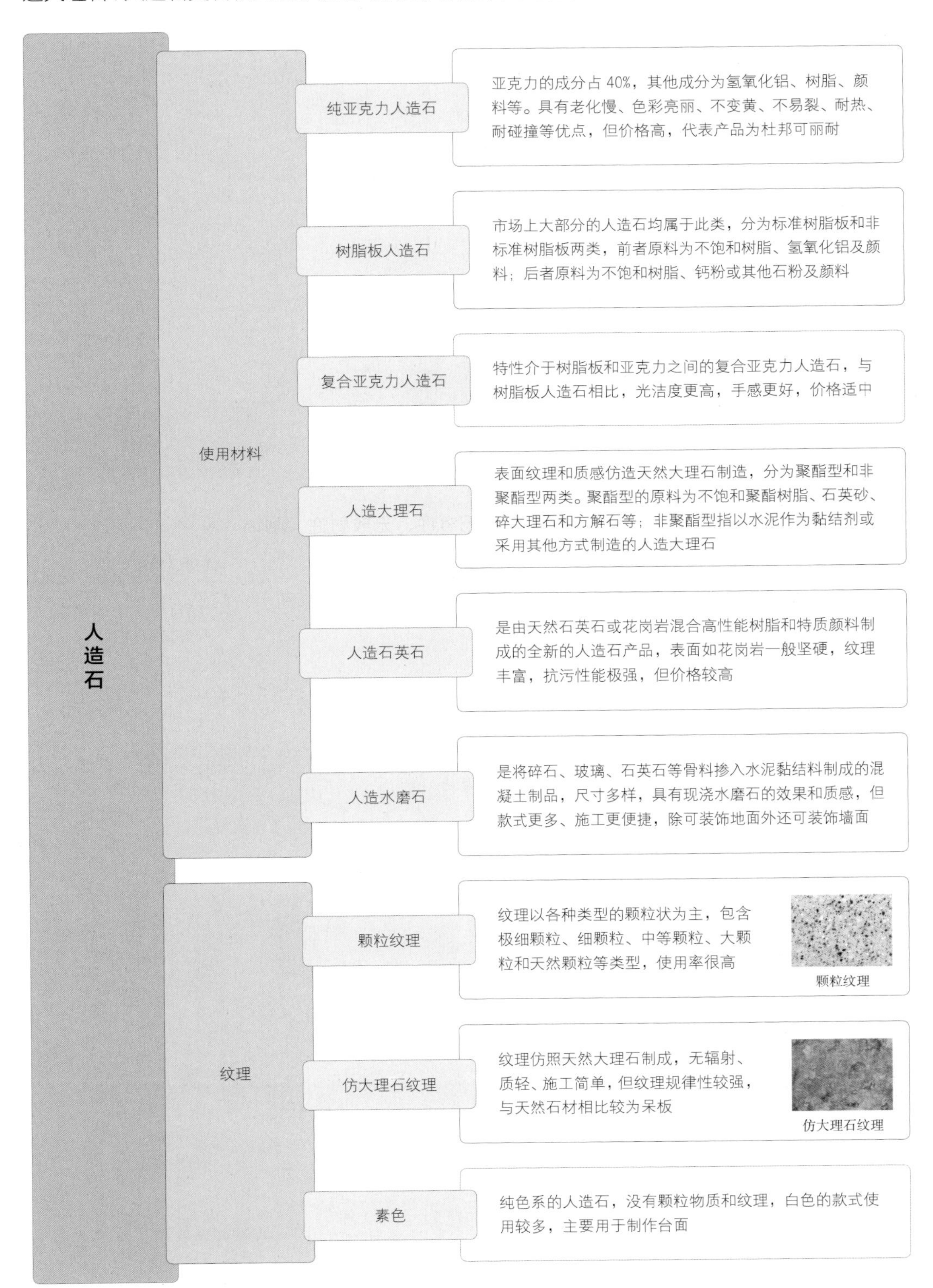

人造石
使用材料
纯亚克力人造石
亚克力的成分占 40%，其他成分为氢氧化铝、树脂、颜料等。具有老化慢、色彩亮丽、不变黄、不易裂、耐热、耐碰撞等优点，但价格高，代表产品为杜邦可丽耐
树脂板人造石
市场上大部分的人造石均属于此类，分为标准树脂板和非标准树脂板两类，前者原料为不饱和树脂、氢氧化铝及颜料；后者原料为不饱和树脂、钙粉或其他石粉及颜料
复合亚克力人造石
特性介于树脂板和亚克力之间的复合亚克力人造石，与树脂板人造石相比，光洁度更高，手感更好，价格适中
人造大理石
表面纹理和质感仿造天然大理石制造，分为聚酯型和非聚酯型两类。聚酯型的原料为不饱和聚酯树脂、石英砂、碎大理石和方解石等；非聚酯型指以水泥作为黏结剂或采用其他方式制造的人造大理石
人造石英石
是由天然石英石或花岗岩混合高性能树脂和特质颜料制成的全新的人造石产品，表面如花岗岩一般坚硬，纹理丰富，抗污性能极强，但价格较高
人造水磨石
是将碎石、玻璃、石英石等骨料掺入水泥黏结料制成的混凝土制品，尺寸多样，具有现浇水磨石的效果和质感，但款式更多、施工更便捷，除可装饰地面外还可装饰墙面
纹理
颗粒纹理
纹理以各种类型的颗粒状为主，包含极细颗粒、细颗粒、中等颗粒、大颗粒和天然颗粒等类型，使用率很高
颗粒纹理
仿大理石纹理
纹理仿照天然大理石制成，无辐射、质轻、施工简单，但纹理规律性较强，与天然石材相比较为呆板
仿大理石纹理
素色
纯色系的人造石，没有颗粒物质和纹理，白色的款式使用较多，主要用于制作台面

3. 施工形式

人造石在室内应用范围很广，除了最常用来制作台面外，还可以用来装饰墙面（柱面）、地面等部位。

（1）台面施工

人造石对酱油、食用油、醋等基本不着色或轻微着色，且使用一段时间后可以打磨方式使其焕然一新，因此经常被用来作为厨房橱柜、卫浴间洗漱盆及其他房间内窗台的台面。台面与基层之间主要的施工方式为胶粘法，即用专用胶黏剂进行黏结施工。

在一些开敞式的厨房或餐厨一体的空间中，经常需要设计可兼做橱柜台面或餐桌使用的小吧台。因为人造大理石具有可无缝拼接且不易被污染、可翻新等优点，非常适合做此类有转折的一体式设计

人造石拐角式的台面，大气、美观还可保护柜体侧面

台面向墙面延伸一部分，可防止水渗入柜体

（2）墙面施工

人造石的墙面施工，可采用有机胶黏剂、聚酯砂浆或水泥浆等作为黏结层，具体可根据所用人造石的原料特点进行选择。如聚酯型人造大理石，可先以聚酯砂浆固定板材的四角和板块之间的缝隙，再用水泥胶砂进行灌浆。

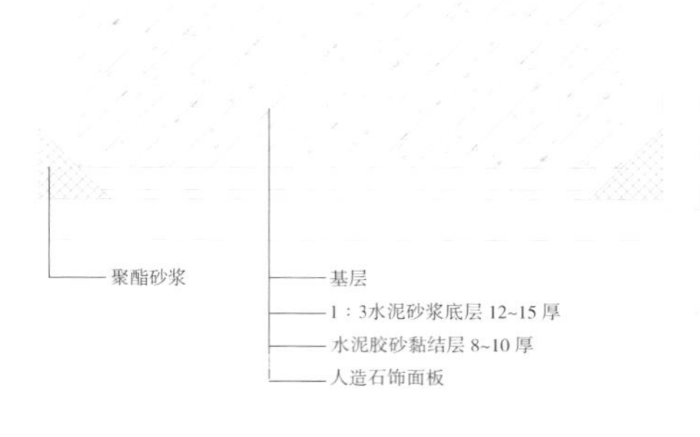
聚酯砂浆
基层
1：3水泥砂浆底层 12~15 厚
水泥胶砂黏结层 8~10 厚
人造石饰面板

施工分层图

沙发墙使用人造石胶粘法施工

（3）地面施工

并不是所有类型的人造石都会用来装饰地面，较常用的为人造大理石和人造水磨石。因此，进行地面施工时，多使用有机胶黏剂或水泥砂浆作为黏结材料，用水泥砂浆施工较为普遍，但处理不好容易出现水斑、变色等问题，因此更建议选择用有机胶黏剂来施工。无论哪种方式，都需要先对地面进行找平施工。

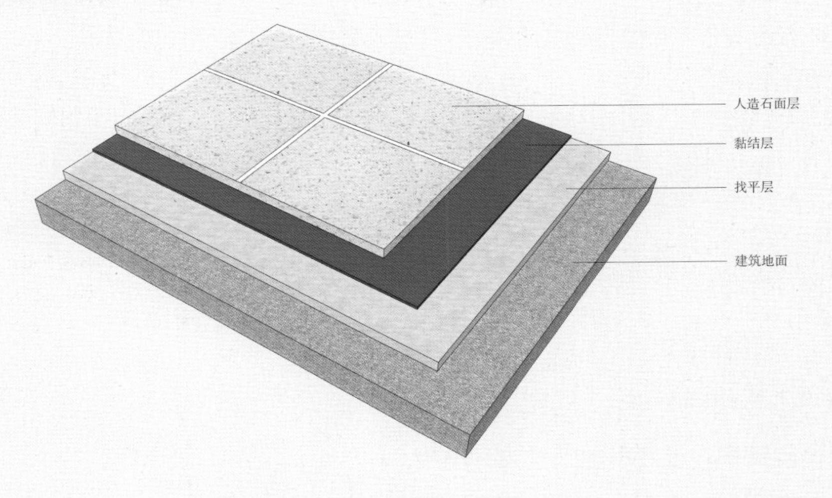
人造石面层
黏结层
找平层
建筑地面

施工分层图

人造石花纹若有特殊要求可进行定制

人造石地面让餐厅古雅又不乏个性

小贴士

人造石地面施工注意事项

将人造石作为地砖使用时，首先应注意防污处理及表面防护，选择产品或施工不当会开裂、起拱、被污染；其次，在进行铺设时需要注意留缝，缝隙的宽度至少要达到 2mm，为材料的热胀冷缩预留空间，避免起鼓、变形。

CHAPTER FIVE

瓷砖种类繁多，已发展成为室内装饰中最为基础的装饰材料之一。除了可用于装饰室内的墙面、地面外，还可用在柱子、台面、垭口等部位。

第五章

瓷砖

瓷砖是室内使用频率很高的一种耐酸碱的瓷质或石质装饰建材。它是装饰行业中最基础的装饰建材之一，实用性强，款式和花色众多，为设计提供了广阔的可选择性。

目前市面上的大部分瓷砖，是以黏土、长石、石英砂等耐火的金属氧化物及半金属氧化物为制作材料。但随着科技的不断发展，所使用的制作材料局限性越来越小，逐渐扩大到硅酸盐和非氧化物的范围，并出现了很多新的制作工艺，使瓷砖的使用出现了更多的可能性。但就目前而言，传统产品仍占市场的主流，其发展主要体现在以下三方面。

技术的不断突破：一些有实力的大品牌厂家在传统瓷砖的生产技术上，不断寻求突破，如产品的致密度、耐磨度、抗污性及表面处理等方面的不断进步。

尺寸的改变：不断突破以往瓷砖产品的尺寸界限，体现在增大及缩小两方面。例如陶瓷薄板目前最大长度可以到 3600mm，在某些高标准的场所中已开始使用；而本来尺寸就很小的马赛克，除了出现尺寸更小的类型外，还出现了很多非方形的尺寸。

图案或肌理的创新：为了满足设计及人们审美等方面不断增长的需求，瓷砖的图案或肌理感也不断地在创新，比如一些手工砖、花砖、水泥砖的出现。

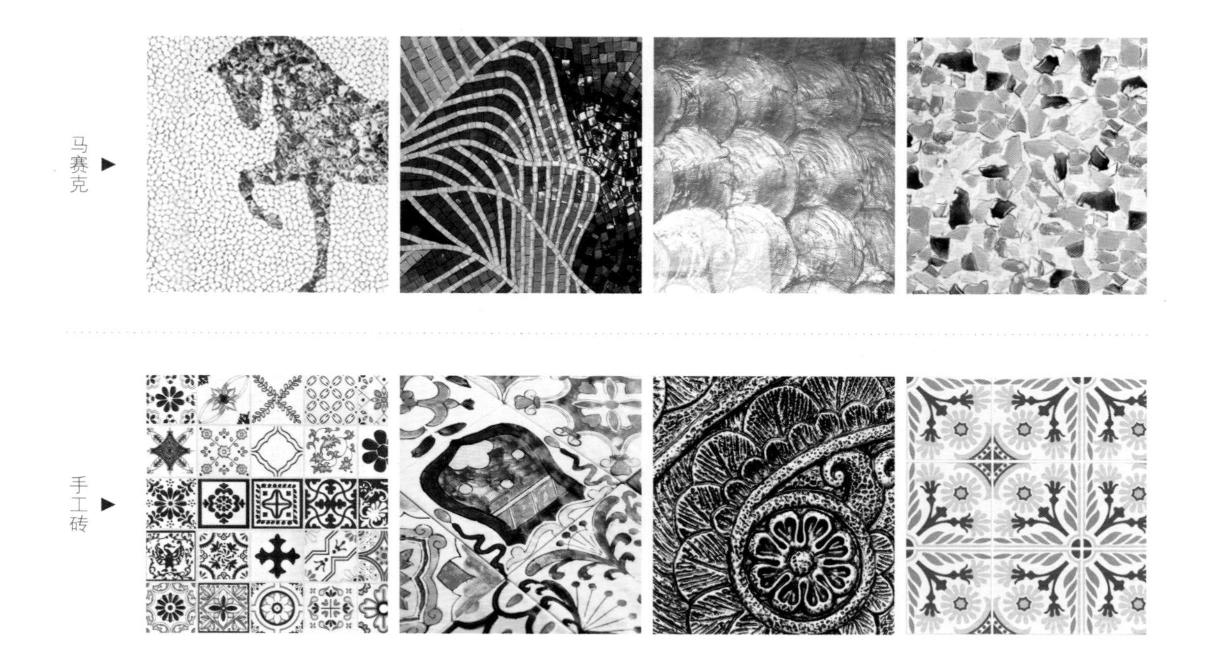
马赛克 ▶
手工砖 ▶

瓷砖的分类方式包括：吸水率、功能、工艺及特色等，特征与用途如下。

瓷砖
吸水率
瓷质砖
特点：吸水率≤ 0.5%
玻化砖、仿古砖、陶瓷马赛克
墙壁、柱面、垭口及地面等
炻质砖
特点：吸水率为 0.5%~10%
仿古砖、水泥砖、抛光砖等
墙壁、柱面、垭口及地面等
陶质砖
特点：吸水率大于 10%
釉面砖及一般的瓷片等
墙壁、柱面及垭口
功能
墙砖
抛光砖、微晶石、仿古砖、瓷片、马赛克、金属砖等
墙壁、柱面及垭口
地砖
玻化砖、微晶石、仿古砖、马赛克、木纹砖等
地面
腰线砖
印花腰线砖、马赛克等
墙壁腰线部位
工艺及特色
釉面砖
瓷质釉面砖、陶质釉面砖等
墙壁、柱面、垭口及地面等
通体砖
纯色通体砖、混色通体砖、颗粒布料通体砖等
非铁类、有色金属
抛光砖、玻化砖
渗花型砖、微分砖、多管布料砖等
墙壁、柱面、垭口及地面等
马赛克
陶瓷马赛克、玻璃马赛克、大理石马赛克等
墙壁、柱面、垭口及地面等

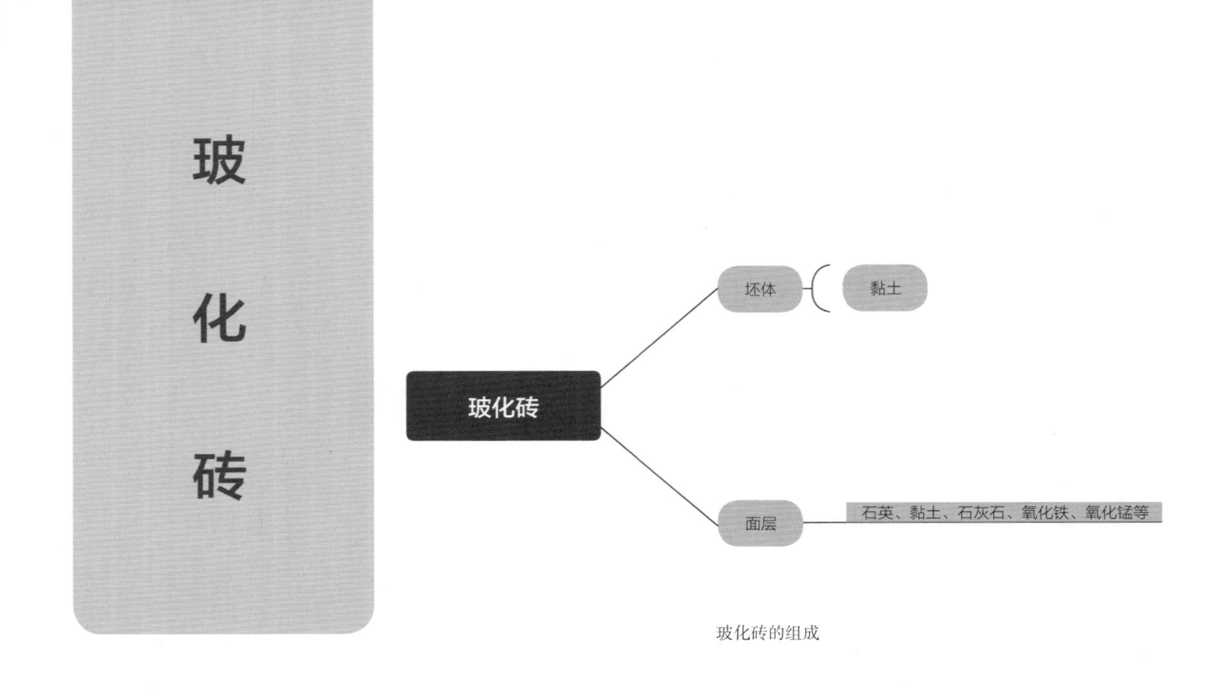
玻
化
砖
玻化砖
坯体
黏土
面层
石英、黏土、石灰石、氧化铁、氧化锰等

玻化砖的组成

1. 材料特点

物理性能特点：吸水率低于 0.5% 的瓷质抛光砖即为玻化砖，其表面经过打磨抛光，如玻璃镜面一般光滑透亮，是硬度最高的一种瓷砖，被称为“地砖之王”。玻化砖因吸水率低的缘故，质地比抛光砖更硬、更耐磨，还具有色彩艳丽柔和、色差小，耐腐蚀，抗污性强，可随意切割，装饰效果好、豪华大气等优点。多用来装饰地面，也可用来装饰墙面、柱面。

原料分层特点：早期的玻化砖属通体砖，上下为一层结构，现在市面上的玻化砖从侧面看可看出有上下两层结构。面层为石英等材料，坯体原料为黏土，质地为瓷质。经高温高压二次烧结成型。

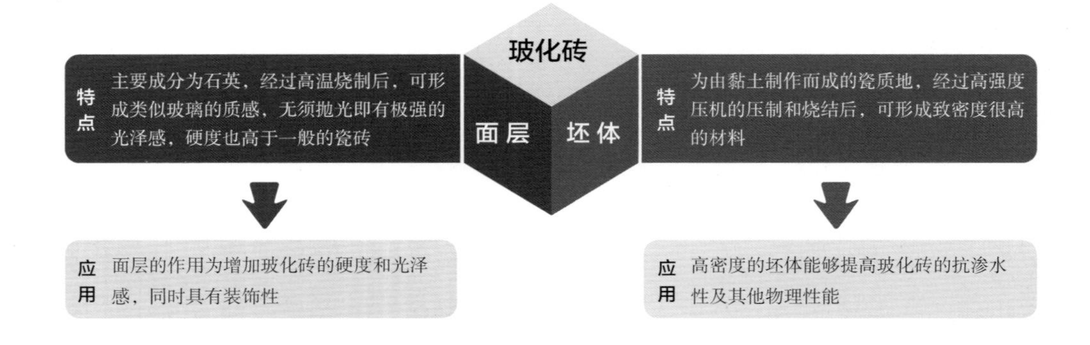
玻化砖
面层
坯体
特点
主要成分为石英，经过高温烧制后，可形成类似玻璃的质感，无须抛光即有极强的光泽感，硬度也高于一般的瓷砖
特点
为由黏土制作而成的瓷质地，经过高强度压机的压制和烧结后，可形成致密度很高的材料
应用
面层的作用为增加玻化砖的硬度和光泽感，同时具有装饰性
应用
高密度的坯体能够提高玻化砖的抗渗水性及其他物理性能

2. 材料分类

玻化砖根据其工艺不同分为：渗花砖、多管布料砖、超微粉砖等类型；根据纹理的不同可分为仿大理石纹理、仿玉石纹理、仿洞石纹理、仿花岗岩纹理、仿木纹纹理及纯色砖等多种类型。

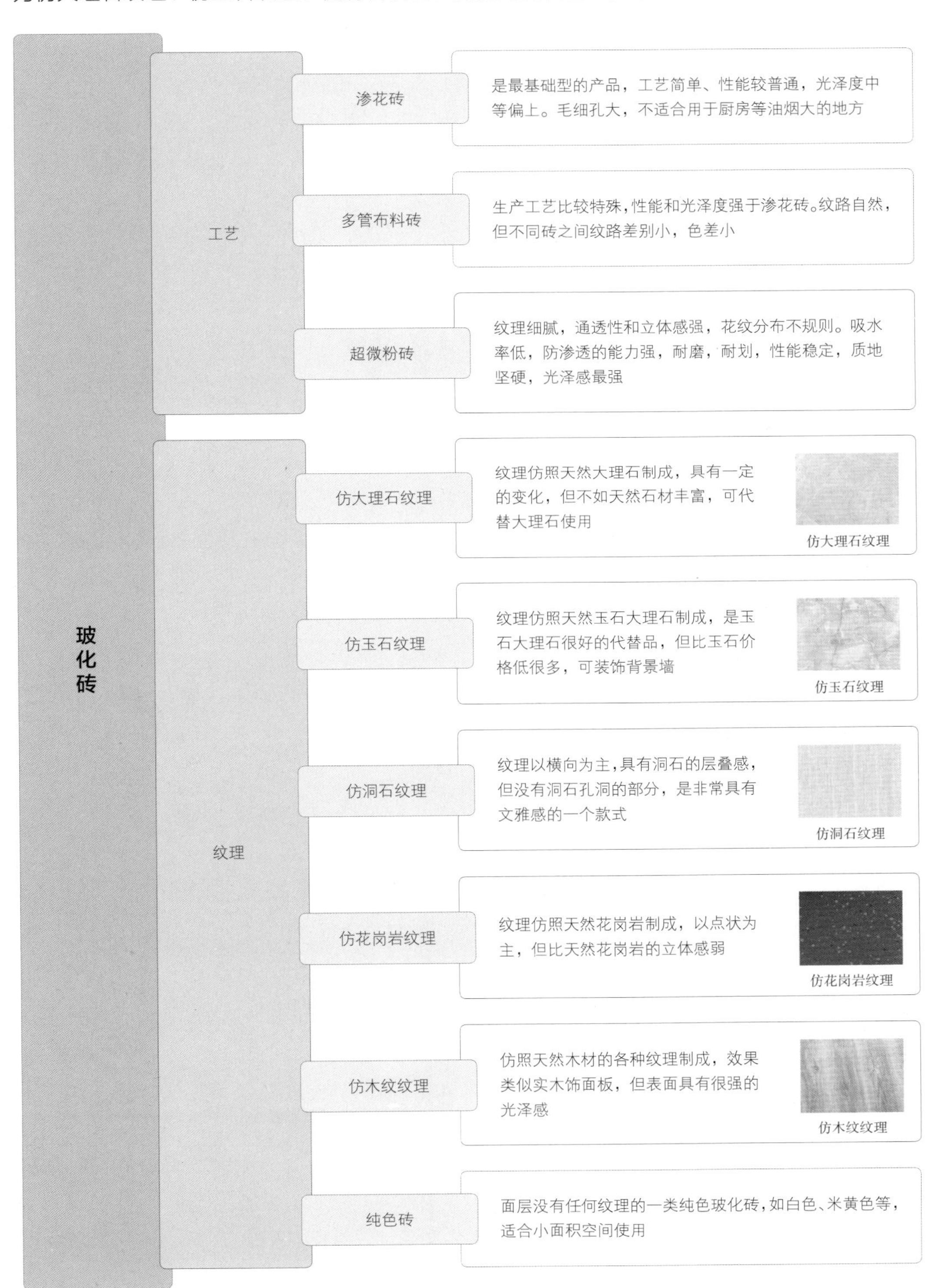
玻化砖
工艺
渗花砖
是最基础型的产品，工艺简单、性能较普通，光泽度中等偏上。毛细孔大，不适合用于厨房等油烟大的地方
多管布料砖
生产工艺比较特殊，性能和光泽度强于渗花砖。纹路自然，但不同砖之间纹路差别小，色差小
超微粉砖
纹理细腻，通透性和立体感强，花纹分布不规则。吸水率低，防渗透的能力强，耐磨，耐划，性能稳定，质地坚硬，光泽感最强
纹理
仿大理石纹理
纹理仿照天然大理石制成，具有一定的变化，但不如天然石材丰富，可代替大理石使用
仿大理石纹理
仿玉石纹理
纹理仿照天然玉石大理石制成，是玉石大理石很好的代替品，但比玉石价格低很多，可装饰背景墙
仿玉石纹理
仿洞石纹理
纹理以横向为主，具有洞石的层叠感，但没有洞石孔洞的部分，是非常具有文雅感的一个款式
仿洞石纹理
仿花岗岩纹理
纹理仿照天然花岗岩制成，以点状为主，但比天然花岗岩的立体感弱
仿花岗岩纹理
仿木纹纹理
仿照天然木材的各种纹理制成，效果类似实木饰面板，但表面具有很强的光泽感
仿木纹纹理
纯色砖
面层没有任何纹理的一类纯色玻化砖，如白色、米黄色等，适合小面积空间使用

3. 施工形式

玻化砖多用于装饰地面，但若有需求，也可用来装饰墙面。

（1）地面施工

玻化砖地面施工，多采用干铺法。此种铺设方式要使用两种砂浆，一种是 1：4 的半干砂浆，用作垫层使用；另一种是 1：3 的砂浆，作黏合使用。对于半干砂浆应注意干湿适度，标准是“手握成团，落地开花”，在铺干砂浆前最好涂刷水灰比为 1：（0.4~0.5）的素水泥浆一道。

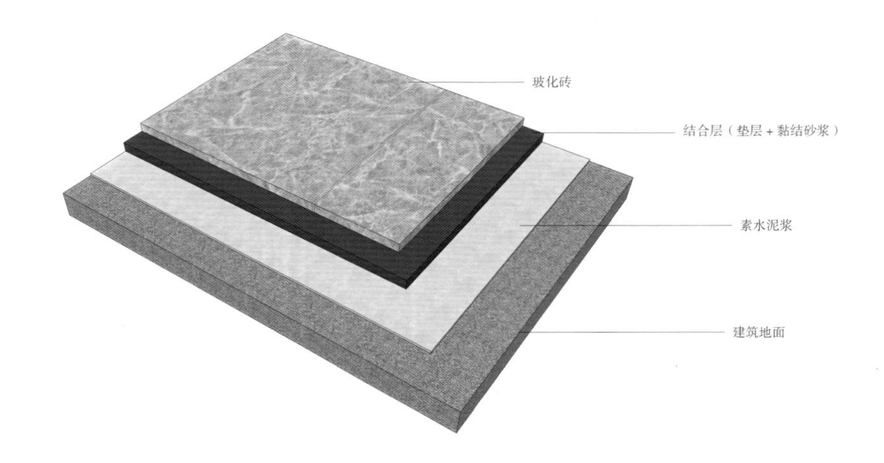
玻化砖
结合层（垫层 + 黏结砂浆）
素水泥浆
建筑地面

施工分层图

玻化砖光泽感极强，可让空间显得更明亮、宽敞

像镜面一样的玻化砖，提升了餐厅的亮度，并丰富了光影变化

仿大理石纹理的玻化砖，可代替大理石装饰地面

玻化砖地面，可搭配地毯来增加温馨感

（2）墙面施工

玻化砖装饰墙面多用在背景墙部分，其墙面施工方式与石材类似，一般来说多采用胶粘法，当块面过大时，也可采取干挂法进行施工。胶粘法即采用玻化砖胶黏剂来粘贴玻化砖，通常需先对墙面基层进行清理、找平等处理（若为加气混凝土等轻质墙体，需加一层钢丝网），而后调和胶黏剂，分别涂抹在墙面和砖背面，再将玻化砖粘贴在墙面基层上。

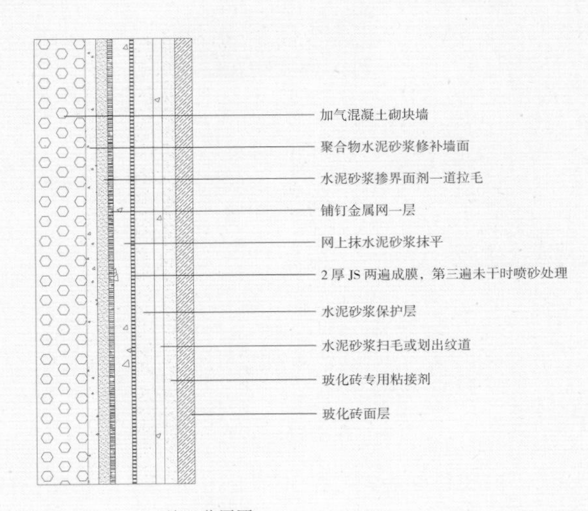
加气混凝土砌块墙
聚合物水泥砂浆修补墙面
水泥砂浆掺界面剂一道拉毛
铺钉金属网一层
网上抹水泥砂浆抹平
2 厚 JS 两遍成膜，第三遍未干时喷砂处理
水泥砂浆保护层
水泥砂浆扫毛或划出纹道
玻化砖专用粘接剂
玻化砖面层

施工分层图

用仿大理石纹理的玻化砖代替大理石，与木纹饰面板组合设计为电视墙，可具有与大理石类似的装饰效果，同时又可节约资金

玻化砖具有较强的反光性，应选择适合的款式与其他材料搭配，装饰电视墙，可为室内增加一些亮度。使用面积不建议过大，容易产生光污染

小贴士

玻化砖施工注意事项

①玻化砖表面有微孔，因此铺贴前需检查砖体并打蜡，完工后再对蜡层进行打磨。

②无特别设计规定时，紧密铺贴的缝隙宽度不宜大于 1mm，伸缩缝铺贴缝隙宽度宜为 10mm。

③铺贴完毕 24h 后，应用棉纱头蘸水将砖面灰浆拭净，同时用与饰面砖颜色相同的水泥嵌缝。

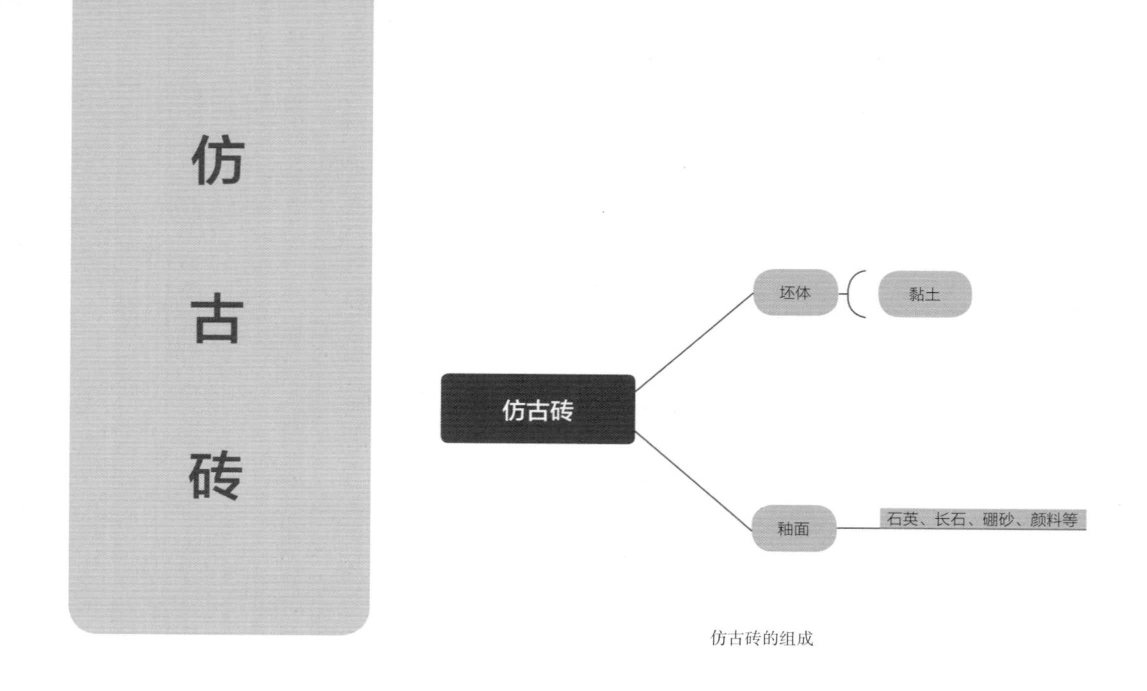
仿
古
砖
仿古砖
坯体
黏土
釉面
石英、长石、硼砂、颜料等

仿古砖的组成

1. 材料特点

物理性能特点：仿古砖是釉面瓷砖的一种，“仿古”是指其装饰效果，并不是指工艺或制作方法，其本质上是一种上釉的瓷质砖。它可以通过样式、颜色、图案等营造出怀旧的氛围，体现岁月的沧桑和历史的厚重。还具有款式多、效果怀旧、脚感舒适、耐用性好、防滑性好、易打理等优点。适用于客厅、厨房、餐厅等空间，也有适合厨卫等区域使用的小规格砖。

原料分层特点：仿古砖由坯体和釉面两部分组成，其中坯体的主要材料为黏土，根据烧制温度的不同，包含瓷质和炻质两种类型。釉面的制作材料为石英、长石、硼砂及颜料等。

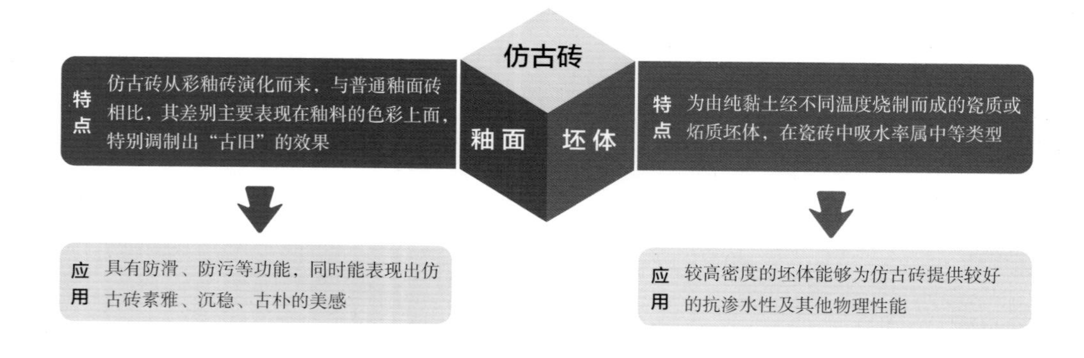
仿古砖
釉面
坯体
特点 仿古砖从彩釉砖演化而来，与普通釉面砖相比，其差别主要表现在釉料的色彩上面，特别调制出“古旧”的效果
应用 具有防滑、防污等功能，同时能表现出仿古砖素雅、沉稳、古朴的美感
特点 为由纯黏土经不同温度烧制而成的瓷质或炻质坯体，在瓷砖中吸水率属中等类型
应用 较高密度的坯体能够为仿古砖提供较好的抗渗水性及其他物理性能

2. 材料分类

仿古砖根据表现手法可分为单色砖和花砖两类；按照品种可分为仿木纹、仿石材、仿金属、仿植物花草等多种类型；按照吸水率可分为瓷质砖和炻质砖两类。

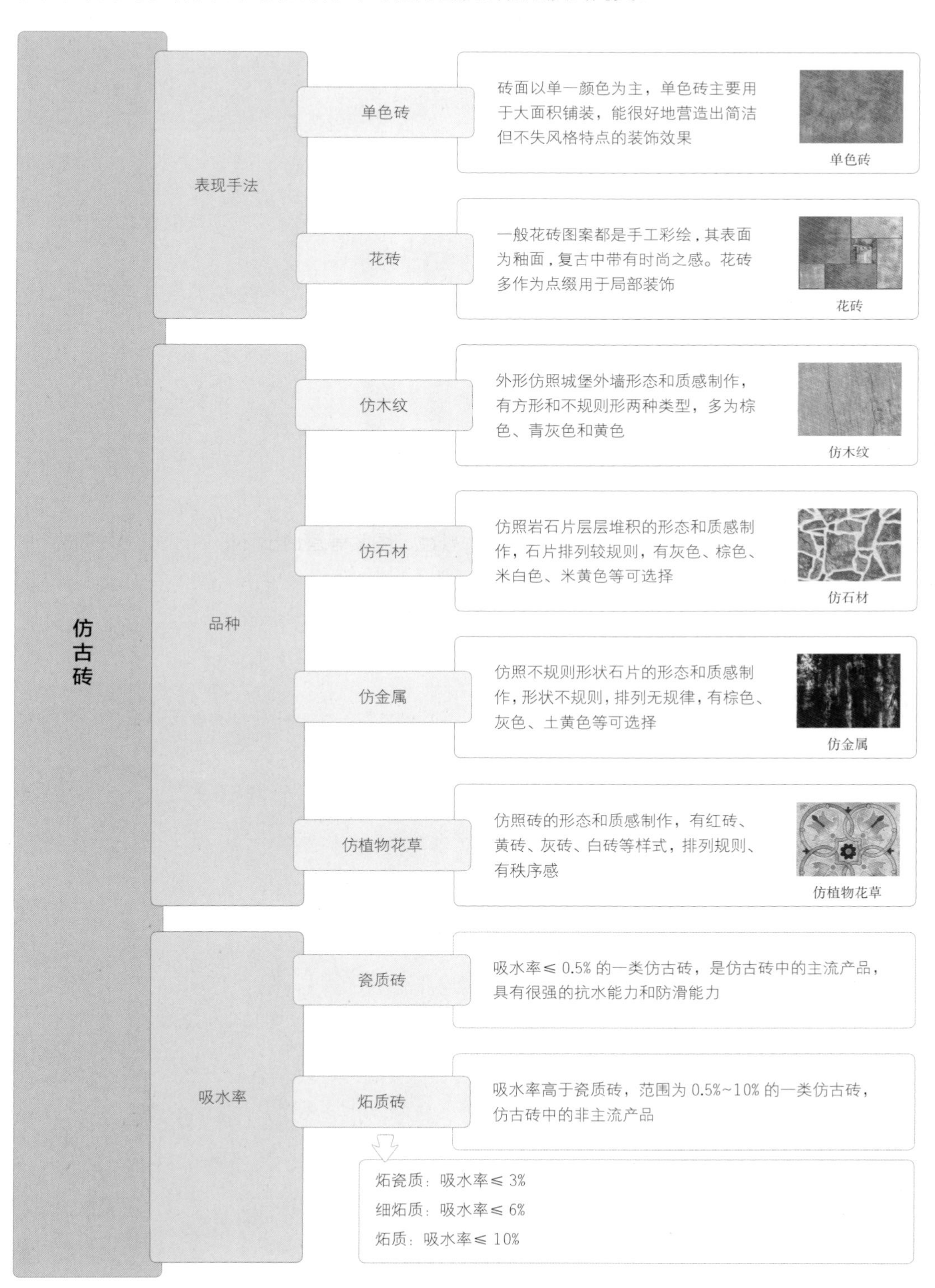

仿古砖
表现手法
单色砖
砖面以单一颜色为主，单色砖主要用于大面积铺装，能很好地营造出简洁但不失风格特点的装饰效果
单色砖
花砖
一般花砖图案都是手工彩绘，其表面为釉面，复古中带有时尚之感。花砖多作为点缀用于局部装饰
花砖
品种
仿木纹
外形仿照城堡外墙形态和质感制作，有方形和不规则形两种类型，多为棕色、青灰色和黄色
仿木纹
仿石材
仿照岩石片层层堆积的形态和质感制作，石片排列较规则，有灰色、棕色、米白色、米黄色等可选择
仿石材
仿金属
仿照不规则形状石片的形态和质感制作，形状不规则，排列无规律，有棕色、灰色、土黄色等可选择
仿金属
仿植物花草
仿照砖的形态和质感制作，有红砖、黄砖、灰砖、白砖等样式，排列规则、有秩序感
仿植物花草
吸水率
瓷质砖
吸水率≤ 0.5% 的一类仿古砖，是仿古砖中的主流产品，具有很强的抗水能力和防滑能力
炻质砖
吸水率高于瓷质砖，范围为 0.5%~10% 的一类仿古砖，仿古砖中的非主流产品
炻瓷质：吸水率≤ 3%
细炻质：吸水率≤ 6%
炻质：吸水率≤ 10%

3. 施工形式

仿古砖的施工形式，总体来说可分为墙面和地面两种。

（1）墙面施工

仿古砖与其他瓷砖不同的是，它的墙面铺贴方式非常多样化，总体来说有两种。施工时，以下面施工方式搭配不同类型的砖，可搭配出无数创意。

斜形菱线铺贴：方砖呈菱形铺贴，可使用一种单色、多种单色或单色与花砖混合等多种方式。

混合铺贴：斜向铺贴和正常铺贴混合的铺贴方式。可以是上部分斜向铺贴、下部分正常铺贴，两部分以腰线过渡；也可以是中间正常铺贴，两侧斜向铺贴；还可自行创意。

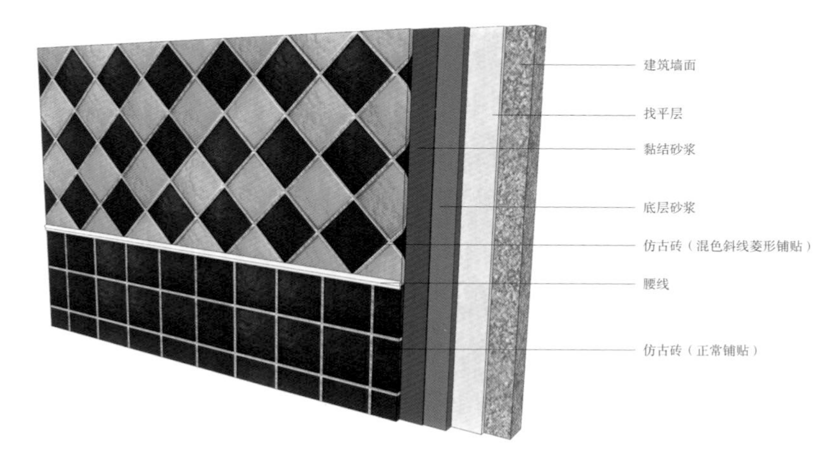
建筑墙面
找平层
黏结砂浆
底层砂浆
仿古砖（混色斜线菱形铺贴）
腰线
仿古砖（正常铺贴）

施工分层图

中间用花砖正常铺贴，两侧搭配斜向铺贴的单色砖

主要部分双色斜向铺贴，其余部分混色正常铺贴

（2）地面施工

仿古砖铺贴地面时，施工方式有干铺法和湿贴法两种。干铺法方式同人造石，湿贴法即为使用水泥砂浆铺贴的方法。施工时，除了横平竖直的铺贴方法之外，还有“人字铺贴”“工字铺贴”“斜形菱线铺贴”“切角砖衬小花砖铺贴”“地砖配边线铺贴”等多种施工方式，铺贴前需先确定方案，并设计好图纸。

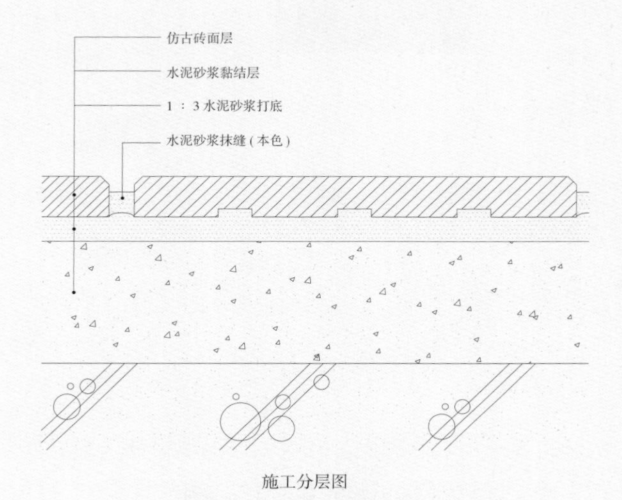

仿古砖面层
水泥砂浆黏结层
1 : 3 水泥砂浆打底
水泥砂浆抹缝（本色）

施工分层图

人字铺贴法

切角砖衬小花砖铺贴

小贴士

仿古砖施工注意事项

①在仿古砖的铺贴方案确定后，一定要进行预铺，对于预铺中可能出现的尺寸、色彩、纹理误差等进行调整、交换，直至达到最佳效果。

②仿古砖施工时须进行切割加工的时候，应注意切割后瓷砖应大于 2/3 整砖宽度为宜。

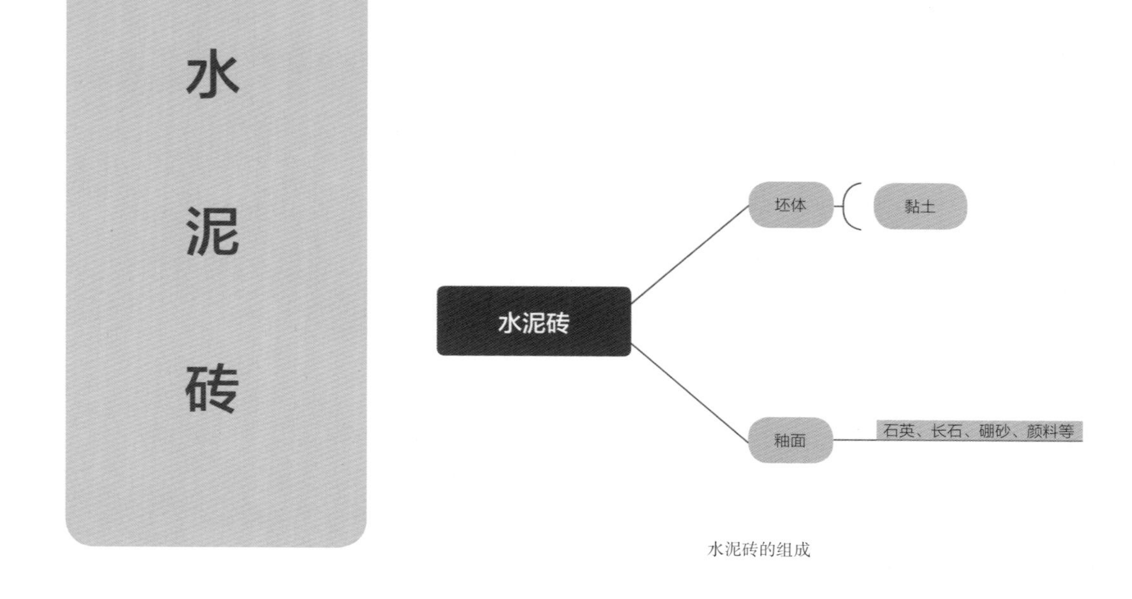
水
泥
砖
水泥砖
坯体
黏土
釉面
石英、长石、硼砂、颜料等
水泥砖的组成

1. 材料特点

物理性能特点：水泥砖是一种仿水泥质感和色彩制造的瓷砖。它在颜色、色泽、表面质感上都是在模仿和还原水泥表面，既综合了水泥的表面又有瓷砖的耐用性，可代替水泥使用。具有一种粗犷、质朴却又不失精致感和细腻感的感觉。具有吸水率低、常年使用无变色现象、防滑性能优良、抗污性强、不开裂、高耐磨性、平整度佳等优点。

原料分层特点：水泥砖严格来说属于仿古砖的一种，因此结构相同，同样由坯体和釉面两部分组成，其中坯体的主要材料为黏土，根据烧制温度的不同，包含瓷质和炻质两种类型。釉面的制作材料为石英、长石、硼砂及颜料等。

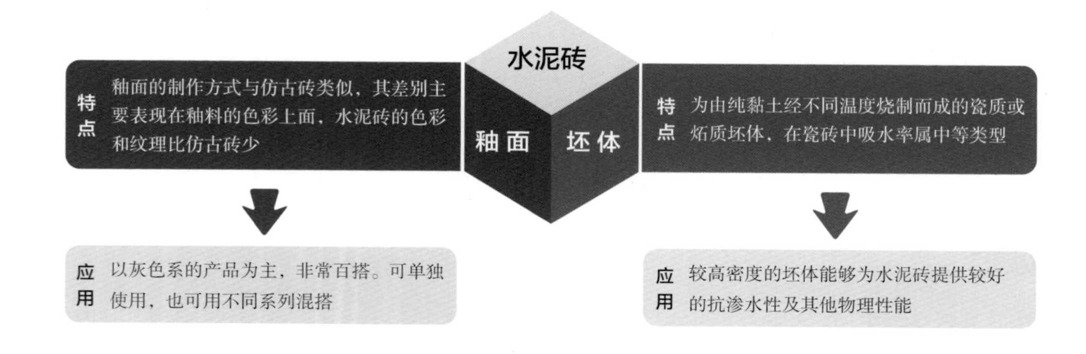
水泥砖
特点
釉面的制作方式与仿古砖类似，其差别主要表现在釉料的色彩上面，水泥砖的色彩和纹理比仿古砖少
釉面
坯体
特点
为由纯黏土经不同温度烧制而成的瓷质或炻质坯体，在瓷砖中吸水率属中等类型
应用
以灰色系的产品为主，非常百搭。可单独使用，也可用不同系列混搭
应用
较高密度的坯体能够为水泥砖提供较好的抗渗水性及其他物理性能

2. 材料分类

水泥砖按照表面的光滑程度可分为干粒面砖、平面砖、凹凸面砖和抛光面砖四类；按照表面的纹理可分为素色砖和花砖两类；按照形状可分为条形砖、方形板和多边形砖三类。

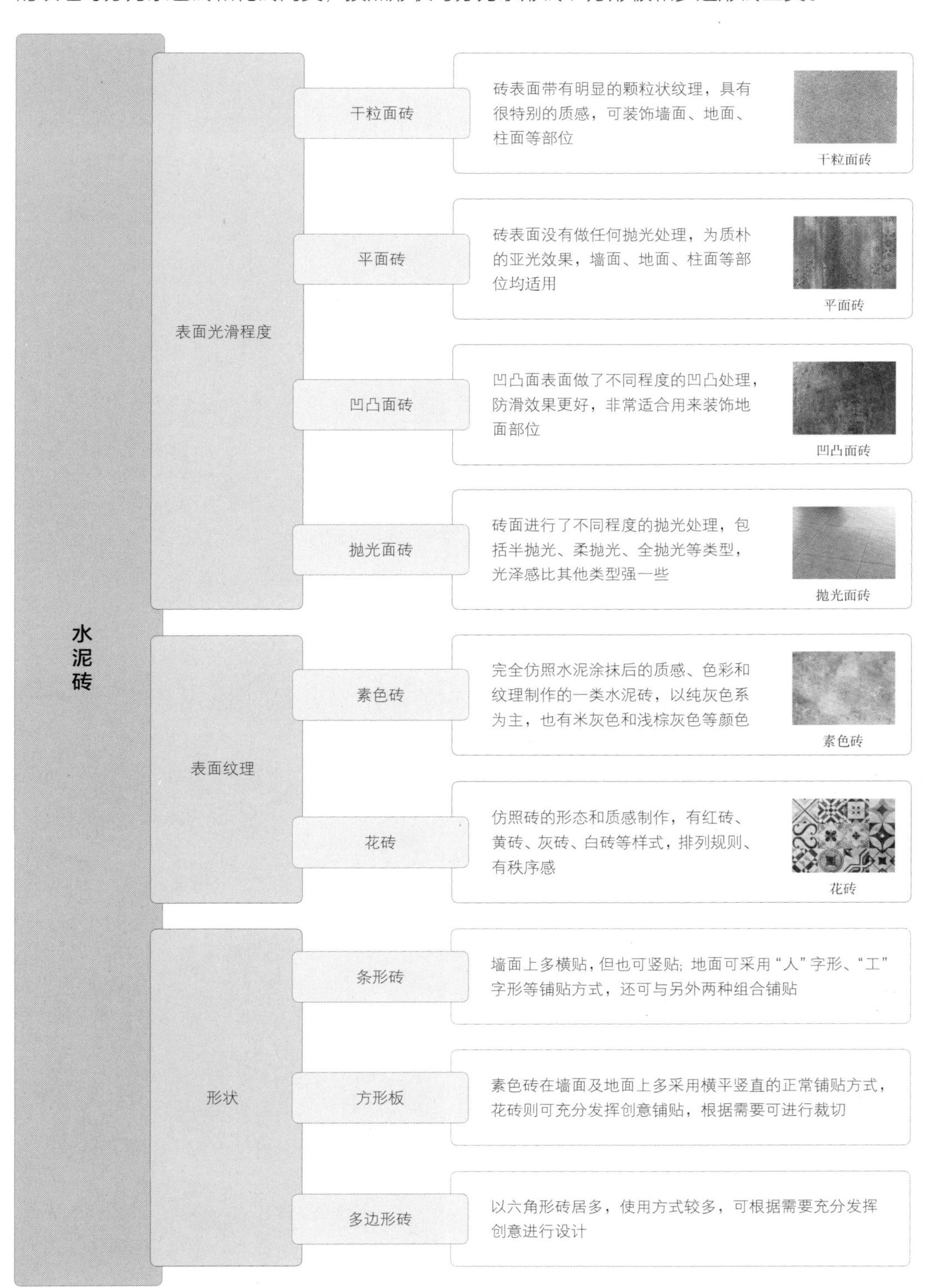

水泥砖
表面光滑程度
干粒面砖
砖表面带有明显的颗粒状纹理，具有很特别的质感，可装饰墙面、地面、柱面等部位
干粒面砖
平面砖
砖表面没有做任何抛光处理，为质朴的亚光效果，墙面、地面、柱面等部位均适用
平面砖
凹凸面砖
凹凸面表面做了不同程度的凹凸处理，防滑效果更好，非常适合用来装饰地面部位
凹凸面砖
抛光面砖
砖面进行了不同程度的抛光处理，包括半抛光、柔抛光、全抛光等类型，光泽感比其他类型强一些
抛光面砖
表面纹理
素色砖
完全仿照水泥涂抹后的质感、色彩和纹理制作的一类水泥砖，以纯灰色系为主，也有米灰色和浅棕灰色等颜色
素色砖
花砖
仿照砖的形态和质感制作，有红砖、黄砖、灰砖、白砖等样式，排列规则、有秩序感
花砖
形状
条形砖
墙面上多横贴，但也可竖贴；地面可采用“人”字形、“工”字形等铺贴方式，还可与另外两种组合铺贴
方形板
素色砖在墙面及地面上多采用横平竖直的正常铺贴方式，花砖则可充分发挥创意铺贴，根据需要可进行裁切
多边形砖
以六角形砖居多，使用方式较多，可根据需要充分发挥创意进行设计

3. 施工形式

水泥砖的施工形式与仿古砖相同，可分为墙面和地面两种。

（1）墙面施工

水泥砖的墙面施工，虽然不及仿古砖的样式多样，但与其他瓷砖相比也有很多变化。总体可分为两种类型。

素色砖铺贴：采用各种形状的单色砖装饰墙面的施工形式，可在铺贴方式上进行变化。

混合铺贴：素色砖与花砖组合铺贴，花砖可单独用在一个部位，也可以作为腰线使用。

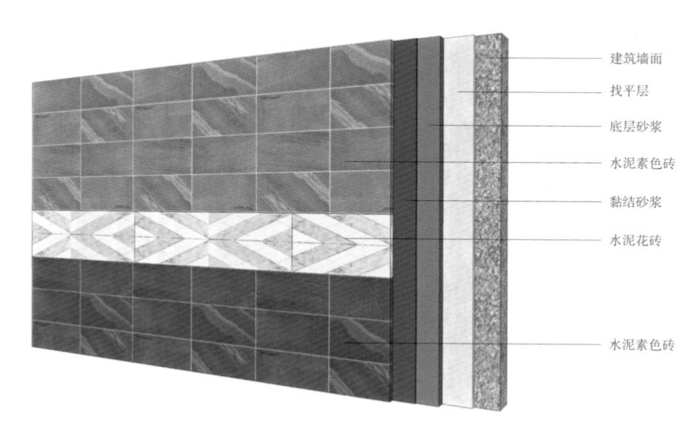
建筑墙面
找平层
底层砂浆
水泥素色砖
黏结砂浆
水泥花砖
水泥素色砖

施工分层图

玻化砖光泽感极强，可让空间显得更明亮、宽敞

仿大理石纹理的玻化砖，可代替大理石装饰地面

主要部分双色斜向铺贴，其余部分混色正常铺贴

（2）地面施工

水泥砖地面施工方式与仿古砖相同，若想追求好的效果且减少空鼓率，应采用干铺法，但干铺法价格较高且对施工人员的施工技术水平要求较高；若没有条件也可采用湿贴法来施工。地面铺贴有三种常见的形式：一是全部使用素色砖，是比较常见的，也不容易出错；二是全部使用花砖铺贴，适合大空间或厨卫空间；三是使用两者进行混合铺贴，比较灵活。

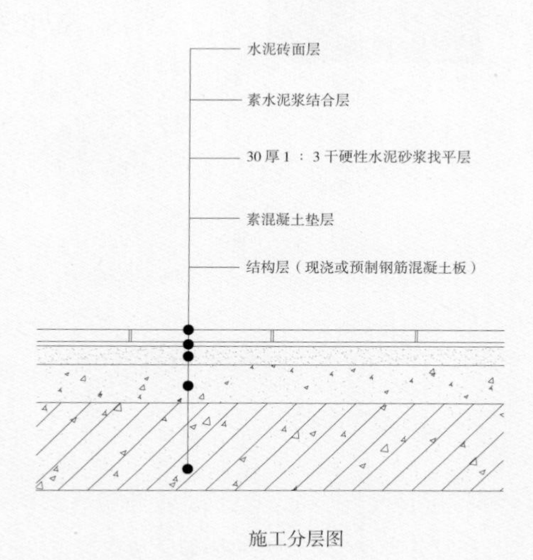

水泥砖面层
素水泥浆结合层
30 厚 1 ：3 干硬性水泥砂浆找平层
素混凝土垫层
结构层（现浇或预制钢筋混凝土板）

施工分层图

在面积较为宽敞且采光极佳的餐厅空间内，地面选择几何块面纹理的灰色系水泥砖，增添层次感的同时又不会显得混乱

六角形花砖从地面延伸到部分墙面上，与白色素砖组合，既有水泥的质朴感又不乏时尚性，虽然空间面积不大，但因为色彩的统一，并不显得凌乱

小贴士

水泥砖施工注意事项

①铺设的若为花砖，则铺设前应先按照设计图纸进行预排，而后进行编号，避免出现图案错位的问题。

②铺贴前，建议根据设计方案和砖的特点设计好缝隙的宽度，通常为 3 ~10mm，5mm 及 5mm 以下的缝隙用十字架固定，5mm 以上的缝隙用板条固定。

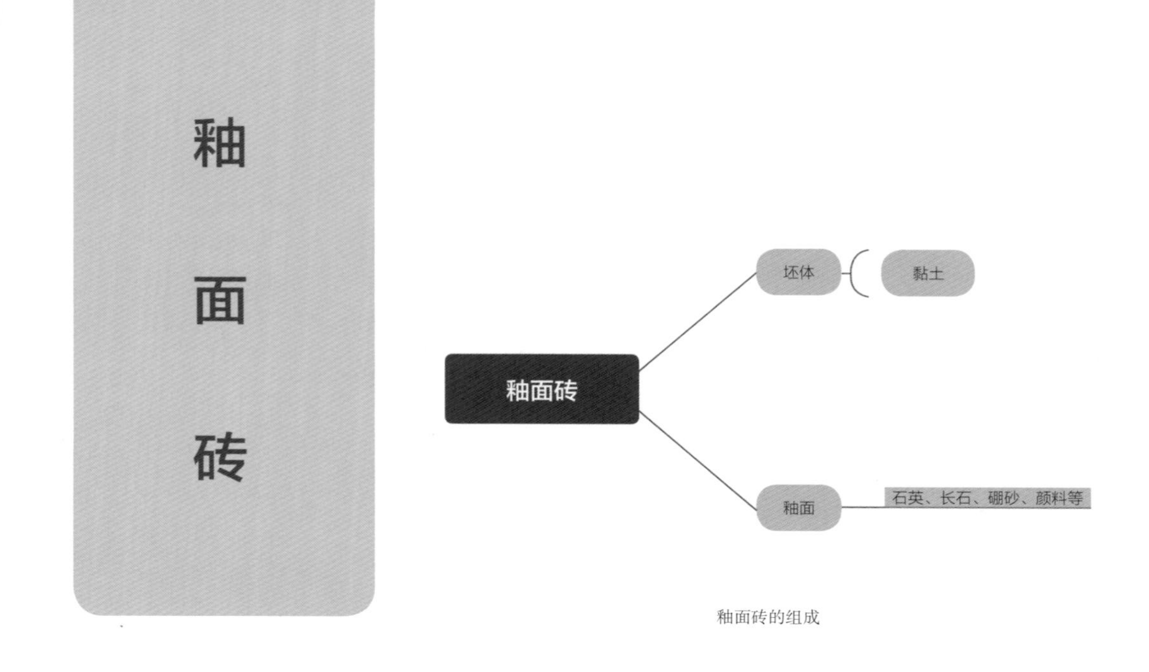
釉
面
砖
釉面砖
坯体
黏土
釉面
石英、长石、硼砂、颜料等

釉面砖的组成

1. 材料特点

物理性能特点：釉面砖是砖的表面经过施釉、高温高压烧制处理的一种瓷砖，其表面可以做各种图案和花纹，比抛光砖色彩和图案更丰富，且规格多，近年来流行的抛釉砖、超平釉、金刚釉等均属于釉面砖。它还具有强度高、防渗透、可无缝拼接、耐急冷急热等优点，但耐磨性不如抛光砖。尤其适合厨卫空间，可用于墙面和地面的装饰。

原料分层特点：釉面砖由坯体和釉面两部分组成，其中坯体的主要材料为黏土，根据烧制温度的不同，包含瓷质和陶质两种类型。釉面的制作材料为石英、长石、硼砂及颜料等。

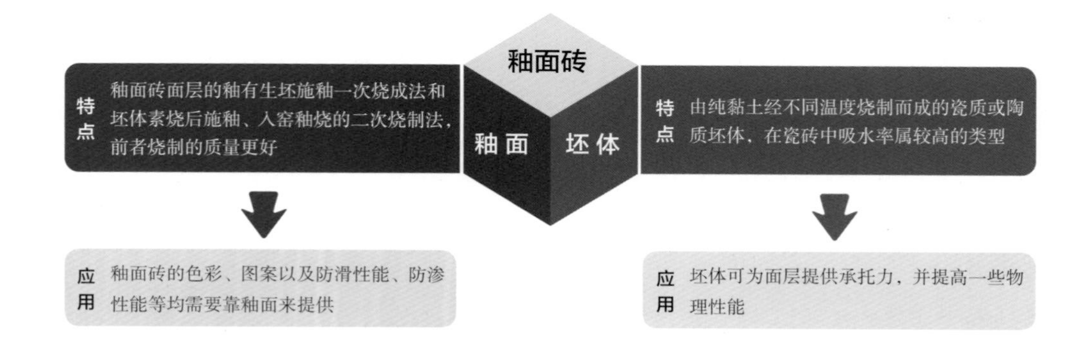
釉面砖
釉面
坯体
特点 釉面砖面层的釉有生坯施釉一次烧成法和坯体素烧后施釉、入窑釉烧的二次烧制法，前者烧制的质量更好
应用 釉面砖的色彩、图案以及防滑性能、防渗性能等均需要靠釉面来提供
特点 由纯黏土经不同温度烧制而成的瓷质或陶质坯体，在瓷砖中吸水率属较高的类型
应用 坯体可为面层提供承托力，并提高一些物理性能

2. 材料分类

釉面砖按照原料可分为陶质釉面砖和瓷质釉面砖两类；按照光泽度可分为亮光釉面砖和亚光釉面砖两类；按照形状可分为正方形、长方形和异形砖三类。按照表面纹理可分为素色砖和花砖两类。

纹理砖
原料
陶质釉面砖
由陶土烧制而成的一类釉面砖，其主要特征是背面为红色。吸水率较高，强度相对较低，但并非绝对，有些陶质釉面砖的吸水率和强度比瓷质釉面砖好
瓷质釉面砖
由瓷土烧制而成的一类釉面砖，其主要特征是背面为白色。相对来说吸水率较低、强度较高
光泽度
亮光釉面砖
釉面光洁干净，光的反射性好，可制造“干净”“宽敞”的效果，适合小空间或厨房
亚光釉面砖
釉面光洁度差，对光的反射效果差，但不易有光污染问题，具有柔和、舒适的感觉，适合制造“时尚”的效果
形状
正方形砖
较常见的尺寸有100mm×100mm、152mm×152mm、200mm×200mm、300mm×300mm等类型
长方形砖
较常见的尺寸有152mm×200mm 、200mm×300mm、250mm×330mm、300mm×450mm 、300mm×600mm等类型
异形砖
非规整尺寸的一类釉面砖，如六角形砖或不规则形状的配件砖等
表面纹理
素色砖
没有任何花纹，白色或彩色的一类釉面砖，可以单独一色铺贴，也可以混色铺贴，还可以与花砖组合铺贴
素色砖
花砖
纹理非常多样，丰富性超过抛光砖，选择范围广，小面积时可单独使用，若大面积施工更建议与素色砖组合
花砖

3. 施工形式

釉面砖多用来装饰厨卫空间，从施工形式上来说，有墙面施工、地面施工和墙地面一体施工三种类型。

（1）墙面施工

釉面砖多用在厨卫空间中，但花贴或花砖用在公共区中也非常个性。厨房中，在吊柜和地柜中间的部分可以使用花砖，其余部分使用素色砖；也可全部使用同色素色砖铺贴或用不同色素色砖拼贴。相对来说，卫生间内贴砖面积更大，可发挥创意的余地更广，施工形式也更多样，如花砖贴中间、两侧用素色砖等。

过道墙面用白色釉面砖“鱼骨贴”，简洁又个性

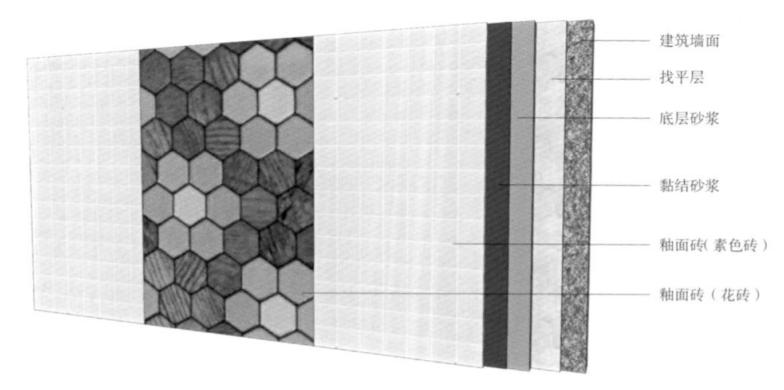
建筑墙面
找平层
底层砂浆
黏结砂浆
釉面砖（素色砖）
釉面砖（花砖）

施工分层图

厨房吊柜和地柜之间使用花砖铺贴

（2）地面施工

釉面砖用在地面时，可充分利用其图案多样的特点进行创意施工。这在北欧风格的室内中非常常见，因为墙面和家具比较素净，地面搭配造型简洁的花砖，会显得极具个性感，可单独使用，也可与地板等材料组合。

花砖铺设厨房地面，有类似地毯的效果

花砖与地板组合，不仅美观，还具有划分区域的作用

（3）墙地面一体施工

墙地面一体施工是指墙面和地面同时使用釉面砖施工的方式，此种施工形式多出现在厨卫空间中。墙面和地面可以使用同系列的砖铺贴，也可以使用不同系列的砖进行铺贴。地面施工更建议选择干铺法，如不便利，也可使用胶黏剂或水泥砂浆（湿贴）来铺贴，胶黏剂的铺贴效果比水泥砂浆要好一些。墙面则无法使用干铺法，多采用后两种方式施工。

贴面顶端采用压顶条配件砖
紧密镶贴时采用白水泥糊擦缝
釉面砖面层
水泥砂浆找平层
黏结层
建筑墙体

施工分层图

墙面和地面均使用同款六角形釉面砖进行铺贴，但用不同的色彩进行穿插，形成整体又不乏活力的效果，很适合小面积的卫浴间

厨房墙面使用白色亮面釉面砖与白色橱柜组合，凸显宽敞、整洁的感觉，地面维持白色元素的同时，加入了黑色，素雅却又不乏艺术感，而且不显得凌乱

小贴士

釉面砖施工注意事项

①若采用错位铺贴的方式，需要注意在原来留缝的基础上多留 1mm 的缝。

②铺贴转角时，阴角磨边应先用玻璃刀划出要磨掉的釉面，而后再打磨，以免崩瓷，影响美观。

③铺贴釉面砖使用的水泥，强度不能超过 42.5，以免拉破釉面，产生崩瓷。

微晶石

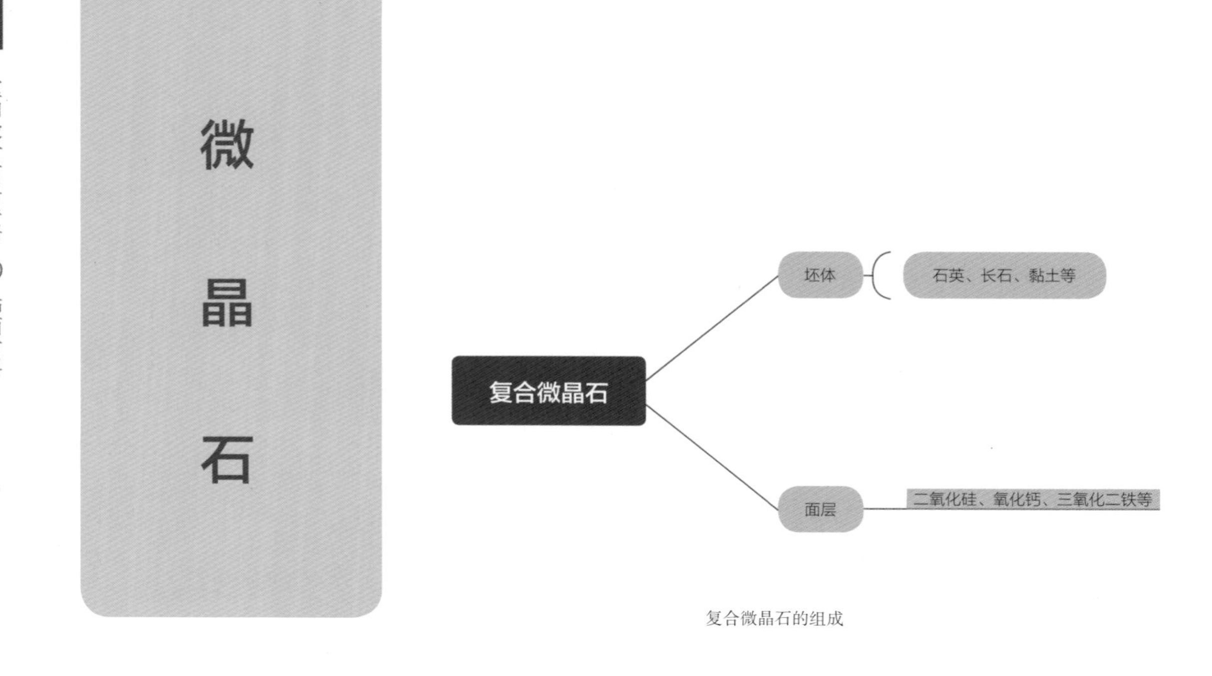
复合微晶石
坯体
石英、长石、黏土等
面层
二氧化硅、氧化钙、三氧化二铁等

复合微晶石的组成

1. 材料特点

物理性能特点：微晶石表面特征和光泽感与天然玉石极其类似，质感晶莹剔透，但纹理更多样，与其他类型的瓷砖相比，有着更奢华、大气的装饰效果。其质地均匀、密度大、硬度高，抗压、抗弯、耐冲击等性能优于天然石材。但同时也具有硬度低于抛光砖、划痕明显、遇到脏东西很容易显现等缺点。微晶石可装饰地面和墙面，并可广泛用于圆柱及洗手盆等不规则台面的制作。

原料分层特点：不同类型的微晶石，结构是不同的，有单层结构也有复合结构，这里以复合微晶石为例进行介绍，它是由坯体（陶瓷）和面层（微晶玻璃）两部分组成的。

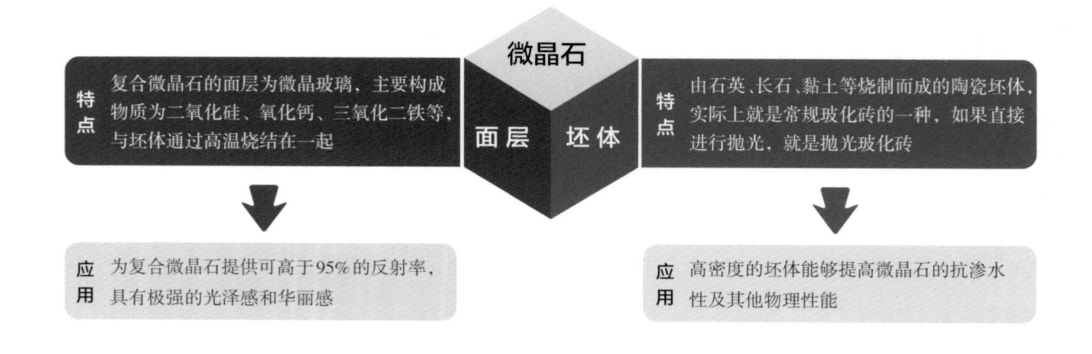
微晶石
面层
坯体
特点 复合微晶石的面层为微晶玻璃，主要构成物质为二氧化硅、氧化钙、三氧化二铁等，与坯体通过高温烧结在一起
应用 为复合微晶石提供可高于95%的反射率，具有极强的光泽感和华丽感
特点 由石英、长石、黏土等烧制而成的陶瓷坯体，实际上就是常规玻化砖的一种，如果直接进行抛光，就是抛光玻化砖
应用 高密度的坯体能够提高微晶石的抗渗水性及其他物理性能

2. 材料分类

根据原料及制作工艺，可以把微晶石分为无孔微晶石、通体微晶石及复合微晶石三种类型；微晶石根据表面纹理可分为纯色、斑点纹理、仿石材纹理、仿玉石纹理及其他纹理等多种类型。

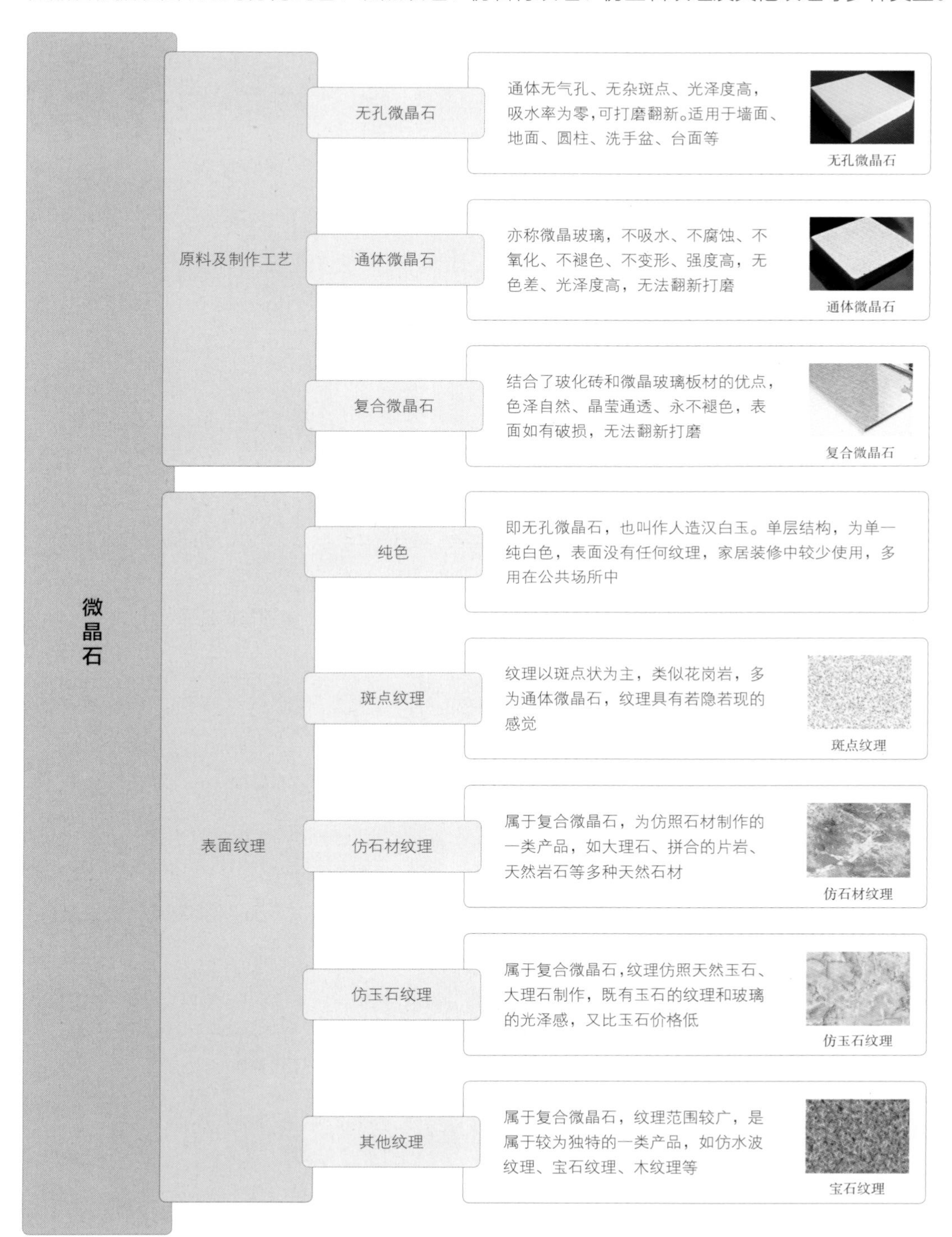

微晶石
原料及制作工艺
无孔微晶石
通体无气孔、无杂斑点、光泽度高，吸水率为零，可打磨翻新。适用于墙面、地面、圆柱、洗手盆、台面等
无孔微晶石
通体微晶石
亦称微晶玻璃，不吸水、不腐蚀、不氧化、不褪色、不变形、强度高，无色差、光泽度高，无法翻新打磨
通体微晶石
复合微晶石
结合了玻化砖和微晶玻璃板材的优点，色泽自然、晶莹通透、永不褪色，表面如有破损，无法翻新打磨
复合微晶石
表面纹理
纯色
即无孔微晶石，也叫作人造汉白玉。单层结构，为单一纯白色，表面没有任何纹理，家居装修中较少使用，多用在公共场所中
斑点纹理
纹理以斑点状为主，类似花岗岩，多为通体微晶石，纹理具有若隐若现的感觉
斑点纹理
仿石材纹理
属于复合微晶石，为仿照石材制作的一类产品，如大理石、拼合的片岩、天然岩石等多种天然石材
仿石材纹理
仿玉石纹理
属于复合微晶石，纹理仿照天然玉石、大理石制作，既有玉石的纹理和玻璃的光泽感，又比玉石价格低
仿玉石纹理
其他纹理
属于复合微晶石，纹理范围较广，是属于较为独特的一类产品，如仿水波纹理、宝石纹理、木纹理等
宝石纹理

3. 施工形式

微晶石用砂浆施工容易开裂，建议使用干挂法（墙面）或胶粘法（墙地面均可）进行施工。

（1）干挂法施工

微晶石墙面的干挂法施工与大理石等天然石材相同，可分为钢结构干挂法和点挂法两种形式。钢结构需先安装钢骨架，再用干挂件连接钢骨架与石材（可参考本书 074 页）；点挂法是在墙面安装扣件来连接石材，比前一种占用空间小、造价低，仅适用于现浇混凝土墙面。

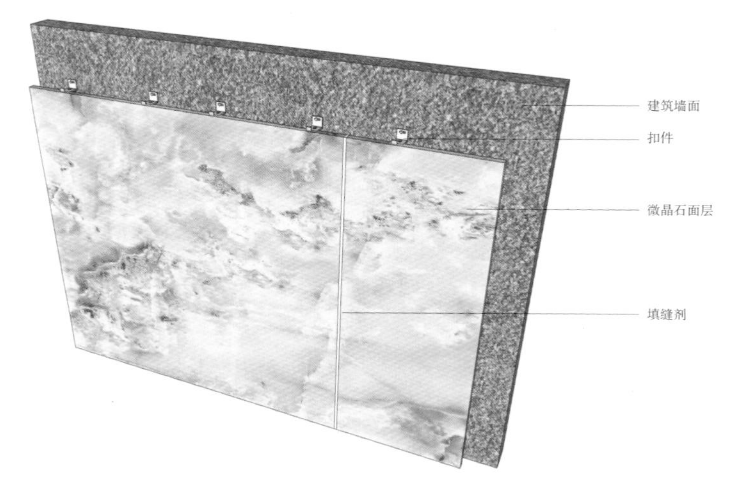
建筑墙面
扣件
微晶石面层
填缝剂

点挂法施工分层图

餐厅墙面面积较大，适合采用干挂法进行施工。地面则可以采取胶粘法施工

（2）胶粘法施工

胶粘法即为使用胶黏剂将微晶石粘贴在基层上的方式，可以使用弹性较好的有机胶施工。但因为微晶石的板块通常尺寸较大，为了避免掉落，建议调制混合胶浆（如使用 AB 胶 + 玻璃胶 / 云石胶混合）铺贴，这种混合胶不仅有很强的吸附力，同时还有一定的时间可以做粘贴调整。

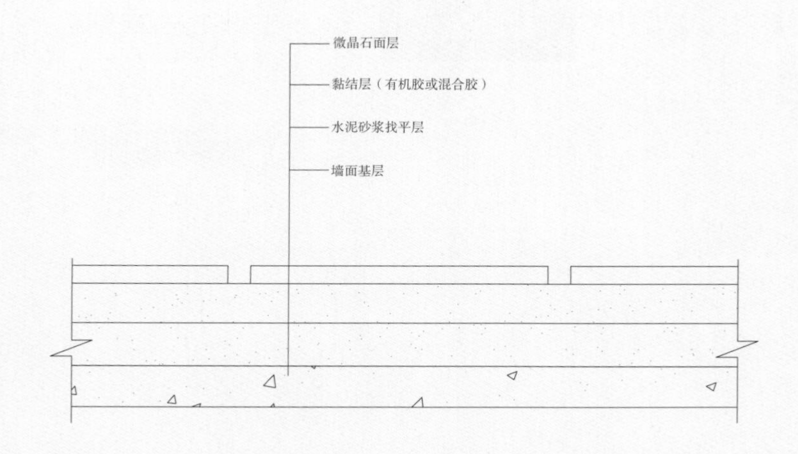

微晶石面层
黏结层（有机胶或混合胶）
水泥砂浆找平层
墙面基层

胶粘法施工分层图

用仿玉石纹理的复合微晶石装饰客厅电视墙，其独特的光泽感和纹理，为空间增添了时尚感和华丽感。因为施工面积比较小，非常适合采取胶粘法

复合微晶石的纹理极具特点，大面积的墙面中，单独使用易显得不够突出，可以将其放在中间部分，两侧搭配护墙板、木纹板等其他材料，来突出其主体地位

小贴士

微晶石施工注意事项

①微晶石面层质地与玉石类似，应使用微晶石专用金刚石锯片或大理石专用金刚石锯片进行切割。

②复合微晶石的玻璃面层不吸水，为增强填缝剂的黏性，可添加适量胶黏液。

③若使用水泥砂浆铺设地面，需掺入适量的锯末或 108 胶。

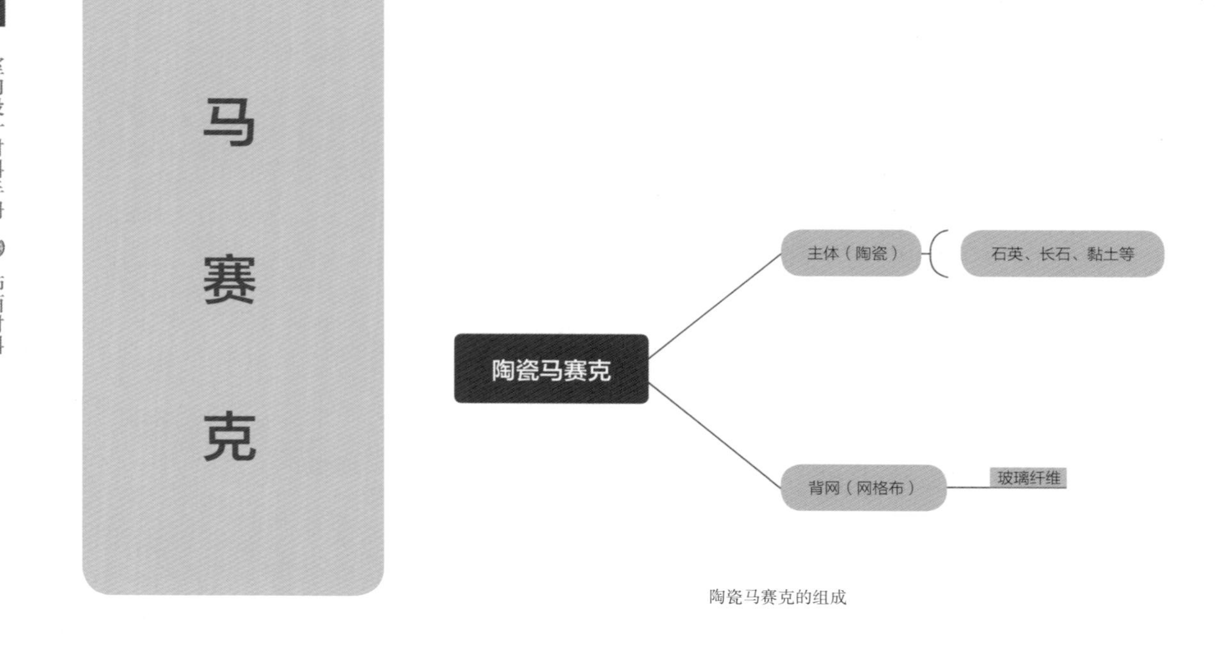
马
赛
克
陶瓷马赛克
主体（陶瓷）
石英、长石、黏土等
背网（网格布）
玻璃纤维
陶瓷马赛克的组成

1. 材料特点

物理性能特点：马赛克瓷砖，专业名称为锦砖，是一种特殊的砖，一般由数十块小块的砖组成一块相对的大砖。它的体积小巧，可以通过拼接制作出各种图案，装饰效果突出。同时具有吸水率小、防滑性佳、耐磨、耐酸碱、抗腐蚀、色彩丰富等优点。

原料分层特点：不同品种的马赛克其组成物质也不同，如大理石马赛克的结构同大理石，贝壳马赛克为单层天然物质等，这里仅以最经典的陶瓷马赛克为例进行介绍。它的主体部分为陶瓷锦砖，背部为网格布。

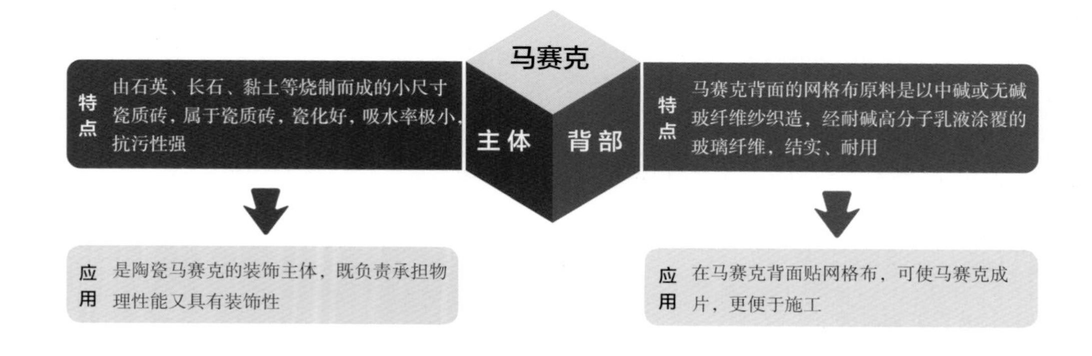
马赛克
主体
背部
特点
由石英、长石、黏土等烧制而成的小尺寸瓷质砖，属于瓷质砖，瓷化好，吸水率极小，抗污性强
应用
是陶瓷马赛克的装饰主体，既负责承担物理性能又具有装饰性
特点
马赛克背面的网格布原料是以中碱或无碱玻纤维纱织造，经耐碱高分子乳液涂覆的玻璃纤维，结实、耐用
应用
在马赛克背面贴网格布，可使马赛克成片，更便于施工

2. 材料分类

马赛克根据制作材料的不同，可分为陶瓷马赛克、玻璃马赛克、贝壳马赛克、金属马赛克、夜光马赛克、石材马赛克、实木马赛克及拼合马赛克等多种类型。

文化石
制作材料
陶瓷马赛克
经久耐用，光线柔和、不刺激，品种多样、颜色丰富，防水防潮性能优越，易清洗，墙面、地面均可使用
陶瓷马赛克
玻璃马赛克
色彩最丰富的马赛克品种，质感晶莹剔透，现代感强，纯度高，给人以轻松愉悦之感，不适合装饰地面
玻璃马赛克
贝壳马赛克
色彩绚丽、带有光泽，每片尺寸较小，吸水率低，抗压性能不强，施工后，表面需磨平处理，不适合装饰地面
贝壳马赛克
金属马赛克
色彩较为低调且相对较少，装饰效果现代、时尚，材料环保、防火、耐磨，地面不建议大面积使用
金属马赛克
夜光马赛克
吸收光源后，夜晚会散发光芒，可定制图案，效果个性、独特，很适合小面积用于装饰墙面
夜光马赛克
石材马赛克
以天然石材为原料制成的马赛克，效果天然、纹理多样，防水性较差，抗酸碱腐蚀性能较弱
石材马赛克
实木马赛克
以实木或古船木等木质材料制成的马赛克，具有自然、古朴的装饰效果，多为条形或方形，不适合装饰地面
实木马赛克
拼合马赛克
由两种或两种以上材料拼接而成，最常见的是玻璃 + 金属，或石材 + 玻璃的款式，质感更丰富
拼合马赛克

3. 施工形式

马赛克用途广泛，总体来说，可分为墙面施工和其他部位施工两类。

（1）墙面施工

马赛克施工需使用马赛克专用的粘接剂，用齿状刮板涂抹可增加粘接力。装饰墙面时若用在背景墙部位，可设计成马赛克画，或者使用质感较为特殊的如贝壳马赛克、石材马赛克等进行施工；若大面积铺贴，有单色、同类色混色、多色混色等多种形式，可单独使用，也可与其他材料组合。

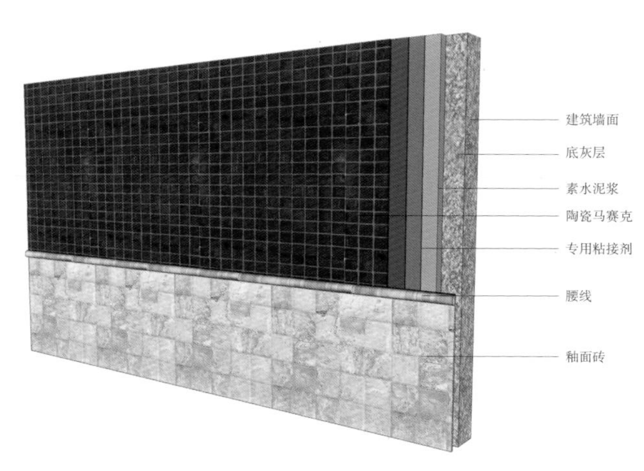
建筑墙面
底灰层
素水泥浆
陶瓷马赛克
专用粘接剂
腰线
釉面砖

施工分层图

贝壳马赛克与金属组合，配以灯光，时尚、华美

金属马赛克与大理石组合，优雅而不乏时尚感

卫浴间背景墙设计为马赛克画，极具艺术感

（2）其他部位施工

除了装饰墙面外，马赛克也常用于地面，但很少单独使用，多与地砖、大理石等组合施工，在卫浴间中与墙面马赛克连接起来做一体式施工也是较为常用的形式。除此之外，因为尺寸小、使用灵活且款式多样，马赛克还可用于柱面、垭口、台面、游泳池、踢脚线及楼梯踏步立面等部位。

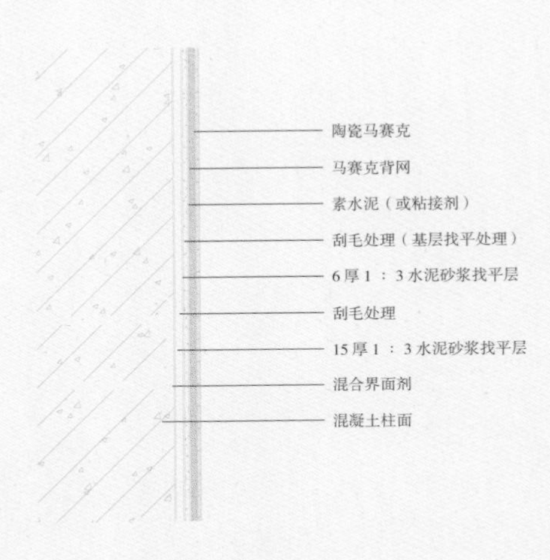
陶瓷马赛克
马赛克背网
素水泥（或粘接剂）
刮毛处理（基层找平处理）
6厚1：3水泥砂浆找平层
刮毛处理
15厚1：3水泥砂浆找平层
混合界面剂
混凝土柱面

施工分层图

在如地中海风格、乡村风格等类型的室内空间中，可使用马赛克装饰垭口、踢脚和楼梯踏步立面等部位，以强化风格淳朴、随意的特点

因为马赛克块面小，因此可以做跨越界面转折处的施工，可以利用其这个特点进行一些个性的设计，如用水泥砌筑洗手台或浴缸，而后用马赛克进行一体式粘贴

小贴士

马赛克施工注意事项

①对不同类型的基层，选择的粘接剂也是有区别的。水泥基层，用白水泥添加 801 胶水或 107 胶水，或使用马赛克瓷砖胶；木板基底，可以用中性玻璃胶，一桶可以贴 1 m^2左右。

②混凝土基层若平整度较差，需先找平，干后再贴马赛克，若基层为木板可省去此步骤。

CHAPTER SIX

玻璃具有一般材料难以比拟的高透明性，它已不再仅是采光材料，更是一种充满艺术性的装饰材料。

第六章

玻璃

玻璃是以石英砂、纯碱、长石和石灰石等为主要原料，经熔融、成型、冷却固化而制成的非结晶无机材料。它具有一般材料难以比拟的高透明性，同时还具有优良的力学性能和热工性能。玻璃在建筑中的应用主要体现为两方面：一是在建筑外墙的应用；二是在室内装饰工程中的应用。后一种类型所使用的玻璃可统称为装饰玻璃。

随着物质生活的提高，人们对室内设计个性化、艺术化的追求也不断提升，装饰玻璃因其使用的多样性越来越受到国内外设计师的喜爱，这也促使了其新品的开发和生产，品种和功能日益增多。其应用及产品方面的变化主要体现在以下三个方面。

品种的增多：随着科技水平的不断进步，装饰玻璃以设计概念和功能为主导，采用玻璃材质和艺术技巧，各种新型玻璃产品不断涌现，其品种及功能日益增多。

加工的细化：体现为两方面，一是追求更细的边框，甚至不使用边框；二是玻璃加工及板面切割得更加细化，如切割更趋向于模数化或黄金玻璃分割等。

图案的变化：为了满足设计师不断出现的新想法，玻璃设计的图案会更加具有立体效果，以追求更强的视觉冲击力。

装饰艺术玻璃 ▶

装饰艺术玻璃 ▶

市面上的装饰玻璃可分为三种类型：平板玻璃、艺术玻璃及成型玻璃。

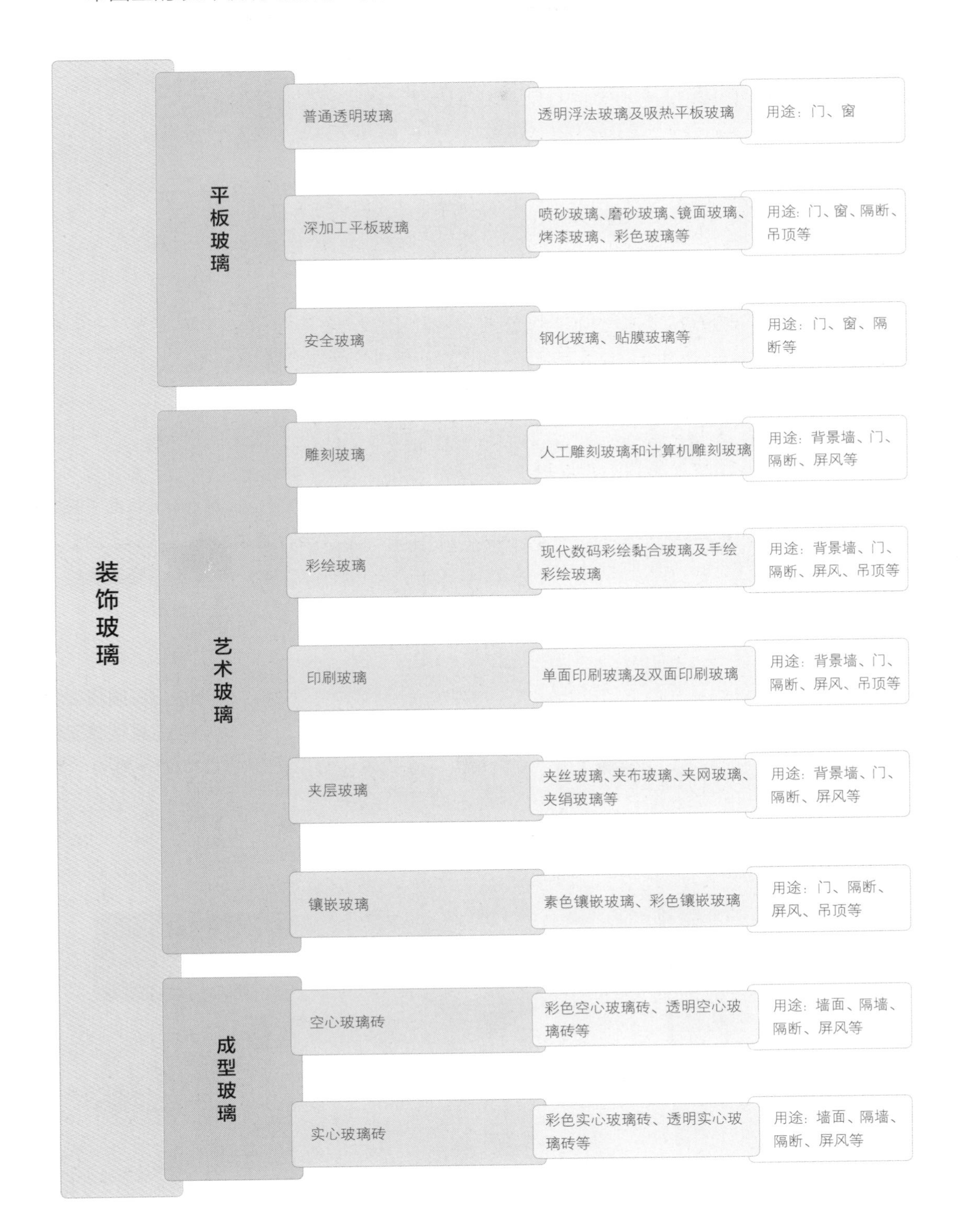

装饰玻璃
平板玻璃
普通透明玻璃
透明浮法玻璃及吸热平板玻璃
用途：门、窗
深加工平板玻璃
喷砂玻璃、磨砂玻璃、镜面玻璃、烤漆玻璃、彩色玻璃等
用途：门、窗、隔断、吊顶等
安全玻璃
钢化玻璃、贴膜玻璃等
用途：门、窗、隔断等
艺术玻璃
雕刻玻璃
人工雕刻玻璃和计算机雕刻玻璃
用途：背景墙、门、隔断、屏风等
彩绘玻璃
现代数码彩绘黏合玻璃及手绘彩绘玻璃
用途：背景墙、门、隔断、屏风、吊顶等
印刷玻璃
单面印刷玻璃及双面印刷玻璃
用途：背景墙、门、隔断、屏风、吊顶等
夹层玻璃
夹丝玻璃、夹布玻璃、夹网玻璃、夹绢玻璃等
用途：背景墙、门、隔断、屏风等
镶嵌玻璃
素色镶嵌玻璃、彩色镶嵌玻璃
用途：门、隔断、屏风、吊顶等
成型玻璃
空心玻璃砖
彩色空心玻璃砖、透明空心玻璃砖等
用途：墙面、隔墙、隔断、屏风等
实心玻璃砖
彩色实心玻璃砖、透明实心玻璃砖等
用途：墙面、隔墙、隔断、屏风等

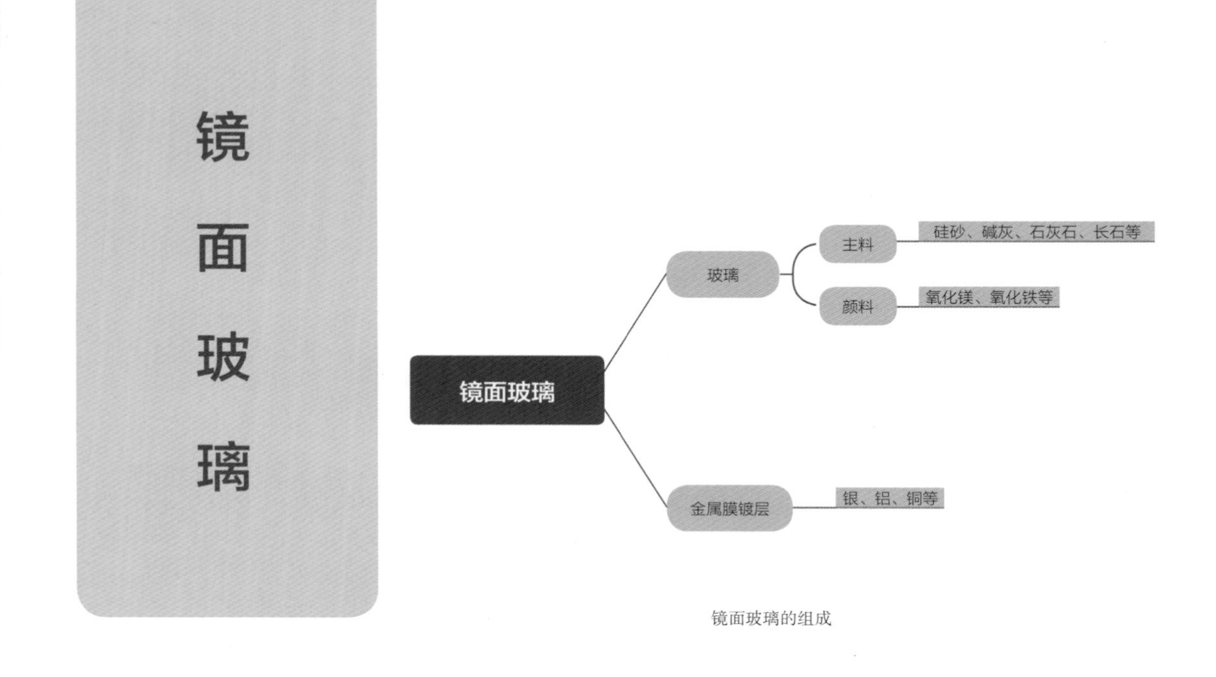
镜
面
玻
璃
镜面玻璃
玻璃
主料
硅砂、碱灰、石灰石、长石等
颜料
氧化镁、氧化铁等
金属膜镀层
银、铝、铜等

镜面玻璃的组成

1. 材料特点

物理性能特点：镜面玻璃是室内装修工程中使用频率非常高的一种装饰玻璃，具有表面平整、光滑，光泽感超强，华丽而不夸张等特点。且加工方式非常便捷，可随意裁切、拼贴，施工简单、工期短。当空间面积有限，让人感觉较拥挤时，运用各种颜色的镜面玻璃，不仅可以隐藏梁柱、延伸空间感，还可以增强华美、华丽的装饰效果。

原料分层特点：镜面玻璃除了较为常见的白镜外，还有其他色泽的类型，可搭配不同建材用在各种风格的室内空间中做装饰。但无论何种颜色的产品，总体来说均是由玻璃和金属镀膜层两部分组成的。

镜面玻璃
特点
玻璃一般是用多种无机矿物（硅砂、碱灰、硼酸、石灰石、硼砂、长石等）为主要原料，加入少量辅助原料制成的
玻璃
金属镀膜层
特点
由银、铝、铜等类型的金属制成特殊镀膜层，烧制在玻璃的背面，制成完整的镜面玻璃
应用
玻璃层具有很高的强度、硬度，不仅具有装饰性，还能保护被装饰的界面
应用
具有上色和增强玻璃反射及亮度的作用，有放大空间的效果

2. 材料分类

镜面玻璃按照玻璃的颜色可分为超白镜、黑镜、灰镜、茶镜及色镜等多种类型；按照造型可分为平面镜和车边镜等两类。

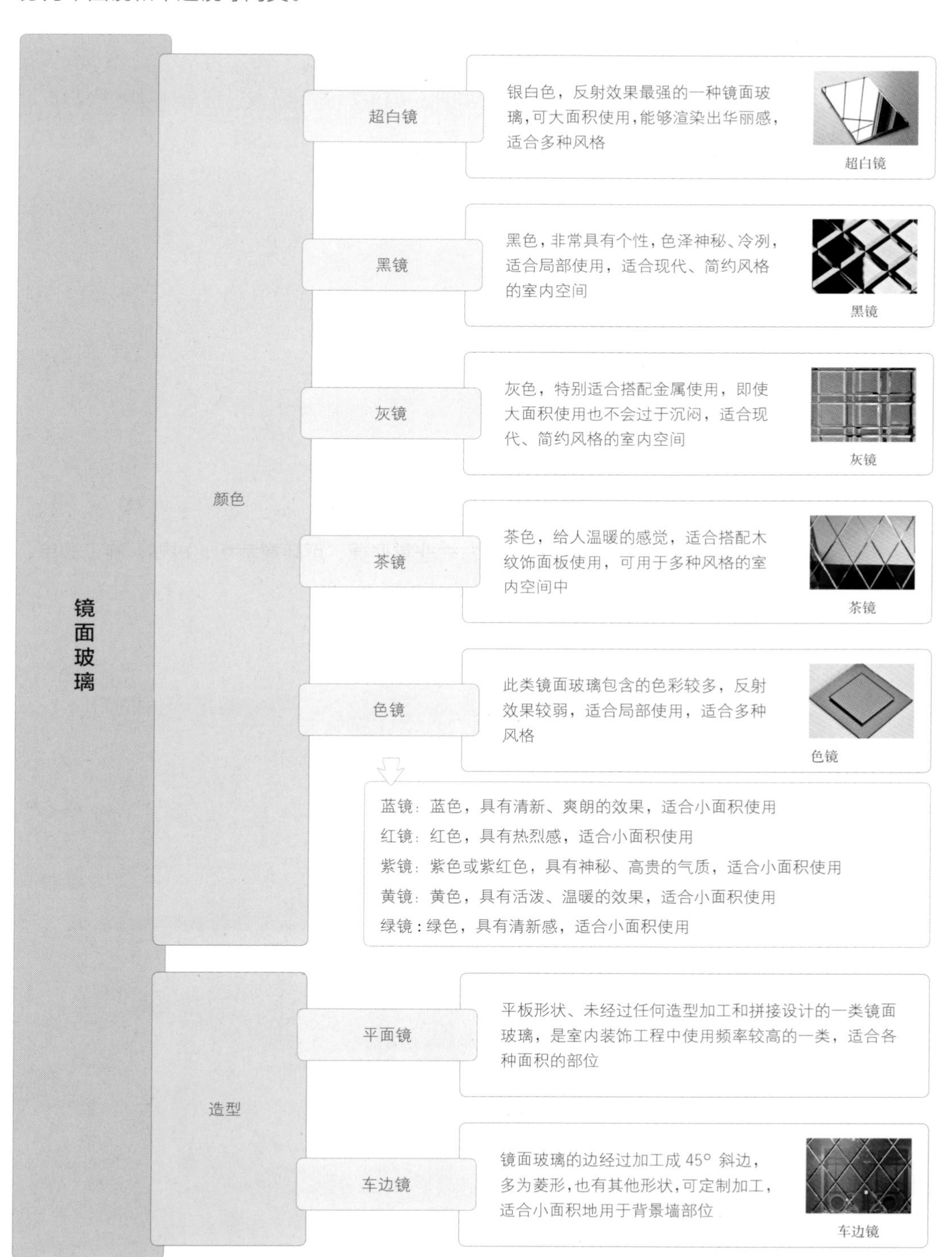

镜面玻璃
颜色
超白镜
银白色，反射效果最强的一种镜面玻璃，可大面积使用，能够渲染出华丽感，适合多种风格
超白镜
黑镜
黑色，非常具有个性，色泽神秘、冷冽，适合局部使用，适合现代、简约风格的室内空间
黑镜
灰镜
灰色，特别适合搭配金属使用，即使大面积使用也不会过于沉闷，适合现代、简约风格的室内空间
灰镜
茶镜
茶色，给人温暖的感觉，适合搭配木纹饰面板使用，可用于多种风格的室内空间中
茶镜
色镜
此类镜面玻璃包含的色彩较多，反射效果较弱，适合局部使用，适合多种风格
色镜
蓝镜：蓝色，具有清新、爽朗的效果，适合小面积使用
红镜：红色，具有热烈感，适合小面积使用
紫镜：紫色或紫红色，具有神秘、高贵的气质，适合小面积使用
黄镜：黄色，具有活泼、温暖的效果，适合小面积使用
绿镜：绿色，具有清新感，适合小面积使用
造型
平面镜
平板形状、未经过任何造型加工和拼接设计的一类镜面玻璃，是室内装饰工程中使用频率较高的一类，适合各种面积的部位
车边镜
镜面玻璃的边经过加工成45°斜边，多为菱形，也有其他形状，可定制加工，适合小面积地用于背景墙部位
车边镜

3. 施工形式

镜面玻璃常被用来装饰墙面、柱面或柜门，较为常用的施工形式有压条（边框）固定和粘贴固定两种。

（1）压条（边框）固定

压条（边框）固定是指使用木质、金属等材质的压条（边框）固定镜面玻璃的施工方法。木质压条通常固定在两块玻璃的中间，用螺钉固定在基层板和龙骨上，而后填补表面的钉眼，再刷漆；金属及木质边框固定在墙面或基层板上，与玻璃之间是通过“卡”的方式来固定。

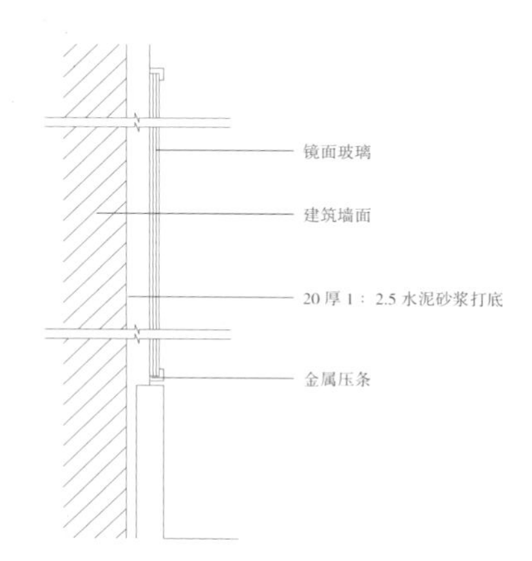
镜面玻璃
建筑墙面
20 厚 1：2.5 水泥砂浆打底
金属压条

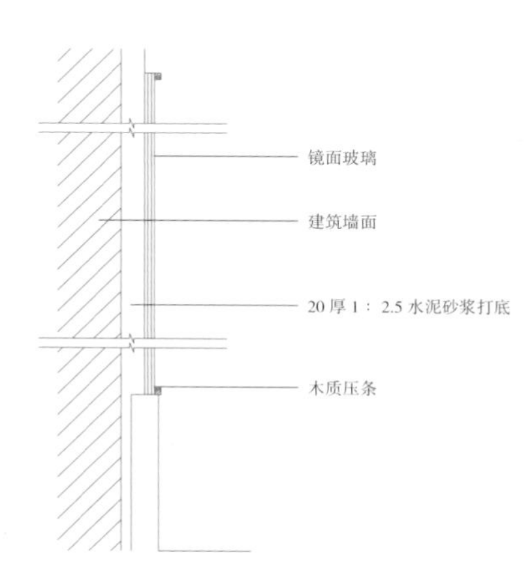
镜面玻璃
建筑墙面
20 厚 1：2.5 水泥砂浆打底
木质压条

施工分层图

金属压条具有固定玻璃和装饰的双重作用

当玻璃宽度较大时，可加大压条宽度

使用与中间部分的墙纸相同颜色的压条，统一感更强

欧式风格使用多层次的压条，更具协调感

（2）粘贴固定

采用胶黏剂把玻璃 / 镜面直接粘贴在墙面的基层上，是现场比较常见的做法，适用于厚度不大于 6mm 但块面积在 1m^2 以内的墙面镜的安装。基层的形式可根据具体需求选择，可用木龙骨叠加基层板，也可直接在墙面上安装基层板，基层板多使用多层胶合板。

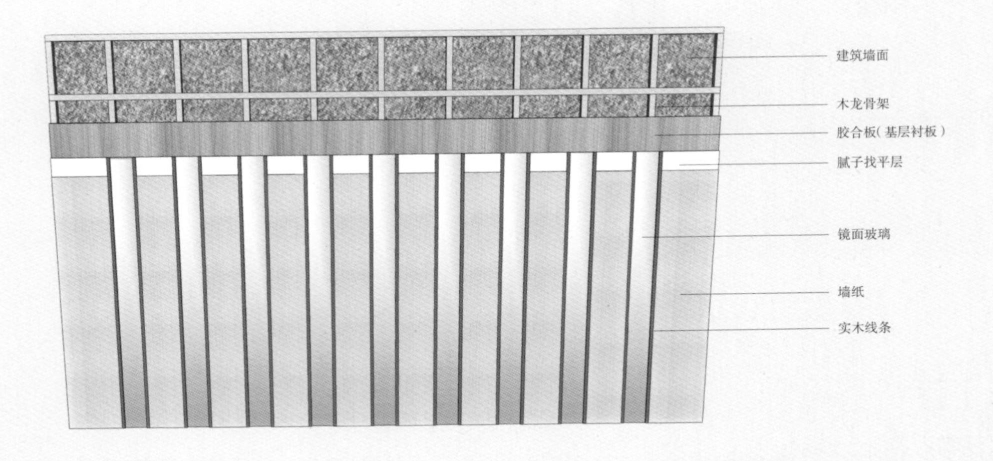

建筑墙面
木龙骨架
胶合板（基层衬板）
腻子找平层
镜面玻璃
墙纸
实木线条

施工分层图

小面积、窄宽度的黑镜玻璃，与洞石间隔造型设计为背景墙，时尚而大气。因为镜面玻璃的施工面积小、承重力小，非常适合采用粘贴法来施工

卧室侧墙采用车边黑镜做装饰，因为单块镜面的面积并不大且考虑到美观性，采取了粘贴法施工，但同时又在四周用了金色不锈钢条做收边，以增强美观性

小贴士

镜面玻璃墙面（柱面）施工注意事项

①有的墙面材质不适合直接采用粘贴法固定镜面玻璃，包括发泡材质、硅酸钙板和粉墙等。

②在浴室内，当镜面玻璃采用直接粘贴在墙面的施工方式时，防水涂料应涂刷至天花板。

③木压条接触玻璃处，应与裁口边缘齐平。木压条应互相紧密连接，并与裁口紧贴。

烤漆玻璃

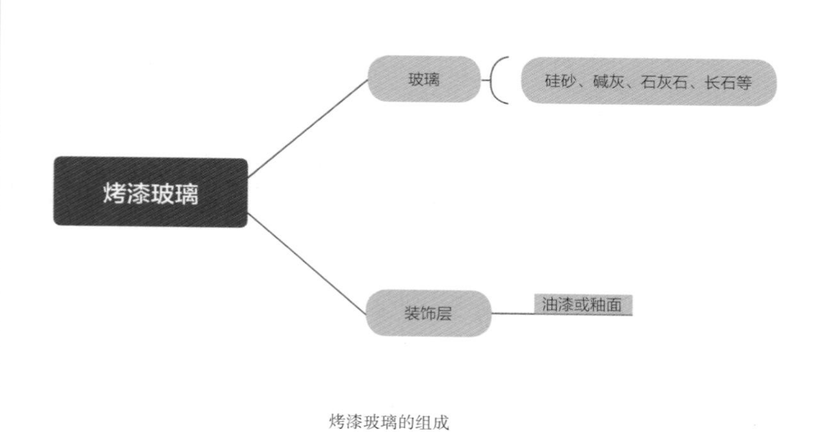
烤漆玻璃
玻璃
硅砂、碱灰、石灰石、长石等
装饰层
油漆或釉面

烤漆玻璃的组成

1. 材料特点

物理性能特点：烤漆玻璃，在业内也叫作背漆玻璃，是将玻璃背面做喷漆处理后，放入烤箱内烤制后自然晾干制成的。具有耐水性强，耐酸碱性强，耐候性强，抗紫外线、抗老性强，附着力极强，不易脱落等优点。使用范围广泛，可用于台面、墙面、背景墙、围栏、柱面等部位的装饰。

原料分层特点：烤漆玻璃是在玻璃的背面通过喷涂、滚涂、丝网印刷或者淋涂等方式施以油漆或彩釉后，在 30~45℃的烤箱中烤 8~12h 制成的。可分为玻璃和装饰层两部分。

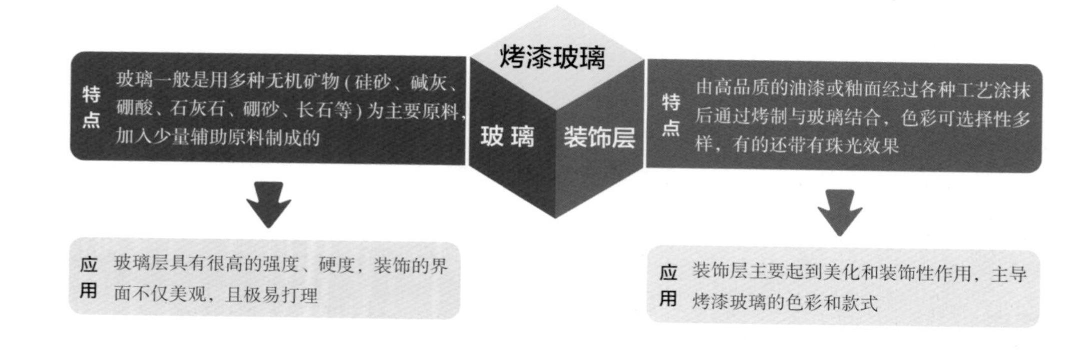
烤漆玻璃
特点
玻璃一般是用多种无机矿物（硅砂、碱灰、硼酸、石灰石、硼砂、长石等）为主要原料，加入少量辅助原料制成的
玻璃
装饰层
特点
由高品质的油漆或釉面经过各种工艺涂抹后通过烤制与玻璃结合，色彩可选择性多样，有的还带有珠光效果
应用
玻璃层具有很高的强度、硬度，装饰的界面不仅美观，且极易打理
应用
装饰层主要起到美化和装饰性作用，主导烤漆玻璃的色彩和款式

2. 材料分类

烤漆玻璃根据颜色可分为实色系列、金属系列、半透明系列、珠光系列、聚晶系列及套色系列等多种类型；根据制作方法的不同可分为油漆喷涂玻璃和彩色釉面玻璃两类。

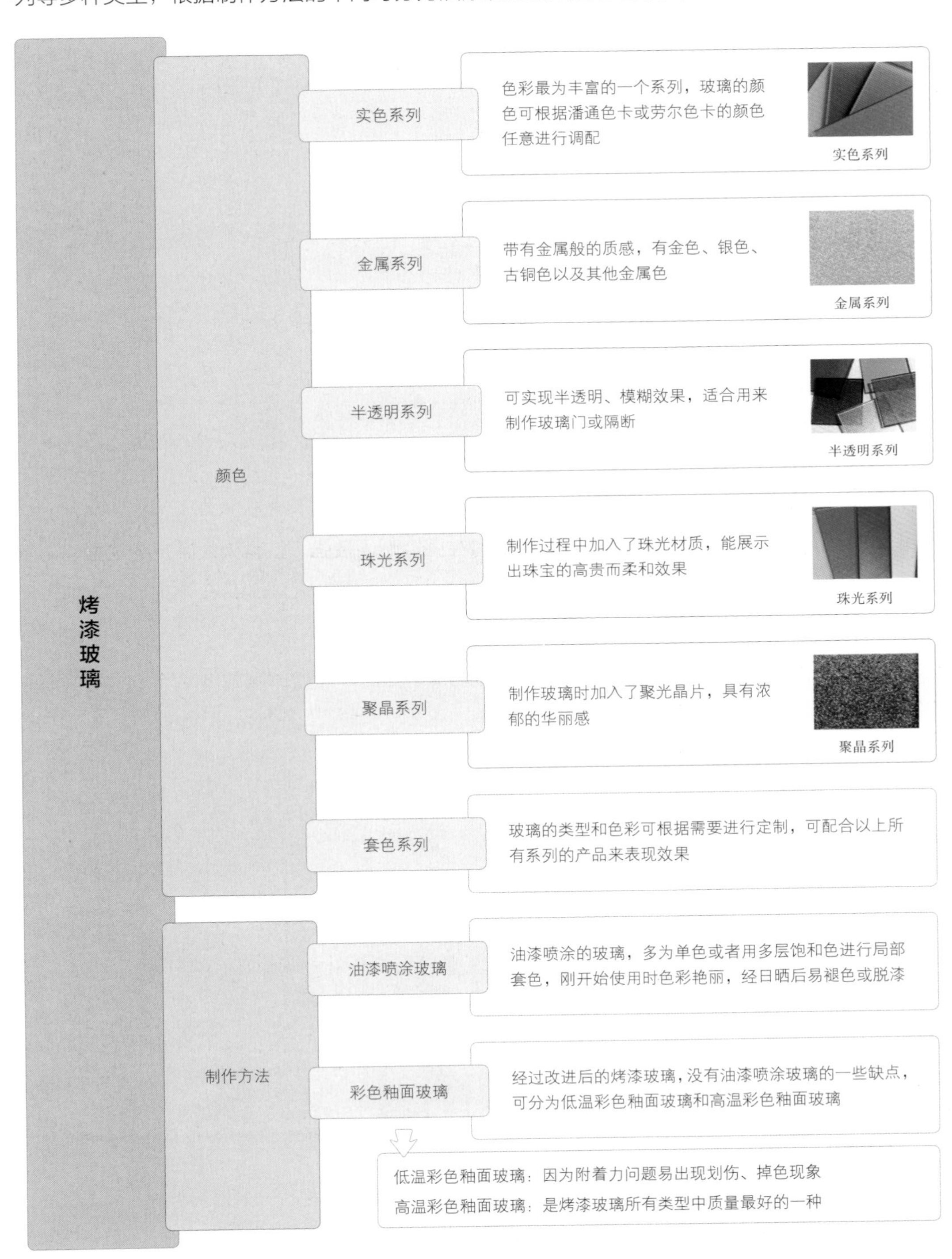

烤漆玻璃
颜色
实色系列
色彩最为丰富的一个系列，玻璃的颜色可根据潘通色卡或劳尔色卡的颜色任意进行调配
实色系列
金属系列
带有金属般的质感，有金色、银色、古铜色以及其他金属色
金属系列
半透明系列
可实现半透明、模糊效果，适合用来制作玻璃门或隔断
半透明系列
珠光系列
制作过程中加入了珠光材质，能展示出珠宝的高贵而柔和效果
珠光系列
聚晶系列
制作玻璃时加入了聚光晶片，具有浓郁的华丽感
聚晶系列
套色系列
玻璃的类型和色彩可根据需要进行定制，可配合以上所有系列的产品来表现效果
制作方法
油漆喷涂玻璃
油漆喷涂的玻璃，多为单色或者用多层饱和色进行局部套色，刚开始使用时色彩艳丽，经日晒后易褪色或脱漆
彩色釉面玻璃
经过改进后的烤漆玻璃，没有油漆喷涂玻璃的一些缺点，可分为低温彩色釉面玻璃和高温彩色釉面玻璃
低温彩色釉面玻璃：因为附着力问题易出现划伤、掉色现象
高温彩色釉面玻璃：是烤漆玻璃所有类型中质量最好的一种

3. 施工形式

烤漆玻璃最常用于墙面部位的施工，尤其是背景墙部分，但有时也会用于装饰顶面。

（1）墙面施工

烤漆玻璃墙面施工除了可如镜面玻璃一般采用压条和粘贴固定外，还可采用干挂法和嵌钉法来固定。干挂法需配合不同的干挂件及玻璃框架型材，适合大面积的烤漆玻璃安装；嵌钉法需先在衬板或墙面上钻孔埋膨胀管，而后用镜钉固定玻璃。

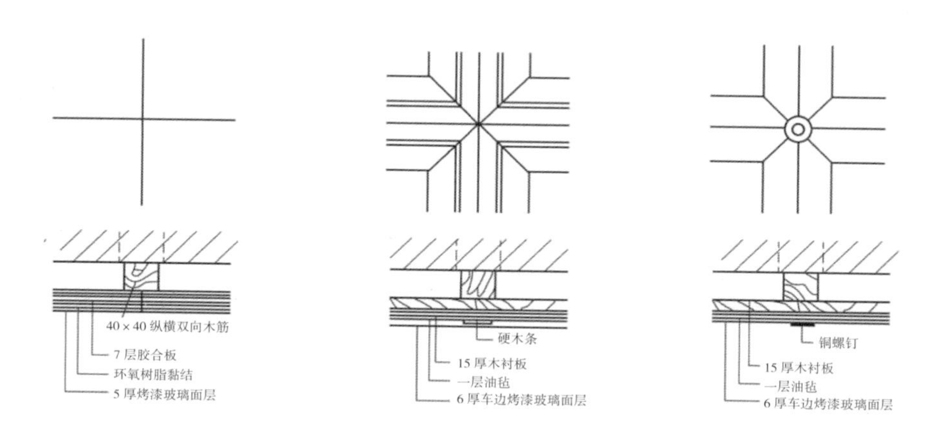
40×40 纵横双向木筋
7 层胶合板
环氧树脂黏结
5 厚烤漆玻璃面层
硬木条
15 厚木衬板
一层油毡
6 厚车边烤漆玻璃面层
铜螺钉
15 厚木衬板
一层油毡
6 厚车边烤漆玻璃面层

施工分层图（粘贴固定、压条固定、嵌钉固定）

烤漆玻璃与银色金属框结合设计为背景墙，增添了很强的现代感

（2）顶面施工

装饰顶面的烤漆玻璃每一块的面积不宜超过 $1m^2$，厚度不宜大于 6mm，否则会有掉落的危险。可采取粘贴固定和框架固定两种施工方式，具体可根据设计及施工现场的条件来选择适合的施工方式。

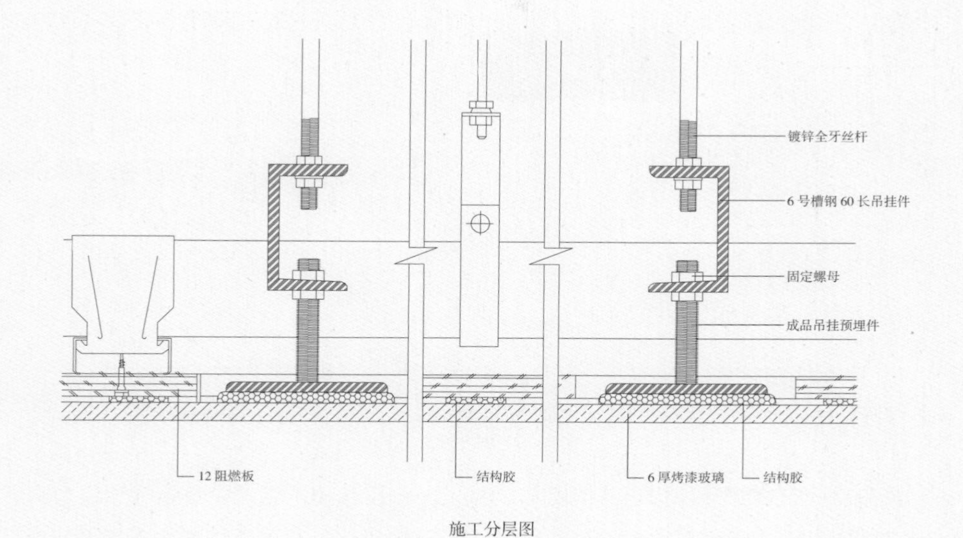
镀锌全牙丝杆
6 号槽钢 60 长吊挂件
固定螺母
成品吊挂预埋件
12 阻燃板
结构胶
6 厚烤漆玻璃
结构胶

施工分层图

黑色烤漆玻璃具有很强的时尚感，用在顶部与墙面的车边超白镜组合，时尚感更强。因为总面积超过 $1m^2$，所以进行分块施工，更安全

若觉得集中使用安全性不足时，可以将烤漆玻璃裁切成条形，与顶面造型和其他材料组合施工，既能够丰富层次又可保证安全性

小贴士

烤漆玻璃施工注意事项

①用边框固定烤漆玻璃时，玻璃要与边框留有 5mm 间隙，以适应玻璃热胀冷缩的变化。

②应做防水处理，墙面清理干净后在抹灰面上刷热沥青或其他防水材料，也可在木衬板与玻璃之间夹一层防水层。

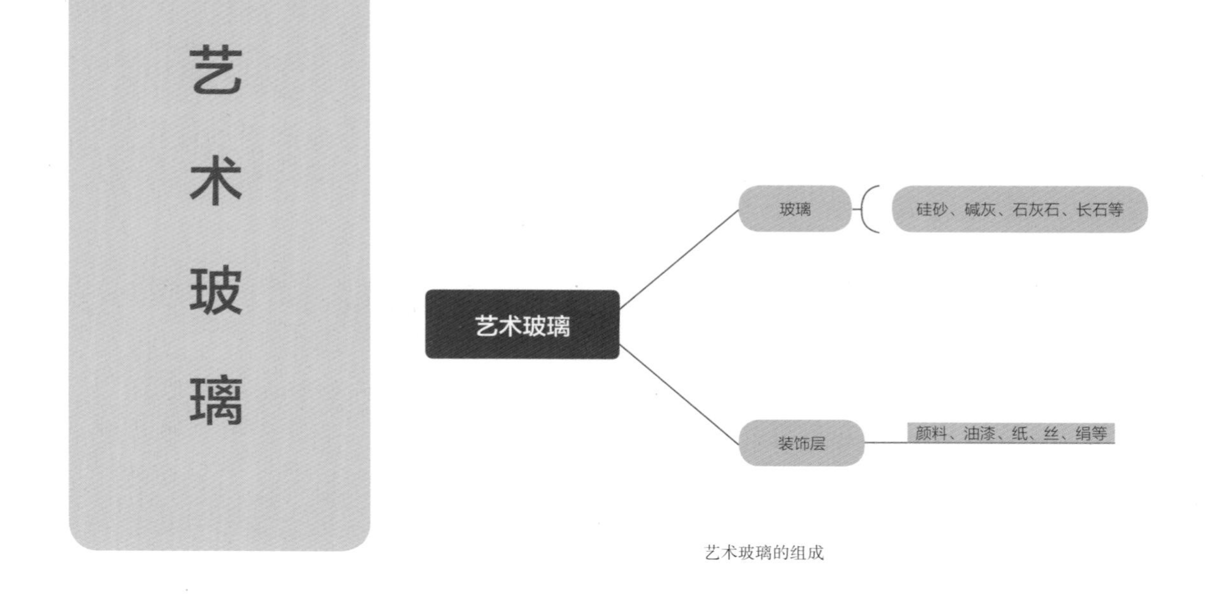
艺
术
玻
璃
艺术玻璃
玻璃
硅砂、碱灰、石灰石、长石等
装饰层
颜料、油漆、纸、丝、绢等

艺术玻璃的组成

1. 材料特点

物理性能特点：艺术玻璃是以玻璃为载体，加上一些工艺美术手法，再结合想象力实现审美主体和审美客体的相互对象化的一种装饰性建材。它将玻璃的特有质感和艺术手法相结合，款式千变万化、多种多样，且图案可定制，具有浓郁的艺术感和其他玻璃材料没有的多变性。

原料分层特点：艺术玻璃的种类较多，结构无法统一而论，从大多数品种的分层来看，可将其分为玻璃和装饰层两部分。

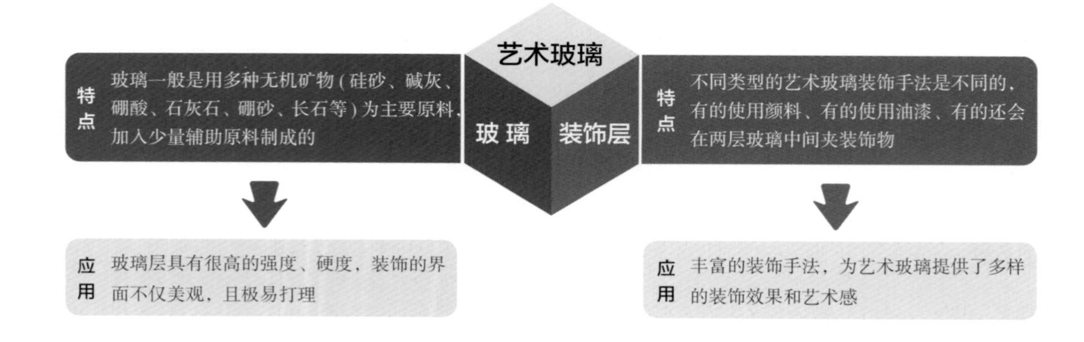
艺术玻璃
特点
玻璃一般是用多种无机矿物（硅砂、碱灰、硼酸、石灰石、硼砂、长石等）为主要原料，加入少量辅助原料制成的
玻璃
装饰层
特点
不同类型的艺术玻璃装饰手法是不同的，有的使用颜料、有的使用油漆、有的还会在两层玻璃中间夹装饰物
应用
玻璃层具有很高的强度、硬度，装饰的界面不仅美观，且极易打理
应用
丰富的装饰手法，为艺术玻璃提供了多样的装饰效果和艺术感

2. 材料分类

艺术玻璃根据制作方法的不同可分为印刷玻璃、夹层玻璃、雕刻玻璃、压花玻璃、彩绘玻璃、镶嵌玻璃、琉璃玻璃、冰裂玻璃等多种类型。

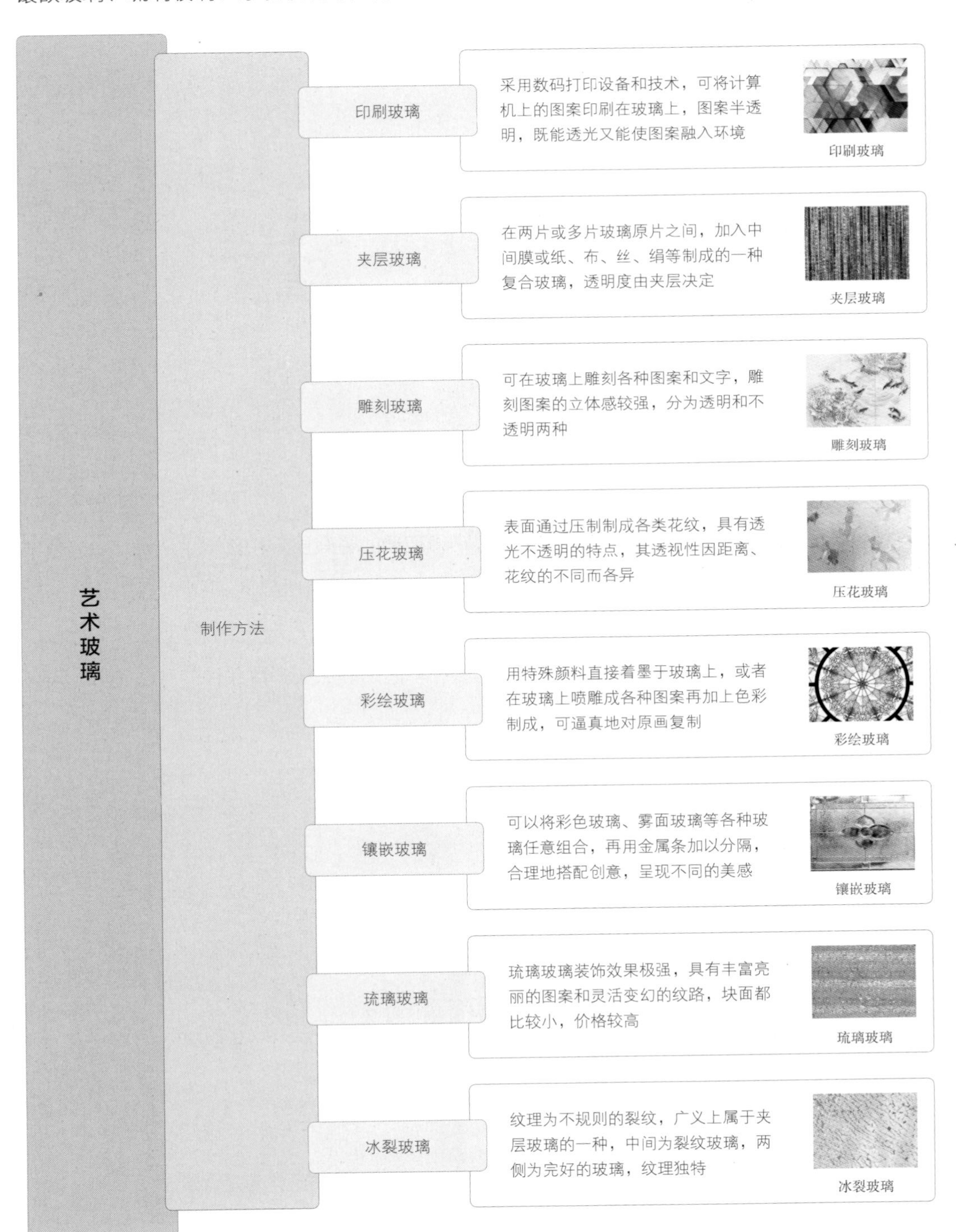

艺术玻璃
制作方法
印刷玻璃
采用数码打印设备和技术，可将计算机上的图案印刷在玻璃上，图案半透明，既能透光又能使图案融入环境
印刷玻璃
夹层玻璃
在两片或多片玻璃原片之间，加入中间膜或纸、布、丝、绢等制成的一种复合玻璃，透明度由夹层决定
夹层玻璃
雕刻玻璃
可在玻璃上雕刻各种图案和文字，雕刻图案的立体感较强，分为透明和不透明两种
雕刻玻璃
压花玻璃
表面通过压制制成各类花纹，具有透光不透明的特点，其透视性因距离、花纹的不同而各异
压花玻璃
彩绘玻璃
用特殊颜料直接着墨于玻璃上，或者在玻璃上喷雕成各种图案再加上色彩制成，可逼真地对原画复制
彩绘玻璃
镶嵌玻璃
可以将彩色玻璃、雾面玻璃等各种玻璃任意组合，再用金属条加以分隔，合理地搭配创意，呈现不同的美感
镶嵌玻璃
琉璃玻璃
琉璃玻璃装饰效果极强，具有丰富亮丽的图案和灵活变幻的纹路，块面都比较小，价格较高
琉璃玻璃
冰裂玻璃
纹理为不规则的裂纹，广义上属于夹层玻璃的一种，中间为裂纹玻璃，两侧为完好的玻璃，纹理独特
冰裂玻璃

3. 施工形式

艺术玻璃种类繁多，用途也比较广泛，但总体来说较为常见的施工形式可归纳为三种：背景墙、屏风及隔断。

（1）背景墙施工

艺术玻璃极具艺术特点且图案、尺寸均可定制，非常适合用来装饰背景墙，如客厅背景墙、餐厅背景墙、玄关背景墙等。施工方式可根据玻璃面积的大小和设计需求选择，可采取压条固定、粘贴固定、镜钉固定等形式，也可将其中的两种施工方式结合使用。

雕刻玻璃装饰过道背景墙

山水图案的彩绘玻璃与木料结合设计为客厅背景墙

艺术玻璃与金属组合设计为背景墙

（2）屏风施工

艺术玻璃作为屏风施工也是非常常见的，适合多种场合和多种风格的室内空间。可搭配木框架或金属框架，框架中间安装玻璃。屏风可以是固定式的，也可以是可折叠活动式的，具体可根据需要进行选择。

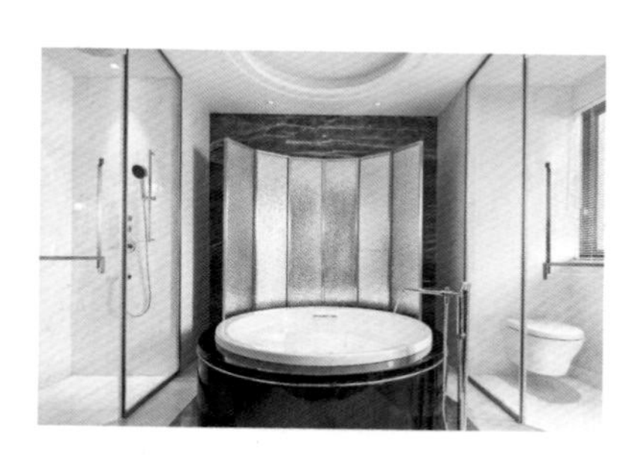

冰裂玻璃设计为可折叠活动式屏风

山水图案的印刷玻璃设计为固定式屏风

山水图案的彩绘玻璃设计为固定式屏风

（3）隔断施工

玻璃隔断施工分有框和无框两种类型。有框的安装较为便捷且更安全一些，是在顶面、地面或墙框内先固定框架，再将玻璃安装在框内的一种方式；无框玻璃隔断适合安装面积较大的玻璃，需要与吊顶配合通过顶部吊件固定。

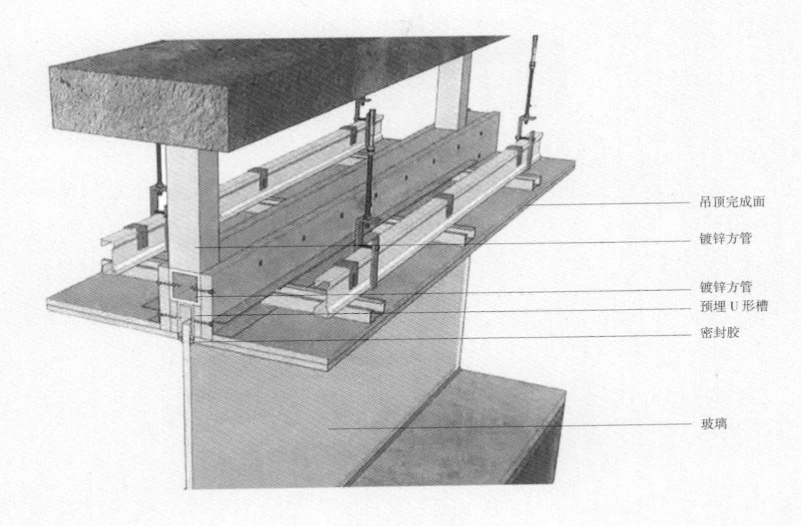
吊顶完成面
镀锌方管
镀锌方管
预埋 U 形槽
密封胶
玻璃

施工分层图

黑色夹丝玻璃具有若隐若现的效果，搭配金色的不锈钢边框，具有浓郁的现代感和时尚感

山水图案的彩绘玻璃设计为玻璃隔断，为客厅增添了悠远、古雅的意境

小贴士

艺术玻璃施工注意事项

①艺术玻璃安装前必须进行质量验收。检查玻璃是否有裂纹、磕碰，是否磨边，夹层玻璃是否有密封，尺寸、图案是否符合订货单的要求等。

②图案类的艺术玻璃在安装时，应注意拼缝必须吻合，不允许出现错位、松动和斜曲等缺陷。

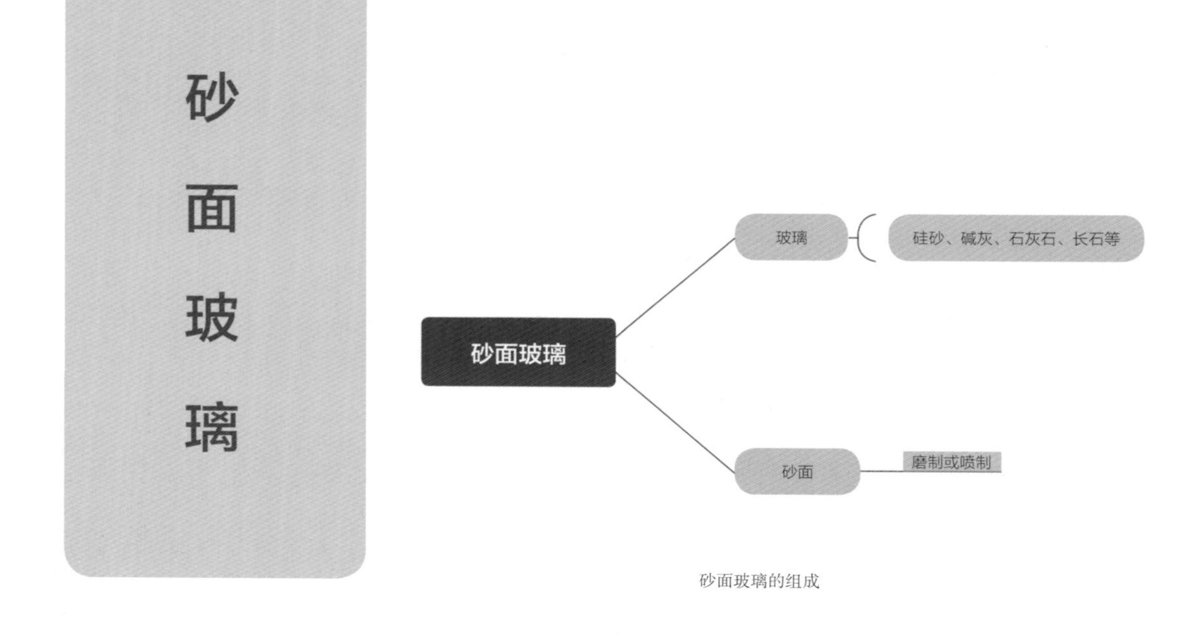
砂
面
玻
璃
砂面玻璃
玻璃
硅砂、碱灰、石灰石、长石等
砂面
磨制或喷制

砂面玻璃的组成

1. 材料特点

物理性能特点：砂面玻璃是指表面经过处理后形成凹凸不平毛面的一类玻璃，此类玻璃能使光线透过时形成散射的效果，从而形成朦胧感。具有适用范围广、施工简单、透光不透视、易清洁打理等优点。

原料分层特点：砂面玻璃按照砂面的制作方式，可分为磨砂玻璃和喷砂玻璃两类，砂面的制作方式不同，但总体来说，都可分为玻璃和砂面两部分。

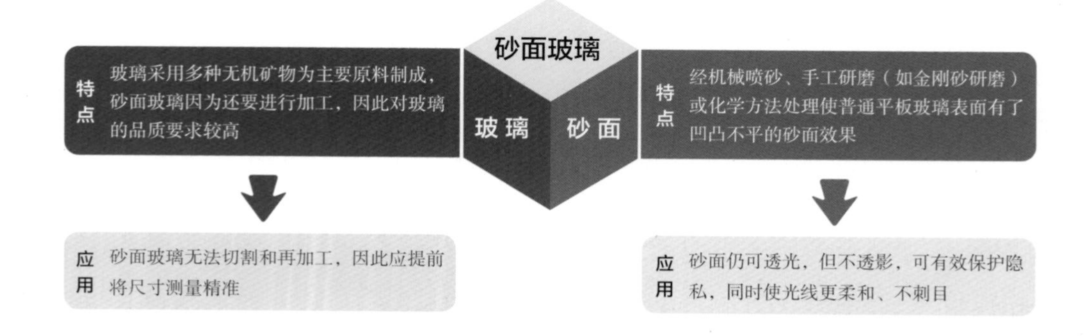
砂面玻璃
玻璃
砂面
特点
玻璃采用多种无机矿物为主要原料制成，砂面玻璃因为还要进行加工，因此对玻璃的品质要求较高
特点
经机械喷砂、手工研磨（如金刚砂研磨）或化学方法处理使普通平板玻璃表面有了凹凸不平的砂面效果
应用
砂面玻璃无法切割和再加工，因此应提前将尺寸测量精准
应用
砂面仍可透光，但不透影，可有效保护隐私，同时使光线更柔和、不刺目

2. 材料分类

砂面玻璃按照制作方式可分为磨砂玻璃和喷砂玻璃两类；根据图案可分为全砂面玻璃、条纹砂面玻璃和计算机图案砂面玻璃三种类型；根据图案的结构可分为喷花玻璃、砂雕玻璃和喷绘玻璃。

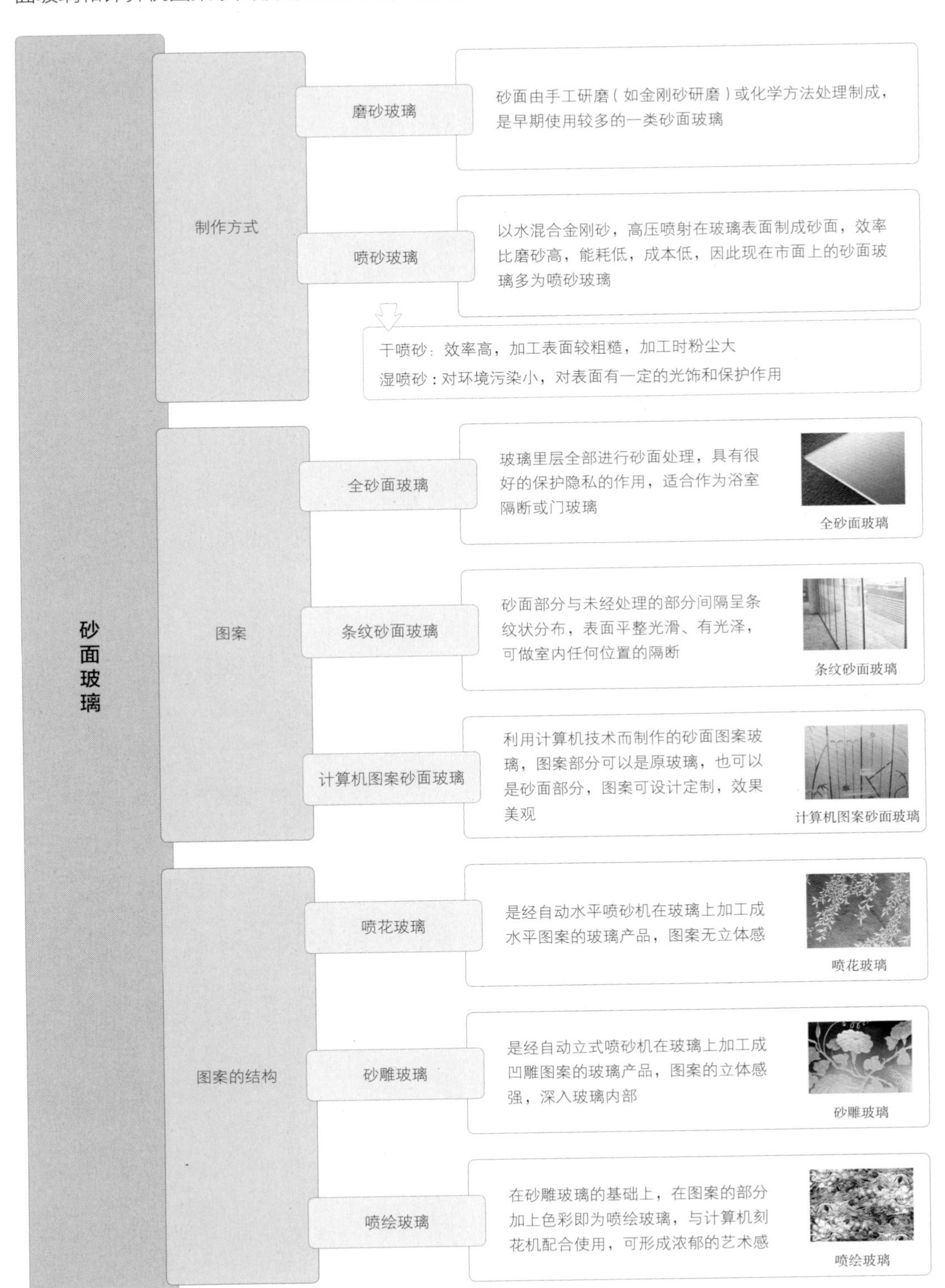
砂面玻璃
制作方式
磨砂玻璃
砂面由手工研磨（如金刚砂研磨）或化学方法处理制成，是早期使用较多的一类砂面玻璃
喷砂玻璃
以水混合金刚砂，高压喷射在玻璃表面制成砂面，效率比磨砂高，能耗低，成本低，因此现在市面上的砂面玻璃多为喷砂玻璃
干喷砂：效率高，加工表面较粗糙，加工时粉尘大
湿喷砂：对环境污染小，对表面有一定的光饰和保护作用
图案
全砂面玻璃
玻璃里层全部进行砂面处理，具有很好的保护隐私的作用，适合作为浴室隔断或门玻璃
全砂面玻璃
条纹砂面玻璃
砂面部分与未经处理的部分间隔呈条纹状分布，表面平整光滑、有光泽，可做室内任何位置的隔断
条纹砂面玻璃
计算机图案砂面玻璃
利用计算机技术而制作的砂面图案玻璃，图案部分可以是原玻璃，也可以是砂面部分，图案可设计定制，效果美观
计算机图案砂面玻璃
图案的结构
喷花玻璃
是经自动水平喷砂机在玻璃上加工成水平图案的玻璃产品，图案无立体感
喷花玻璃
砂雕玻璃
是经自动立式喷砂机在玻璃上加工成凹雕图案的玻璃产品，图案的立体感强，深入玻璃内部
砂雕玻璃
喷绘玻璃
在砂雕玻璃的基础上，在图案的部分加上色彩即为喷绘玻璃，与计算机刻花机配合使用，可形成浓郁的艺术感
喷绘玻璃

3. 施工形式

砂面玻璃具有朦胧的光影效果，非常适合设计为隔断和屏风，除此之外，还可用作门玻璃。

（1）隔断、屏风施工

砂面玻璃的隔断及屏风的施工方式与艺术玻璃相同，无框施工除了可在顶面安装 U 形槽外，当玻璃面积较大时，还可吊挂安装。用砂面玻璃做隔断，可根据隔断的面积选择适合的砂面玻璃种类。如追求美观性，可选择计算机图案的类型，设计性更强一些，图案可以是平面的，也可以是立体的。

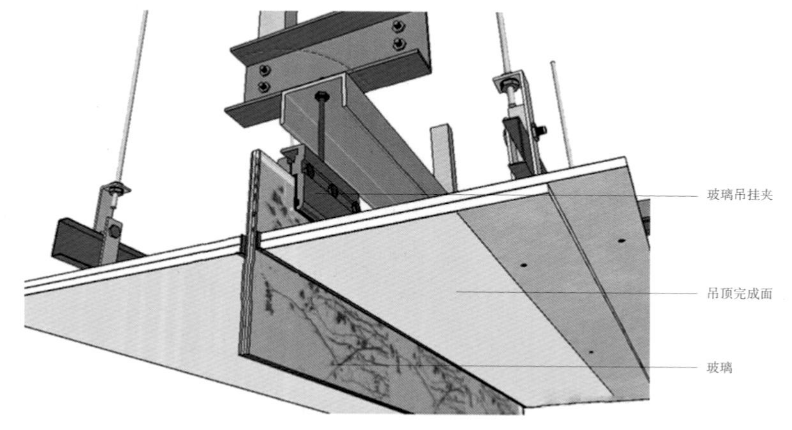
玻璃吊挂夹
吊顶完成面
玻璃

施工分层图

客厅侧面使用的是全部喷砂图案玻璃

金属马赛克与大理石组合，优雅而不乏时尚感

餐厅内使用了局部喷花的砂面玻璃隔断

（2）门玻璃施工

门玻璃有全玻门和半玻门两种类型，全玻门即除了框架外全部以玻璃为主料的一类门，如玻璃推拉门；半玻门即部分使用玻璃的一类门。由于砂面玻璃具有透光不透视的特点，因此，这两种玻璃门均可适用砂面玻璃来施工，安装玻璃的方式大同小异，均需要使用边梃、压条等来固定玻璃。

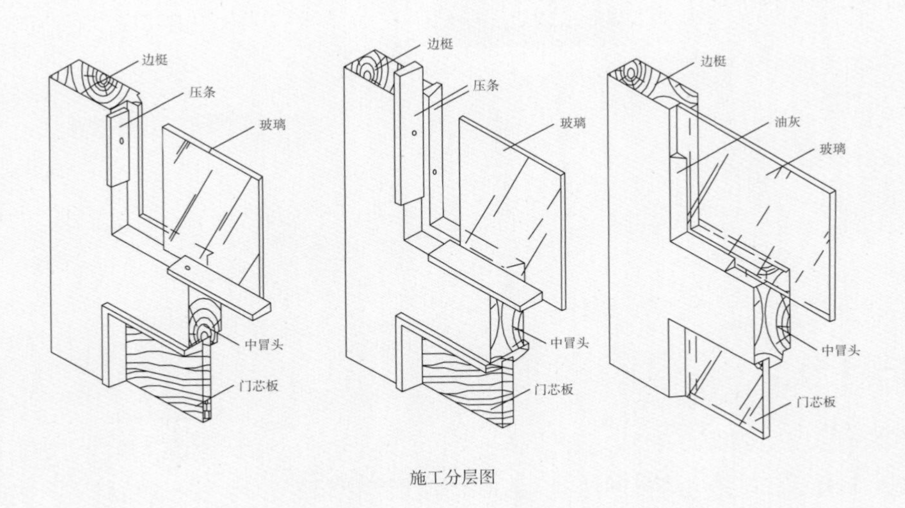

边梃
压条
玻璃
中冒头
门芯板
边梃
压条
玻璃
中冒头
门芯板
边梃
油灰
玻璃
中冒头
门芯板

施工分层图

使用砂面玻璃与白色门框组合，符合室内简约又带有一丝复古感的装饰特点，与此同时，又能满足透光不透视的使用需求

卧室套房内的卫浴间玻璃门，选择了局部喷砂图案的喷砂玻璃，在无须担心隐私的情况下，这种玻璃更利于透光，也非常时尚

小贴士

砂面玻璃施工注意事项

①玻璃安装完成后应注意周边的密封，打密封胶要认真、无遗漏，尤其是边角部位。

②砂面玻璃隔断框架若为型钢材料，则在安装之前一定要做好防腐处理。

③下料时，需反复核对现场的尺寸，以确保各部分安装连接位置的准确性。

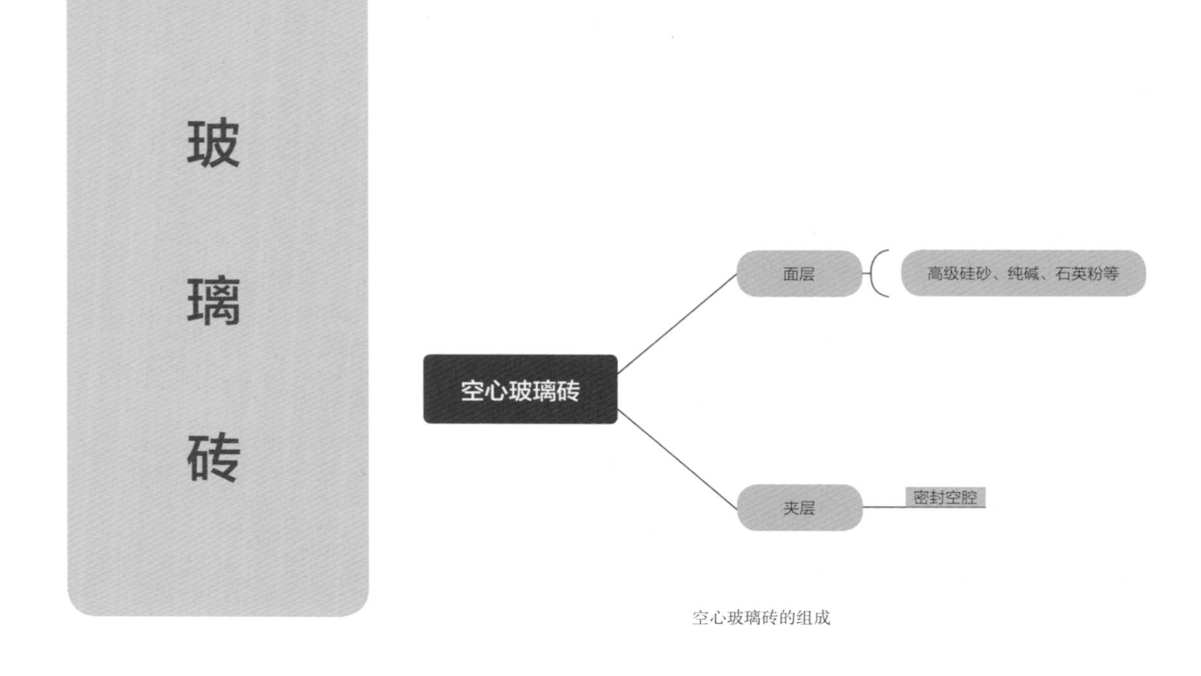
玻
璃
砖
空心玻璃砖
面层
高级硅砂、纯碱、石英粉等
夹层
密封空腔

空心玻璃砖的组成

1. 材料特点

物理性能特点：玻璃砖的色彩、款式多样，具有透光不透视、隔热、保温、隔音、防潮、防雾化、易于清洗、抗压抗击、防火等诸多性能，且具有集建筑主体和装饰性于一体的特点。在室内装修工程中，玻璃砖通常不作为饰面材料使用，而是作为结构材料使用，它可用在隔断、隔墙、地面、天花板等处。

原料分层特点：玻璃砖有空心和实心两大类，实心玻璃砖为一体式结构；空心玻璃砖是由两片玻璃制成的空心盒装玻璃制品，主要由面层和夹层两部分组成。

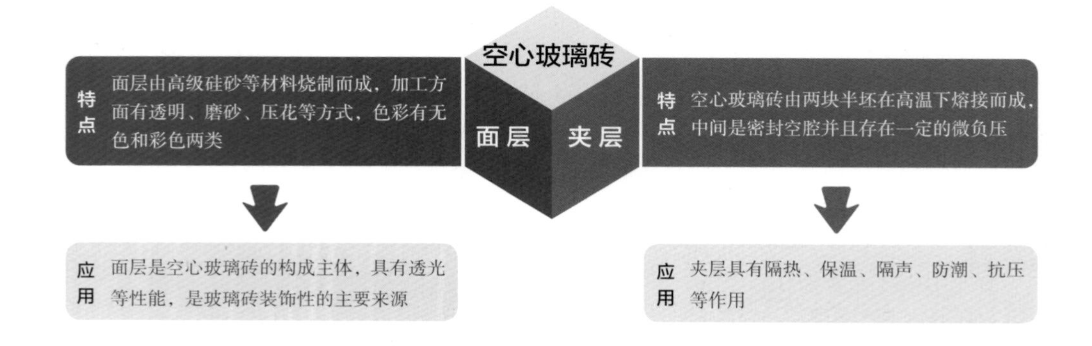
空心玻璃砖
面层
夹层
特点 面层由高级硅砂等材料烧制而成，加工方面有透明、磨砂、压花等方式，色彩有无色和彩色两类
应用 面层是空心玻璃砖的构成主体，具有透光等性能，是玻璃砖装饰性的主要来源
特点 空心玻璃砖由两块半坯在高温下熔接而成，中间是密封空腔并且存在一定的微负压
应用 夹层具有隔热、保温、隔声、防潮、抗压等作用

2. 材料分类

玻璃砖按制作工艺可分为空心玻璃砖和实心玻璃砖；按表面效果可分为光面玻璃砖、雾面玻璃砖和压花玻璃砖三类；按色彩可分为原色玻璃砖和彩色玻璃砖两类；根据生产方法可分为熔接法和胶接法。

玻璃砖
制作工艺
空心玻璃砖
由两层玻璃熔接或交接制成的一类空心盒装玻璃制品，是室内装饰工程所用玻璃砖的主流
实心玻璃砖
由两块中间圆形凹陷的玻璃体粘接而成，比空心玻璃砖重，一般只能粘贴在墙面上或依附其他加强的框架结构才能使用
表面效果
光面玻璃砖
空心玻璃砖的一种，采用完全透明的光面玻璃制作，适合用在隐私性不强的区域
光面玻璃砖
雾面玻璃砖
采用磨砂或喷砂玻璃制作，大部分为双雾面，也有单雾面的款式，透光不透视，可保证隐私性
雾面玻璃砖
压花玻璃砖
采用压花玻璃制作，装饰性较强，较适合用在隐私性不强的区域
压花玻璃砖
色彩
原色玻璃砖
使用的玻璃为玻璃本色，透明或绿玻璃本色透光性最强，有光面、磨砂、压花等类型
原色玻璃砖
彩色玻璃砖
使用的为各种颜色的彩色玻璃，透光性比原色玻璃砖弱，有光面、磨砂、压花等类型
彩色玻璃砖
生产方法
熔接法
空心玻璃砖生产方法的一种，用热熔的方式将两块玻璃连接成为空盒的方式，强度高
胶接法
空心玻璃砖生产方法的一种，用胶将两块玻璃连接成为空盒的方式，尺寸准确性高，但强度低

3. 施工形式

空心玻璃砖的施工方式可分为无框砌筑法和有框砌筑法两种。

（1）无框砌筑法

玻璃砖墙无框砌筑法即为不使用边框的一种施工方式，具体操作为：计算洞口尺寸；设置预埋件（土建施工）；洞口基础找平；调配专用砂浆；焊接专用钢筋支架、玻璃砖砌筑；砖缝勾缝；砖缝表面涂抹密封胶（与钢框连接处）。

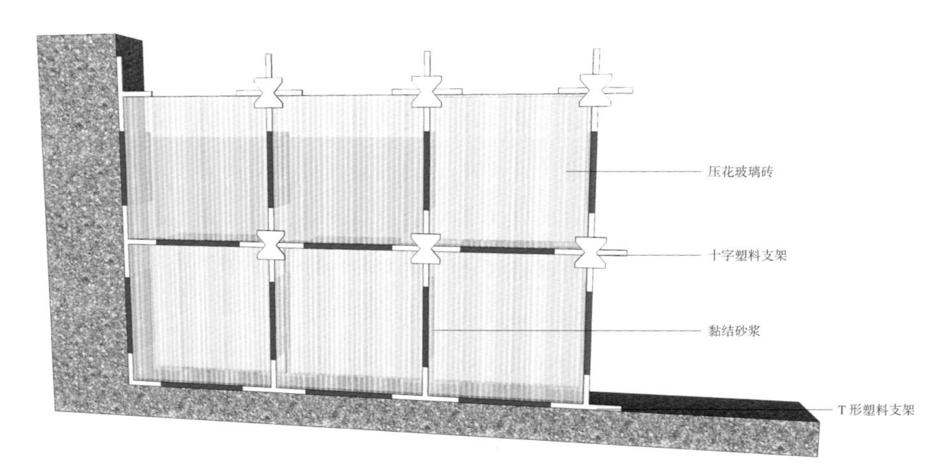
压花玻璃砖
十字塑料支架
黏结砂浆
T 形塑料支架

施工分层图

餐厅内使用了无框砌筑法砌筑的透明玻璃砖隔墙

卫浴间内使用了无框砌筑法砌筑的彩色玻璃砖隔墙

卧室内卫浴隔墙使用玻璃砖隔墙，既能保证隐私又可透光

（2）有框砌筑法

玻璃砖墙有框砌筑法即为使用外框的一种施工方式，具体操作为：计算洞口尺寸；设置预埋件（土建施工）；洞口基础找平；外框架角钢或槽钢的安装、焊接及固定；槽口安装专用膨胀垫；槽内安置隔离用涤纶膜或铝箔纸；安置固定钢筋支架的扁钢片；调配专用砂浆；焊接专用钢筋支架、玻璃砖砌筑；砖缝勾缝；砖缝表面涂抹密封胶（与钢框连接处）。

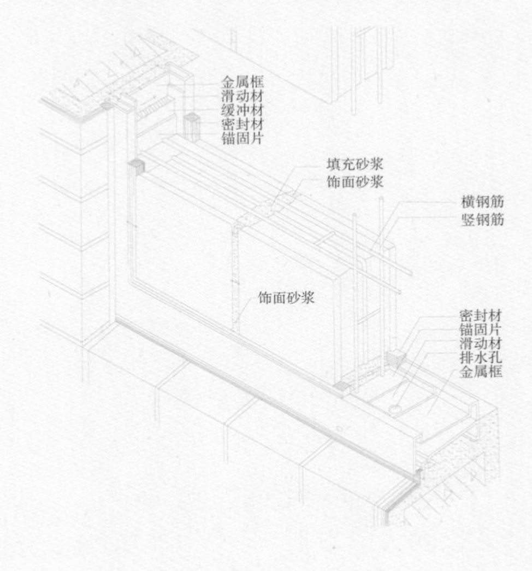
金属框
滑动材
缓冲材
密封材
锚固片
填充砂浆
饰面砂浆
横钢筋
竖钢筋
饰面砂浆
密封材
锚固片
滑动材
排水孔
金属框

施工分层图

有框的玻璃砖隔墙，边框具有固定和装饰作用

小面积玻璃砖隔墙加以木线装饰，更具美感

小贴士

玻璃砖施工注意事项

①当隔断长度或高度 >1.5m 时，在垂直方向每两层应设置一根钢筋（当长度、高度均超过 1.5m 时，设置两根钢筋）；在水平方向每隔三个垂直缝设置一根钢筋。钢筋伸入槽口不小于 35mm。

②空心玻璃砖施工时不能重重敲打或者用力撬开；砖之间的接缝大小要控制在 1~3cm 之间。

CHAPTER SEVEN

布料和皮革均属于软性饰面材料，早期仅被用于制作家具，近年来，随着人们审美的提高和对舒适性的不断追求，布料和皮革开始大量用于室内装饰工程中做饰面材料。

第七章

布料、皮革

布料最早在装饰行业中仅被用于制作家具及窗帘，而皮革则多被用于制作家具。近年来，随着人们审美的提高和对舒适性的不断追求，布料和皮革开始大量用于室内装饰工程中做饰面材料，最常用的方式为制作墙面的硬包或软包造型。

为了满足不增长的室内装饰方面的需求，布料和皮革的种类也越来越多样化，主要发展如下。

布料的创新：布料是我们生活中不可缺少的一类软装饰，也因其丰富的花纹被人们所喜爱。但用作饰面材料的布料，其创新除了体现在染色的手法方面外，主要是在质感方面的提升，因为无论软包还是硬包都属于固定装饰，不如软装一般可随时更换，选择的布料纹理不宜过于花哨，通常以素色或暗纹的款式为主。

皮革的创新：皮革的创新，表现为两方面，一是人造皮革质量和手感的不断提升，逐渐地在取代天然皮革；二是体现在对表面的处理方式上，如压花、仿古、金属效果等。除此之外，还可对表面进行刺绣、手绘等方式的加工，使其装饰性越来越丰富，表现力也越来越强大。

布料 ▶
皮革 ▶

布料根据制作原料可分为棉布、麻布、合成纤维布、再生纤维布、混纺布和丝绸布等；皮革按照制方式可分为真皮、再生皮、人造革和合成革等，特征与用途如下。

布料皮革	类别	名称	原料	种类	用途
布料皮革	布料	棉布	原料：棉线	平纹棉布、斜纹棉布、缎纹棉布等	用途：墙壁及家具的硬包、软包造型
		麻布	原料：麻丝	苎麻布、亚麻布、罗布麻布等	用途：墙壁及家具的硬包、软包造型
		合成纤维布	原料：合成纤维	涤纶、锦纶、腈纶、维纶、丙纶、氨纶等	用途：墙壁及家具的硬包、软包造型
		再生纤维布	原料：再生纤维	黏胶、铜铵、乙酯、牛奶丝、天丝、莫代尔等	用途：墙壁及家具的硬包、软包造型
		混纺布	原料：棉麻及人造合成纤维	棉麻混纺、天然纤维和合成纤维混纺等	用途：墙壁及家具的硬包、软包造型
		丝绸布	原料：蚕丝	桑蚕丝、柞蚕丝等	用途：墙壁及家具软包造型
	皮革	真皮	原料：动物皮	头层皮、二层皮等	用途：墙壁及家具的硬包、软包造型
		再生皮	原料：真皮纤维、交联纤维等	压花皮、印花皮等	用途：墙壁及家具的硬包、软包造型
		人造革	原料：树脂及各种塑料	PVC（聚氯乙烯）人造革及PU（聚氨酯）人造革等	用途：墙壁及家具的硬包、软包造型
		合成革	原料：无纺布及微孔聚氨酯	单层结构、两层结构和三层结构等	用途：墙壁及家具的硬包、软包造型

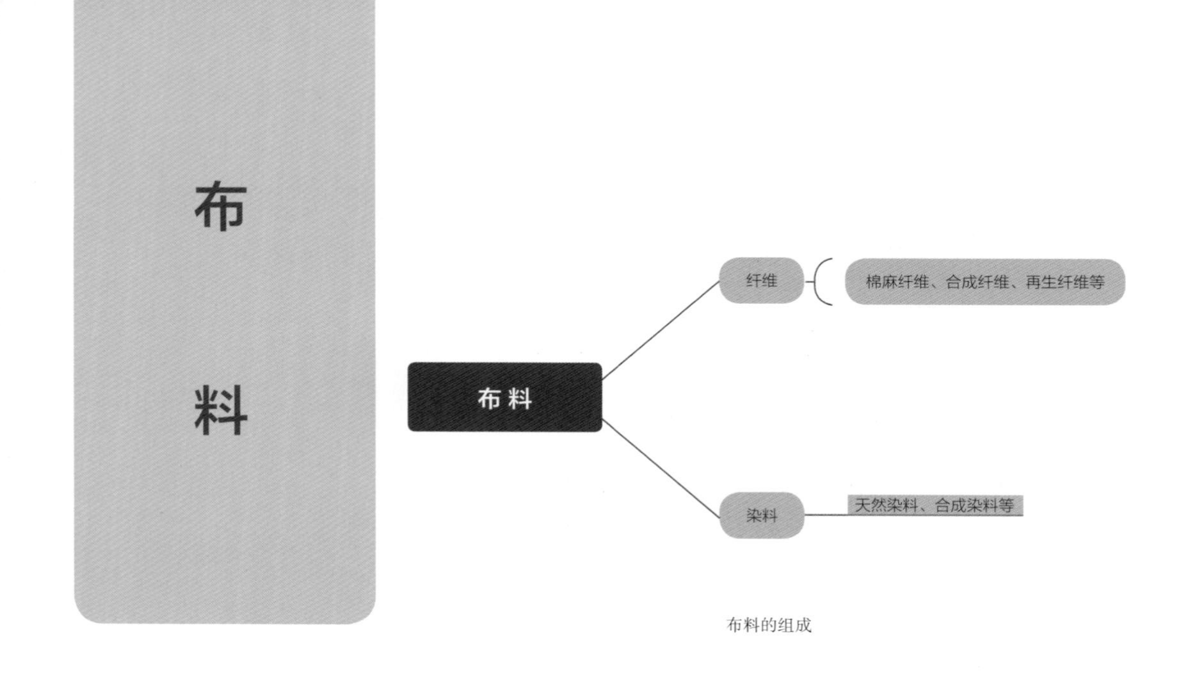
布
料
布料
纤维
棉麻纤维、合成纤维、再生纤维等
染料
天然染料、合成染料等
布料的组成

1. 材料特点

物理性能特点：作为饰面材料使用的布料，很少选择大花等花纹明显的款式，但制作方式决定了其色彩的丰富性，为设计提供了广泛的选择范围。同时它还具有柔软、温暖的触感，可以降低室内的噪声、减少回声等作用，更容易让人感觉温馨、舒适。但布料不能擦拭，做建材使用时无法拆卸清洗，因此需精心保养。

原料分层特点：布料为由各种纤维经纺织制成的一体式结构材料，按照其制作步骤来看，可以将其分成纤维和染料两部分。

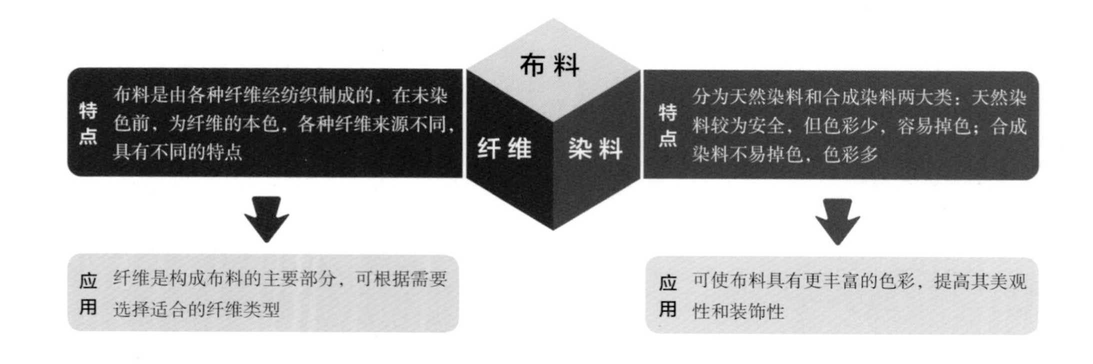
布料
纤维
染料
特点 布料是由各种纤维经纺织制成的，在未染色前，为纤维的本色，各种纤维来源不同，具有不同的特点
特点 分为天然染料和合成染料两大类：天然染料较为安全，但色彩少，容易掉色；合成染料不易掉色，色彩多
应用 纤维是构成布料的主要部分，可根据需要选择适合的纤维类型
应用 可使布料具有更丰富的色彩，提高其美观性和装饰性

2. 材料分类

作为饰面材料的布料按照材质可分为天然纤维、化学纤维、人造纤维和合成纤维四种类型；按照制作原料可分为棉布、麻布、化纤布、混纺布及真丝布等多种类型。

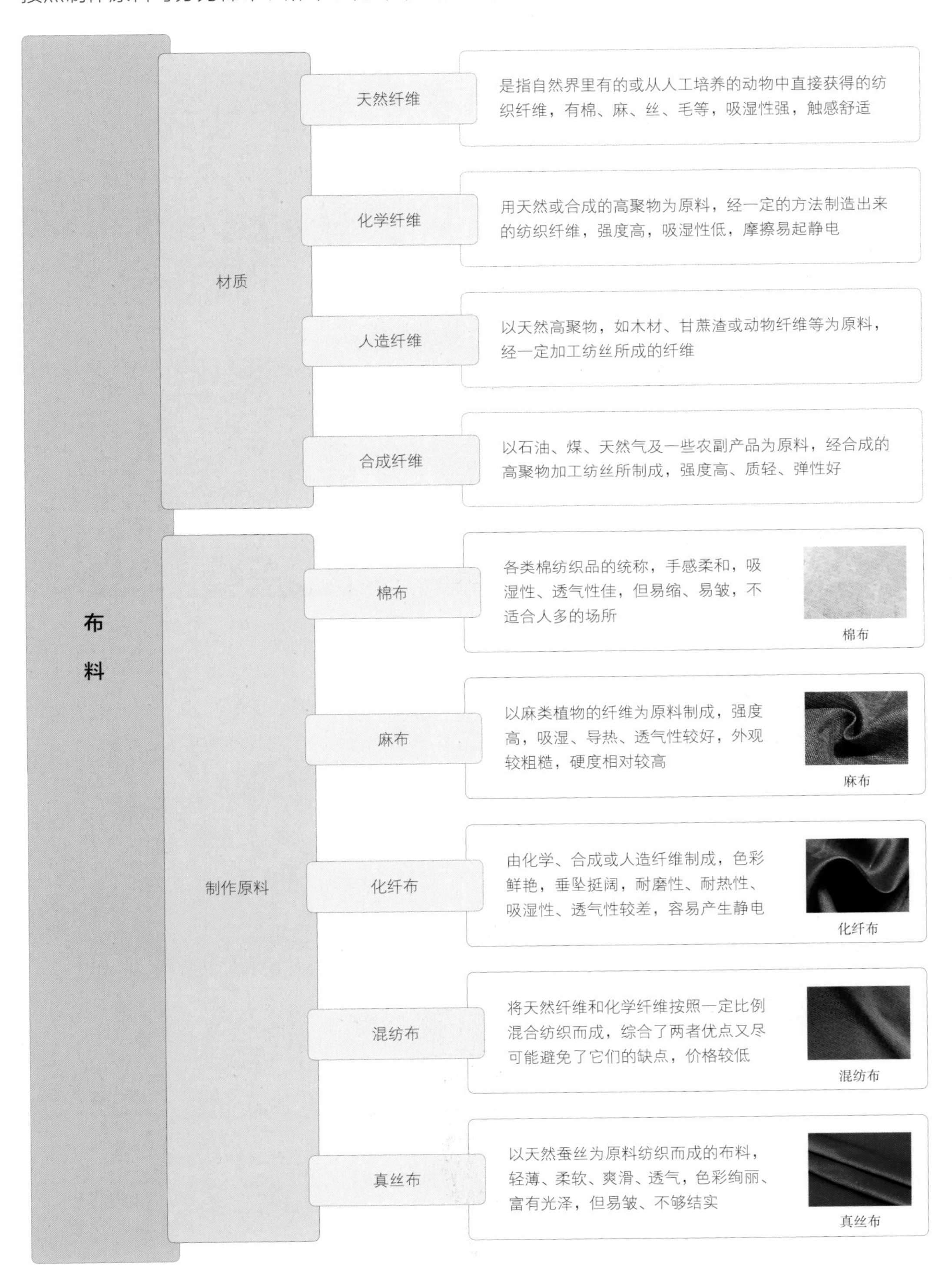

布料
材质
天然纤维
是指自然界里有的或从人工培养的动物中直接获得的纺织纤维，有棉、麻、丝、毛等，吸湿性强，触感舒适
化学纤维
用天然或合成的高聚物为原料，经一定的方法制造出来的纺织纤维，强度高，吸湿性低，摩擦易起静电
人造纤维
以天然高聚物，如木材、甘蔗渣或动物纤维等为原料，经一定加工纺丝所成的纤维
合成纤维
以石油、煤、天然气及一些农副产品为原料，经合成的高聚物加工纺丝所制成，强度高、质轻、弹性好
制作原料
棉布
各类棉纺织品的统称，手感柔和，吸湿性、透气性佳，但易缩、易皱，不适合人多的场所
棉布
麻布
以麻类植物的纤维为原料制成，强度高，吸湿、导热、透气性较好，外观较粗糙，硬度相对较高
麻布
化纤布
由化学、合成或人造纤维制成，色彩鲜艳，垂坠挺阔，耐磨性、耐热性、吸湿性、透气性较差，容易产生静电
化纤布
混纺布
将天然纤维和化学纤维按照一定比例混合纺织而成，综合了两者优点又尽可能避免了它们的缺点，价格较低
混纺布
真丝布
以天然蚕丝为原料纺织而成的布料，轻薄、柔软、爽滑、透气，色彩绚丽、富有光泽，但易皱、不够结实
真丝布

3. 施工形式

布料作为饰面材料时，与皮革一样都有硬包和软包两种施工形式，做法可互相参考。

（1）硬包施工——直接铺贴法

在墙面做硬包施工，需先安装龙骨和胶合板或阻燃板等做基层，也可直接安装板材做基层。

硬包直接铺贴是指将面料直接固定在基层板上的做法。将整个幅面的布料固定在基层板上后，中间可用线条做造型，来丰富层次，这种方式效果较为大气，但不适合太大面积的墙面。

绒面布硬包沙发区

不锈钢条搭配丝质布料，将床头墙制成了硬包造型

麻纹布硬包沙发区

（2）硬包施工——预制施工法

预制施工法是根据设计图纸将硬包材料先做成一个个的单独块体，而后将块体固定在基层板上的做法。块体可使用聚酯纤维吸音板或根据需要使用其他材料制作，多采用钉接加胶粘的方式安装。

床头墙中间设计为布艺硬包，两侧搭配软包

布艺搭配铆钉制成硬包，大气又具有个性

灰色直线条布艺硬包，具有很强的现代感

（3）软包施工

墙面软包施工同样需要先制作基层，也有几种不同做法。当分块较多或设计较复杂时，比较方便的是按照设计图纸将每部分做成单独的块体，而后固定在基层板上。如果墙体是轻体砌块墙，则需要使用轻钢龙骨；若为混凝土墙等实体墙，则可使用木龙骨。

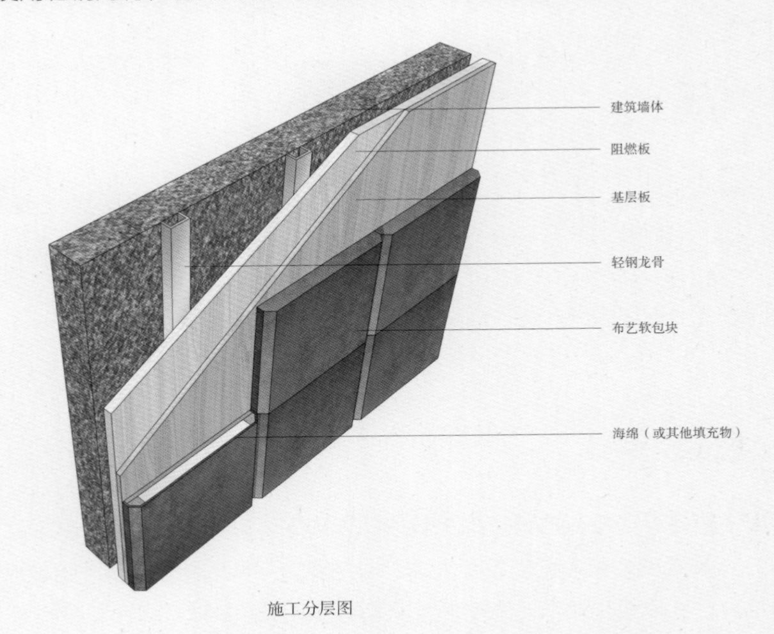

建筑墙体
阻燃板
基层板
轻钢龙骨
布艺软包块
海绵（或其他填充物）

施工分层图

床头墙采用麻纹布软包进行施工

丝质布料软包背景墙，极具高档感

小贴士

布料施工注意事项

①在安装骨架和基层板之前，墙面应进行防潮处理。若墙面不进行防潮处理，则所使用的龙骨（木龙骨）及木质基层板等木类材料均应进行防潮处理。

②基层板的拼缝处需用油腻子嵌平密实，满刮腻子 1~2 遍，干燥后用砂纸磨平，刷清油一道。

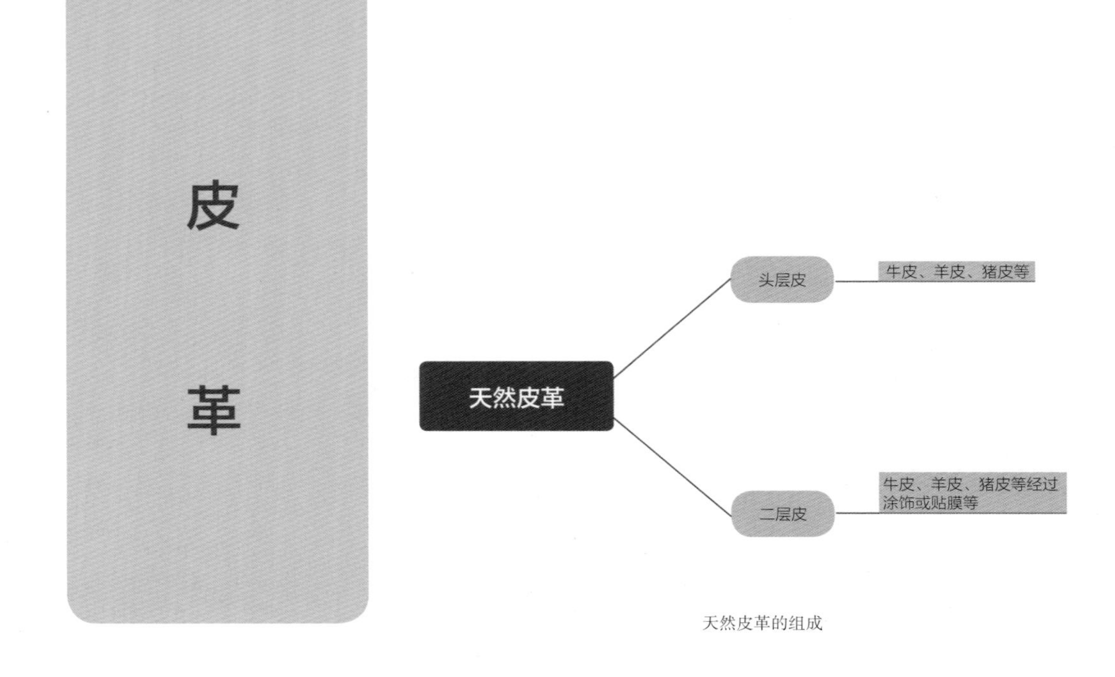
皮
革
天然皮革
头层皮
牛皮、羊皮、猪皮等
二层皮
牛皮、羊皮、猪皮等经过涂饰或贴膜等

天然皮革的组成

1. 材料特点

物理性能特点：皮革具有特殊的粒纹和光泽感，是非常高级的一种饰面材料。它按照皮革的来源可分为天然皮革和人造皮革两大类。分别具有不同的特点，其中天然皮革的原料为动物皮，更具自然感，但幅面有限；人造皮革为人工制造，色彩多样，幅面无限制。

原料分层特点：天然皮革和人造皮革的分层不同，这里以天然皮革为例进行介绍。一张天然厚皮用片皮机剖层后，头层用来做全粒面革或修面革，二层经过涂饰或贴膜等系列工序制成二层皮。

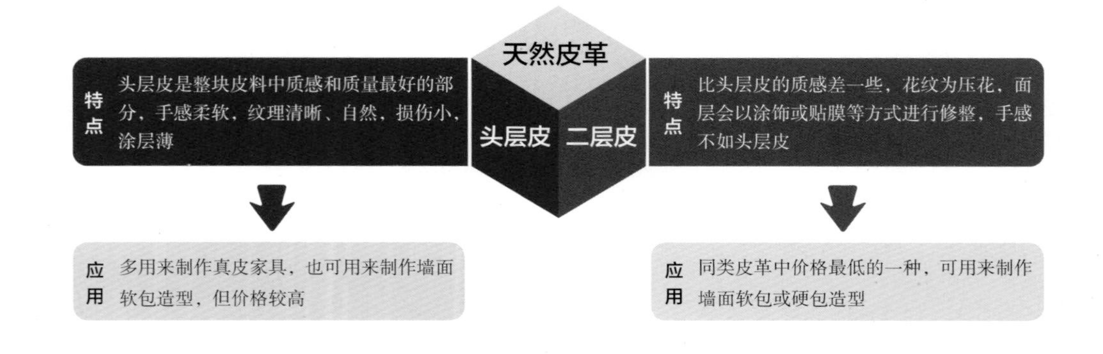
天然皮革
头层皮
二层皮
特点
头层皮是整块皮料中质感和质量最好的部分，手感柔软，纹理清晰、自然，损伤小，涂层薄
特点
比头层皮的质感差一些，花纹为压花，面层会以涂饰或贴膜等方式进行修整，手感不如头层皮
应用
多用来制作真皮家具，也可用来制作墙面软包造型，但价格较高
应用
同类皮革中价格最低的一种，可用来制作墙面软包或硬包造型

2. 材料分类

皮革根据制作原料的不同可分为天然皮革和人造皮革两类。

皮革
天然皮革
头层皮革
同类皮革中质量、手感均较好的一类产品，制作材料主要有黄牛皮和绵羊皮等，包括全粒面革和修面革两类
头层皮革
全粒面革：由伤残较少的上等原料皮加工而成，保留了完好的天然状态，涂层薄，能展现出动物皮自然的花纹美。它不仅耐磨，而且具有良好的透气性
修面革：是利用磨革机将革表面轻磨后进行涂饰，再压上相应的花纹而制成的。几乎失掉原有的表面状态，涂饰层较厚，耐磨性和透气性比全粒面革较差
二层皮革
二层皮革经过涂饰或贴膜等系列工序制成，它的牢度、耐磨性较差，制作材料主要有牛皮和猪皮等
二层皮革
人造皮革
PVC 人造革
为聚氯乙烯人造革的简称，也称为 PVC 革，强度高、成本低，装饰效果好，防水性能好，但手感无法比拟真皮
PVC 人造革
普通人造革：多以平布、帆布、再生布为底基，用直接涂覆法制成。成品手感较硬、耐磨
发泡人造革：多以针织布为底基，面层含有发泡剂，在凝胶化时发泡形成微孔结构，因而成品质轻、手感丰满、柔软
绒面人造革：俗称人造麂皮，其品种繁多，面层有绒面感
PU 人造革
用聚氨酯树脂与传统织物生产的人造革称为 PU 人造革，质量有好有坏，质量好的价格甚至高于真皮
PU 人造革
PU 合成革
以人工合成方式在以织布、无纺布（不织布）、皮革等材料的基布上形成聚氨酯树脂的膜层或类似皮革的结构
PU 合成革
牛巴革：表面类似于绒面的头层皮，强度较高
疯马革：手感光滑，柔韧结实，弹性足，手推表皮会变色
镜面革：表面光滑，光亮耀人，具有镜面效果
水洗革：有复古效果的 PU 合成革

3. 施工形式

皮革与布料一样，常见的施工形式也有软包和硬包两种。

（1）软包施工法

软包有型条软包和预制块铺贴两种施工方式，预制块施工方式可参考布料部分的内容。

型条软包：先将型条按设计图纸要求固定在墙面的衬板上，而后在型条的中间填充海绵，将皮革覆盖在海绵表面，用塞刀把皮革塞在型条里，将皮革抻平整。

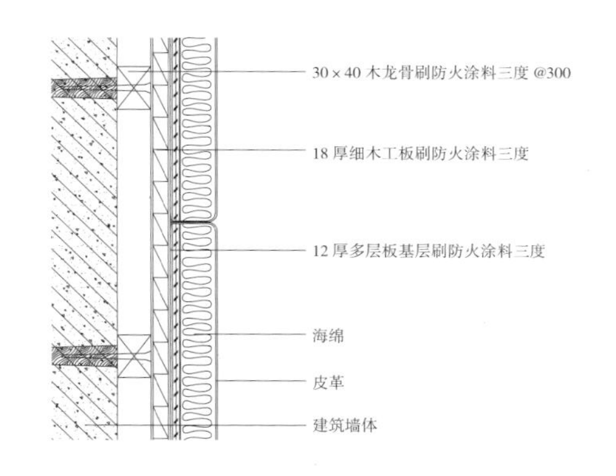
30×40 木龙骨刷防火涂料三度 @300
18 厚细木工板刷防火涂料三度
12 厚多层板基层刷防火涂料三度
海绵
皮革
建筑墙体

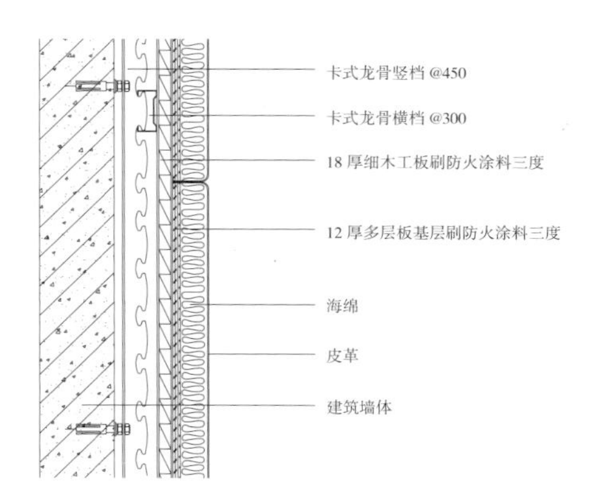
卡式龙骨竖档 @450
卡式龙骨横档 @300
18 厚细木工板刷防火涂料三度
12 厚多层板基层刷防火涂料三度
海绵
皮革
建筑墙体

施工分层图

客厅背景墙用白色皮革做软包造型，时尚而具有高级感

（2）硬包施工法

天然皮革的幅面有限，更适合分块固定，而人造皮革则有成卷铺装和分块固定两种形式。

成卷铺装：人造革可成卷供应，当较大面积施工时，可进行成卷铺装。但需注意，人造革卷材的幅面宽度应大于横向木筋中距 50~80mm。

分块固定：根据设计将皮革固定在底板上制作成硬包块，也可直接购买成品或定制成品。

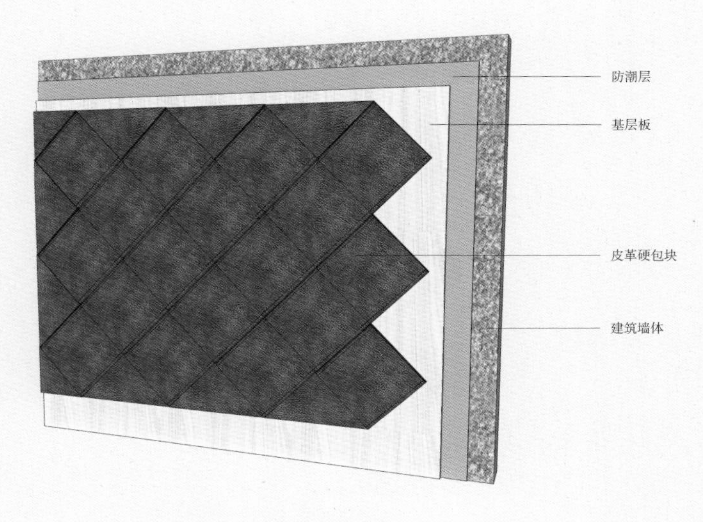
防潮层
基层板
皮革硬包块
建筑墙体

施工分层图

皮革硬包设计为顶、墙一体式的结构

经过特殊处理的皮革，具有个性的装饰效果

小贴士

皮革施工注意事项

①如墙面基层存在不平整、不垂直，有松动开裂等现象，应先对基层进行处理，墙面含水率较大时应干燥后再进行施工作业。

②安装硬包块时应先进行试拼，达到设计要求的效果后，再将其基层固定在一起。

CHAPTER EIGHT

地面覆盖材料指覆盖在建筑地面上，能够起到装饰作用和保护作用的室内装饰材料。在近十年的时间内获得了较为快速的发展，无论是种类还是款式，都有很多突破。

第八章

地面覆盖材料

地面覆盖材料指覆盖在室内空间的建筑地面上，能够起到装饰作用和保护作用的室内装饰材料。早期，人们选择地面覆盖材料多注重实用性，随着装修行业的不断发展，地面覆盖材料的装饰性也越来越受到重视，在近十年的时间内获得了较为快速的发展，无论是种类还是款式，都有很多突破。目前市面上，除了石材和瓷砖这些墙地面通用材料外，较为常用的地面覆盖材料还有地板、地毯、软性地板和水泥地材等。

其中，地板类别的地面覆盖材料从当前的普及率来看，大城市中较高，中小城市略弱。另外，其品种相对其他地面覆盖材料来说，更丰富，纹理更多样，可选择范围广，且脚感舒适，除了普通的铺装方式外，还可采用花拼来增添个性感。从各方面综合来看，其发展前景可以说是十分广阔的。

地毯在地面覆盖材料中主要是以舒适的脚感和丰富的款式取胜，有块毯和满铺地毯等类型，块毯因为使用灵活、铺装便捷，在家居空间中使用较多；满铺地毯则在公共场所中应用较多。以发展的眼光来看地毯，可预期的是更多的会以纹理的丰富性、清晰的便捷性和图案的可定制性为主。

软性地板和水泥地面覆盖材料目前的使用率不如前两种，但也有其适合的人群，特别是水泥地面覆盖材料，因为其独特的质感和个性的效果，越来越受到年轻人的喜爱。

地板花拼 ▶
方块地毯 ▶

地面覆盖材料可分为地板、地毯、软性地板和水泥地材四类，特征与用途如下。

地面覆盖材料			
地板	实木地板 原料：实木	漆饰地板和未漆饰地板等	用途：墙壁、地面、顶面
	复合木地板 原料：实木、板材	三层复合地板、多层复合地板、新型复合地板等	用途：墙壁、地面、顶面
	强化地板 原料：板材、装饰纸	水晶面强化地板和浮雕面强化地板等	用途：墙壁、地面、顶面
	竹地板 原料：竹材	竹制地板和竹木复合地板等	用途：墙壁、地面、顶面
地毯	块毯	块毯、拼块毯	用途：非潮湿区域地面
	满铺地毯	手工地毯、簇绒地毯、威尔顿地毯、阿克明斯特地毯等	用途：非潮湿区域地面
软质地板	PVC 地板 原料：聚氯乙烯	卷材和片材等	用途：非潮湿区域地面
	亚麻地板 原料：亚麻籽油、石灰石等	单色及双色亚麻地板等	用途：非潮湿区域地面
水泥地材	常规水泥地材 原料：水泥	普通水泥及水泥粉光等	用途：墙壁、地面、台面
	特殊水泥地材 原料：水泥、环氧地坪涂料	自流平及磐多魔等	用途：墙壁、地面、顶面

实
木
地
板

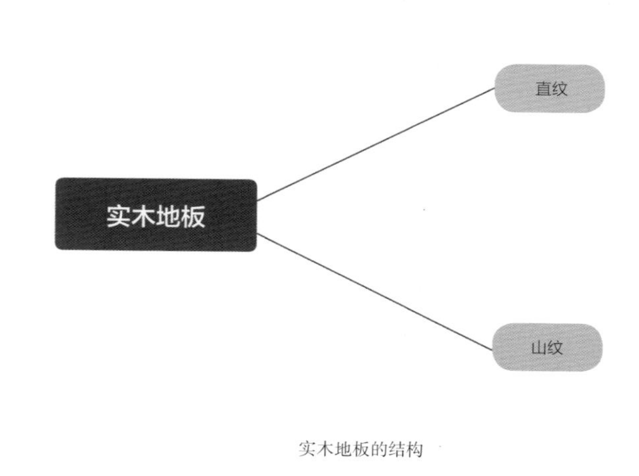
实木地板
直纹
山纹
实木地板的结构

1. 材料特点

物理性能特点：实木地板又名原木地板，是天然木材经烘干、加工后制成的地面装饰建材。它具有木材自然生长的纹理，色泽天然，给人柔和、亲切的感觉，同时具有脚感舒适、可调节湿度、冬暖夏凉、隔音吸音、使用安全等优点，是地面饰面材料中的高档品。

原料分层特点：实木地板的原料与实木板相同，也是各类树木的树干。一整根圆木树干可分为上、中、下和树头四部分，实木地板使用的多为树干的下部分。根据下料方向的不同，实木地板有直纹和山纹两种板材。

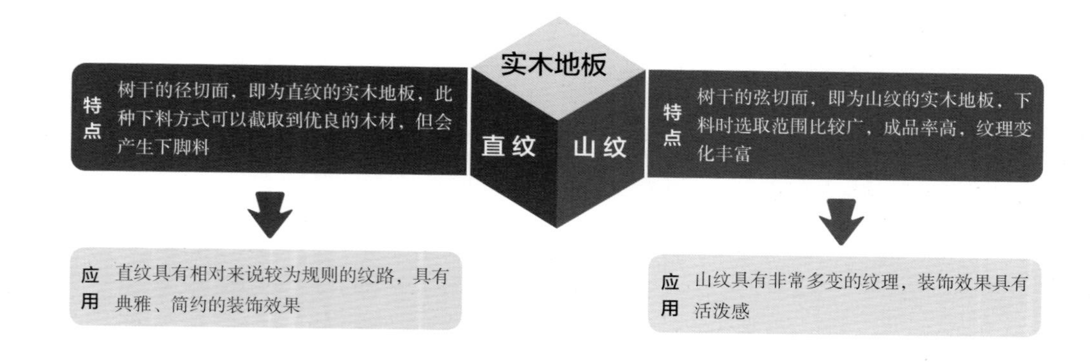
实木地板
直纹
山纹
特点 树干的径切面，即为直纹的实木地板，此种下料方式可以截取到优良的木材，但会产生下脚料
应用 直纹具有相对来说较为规则的纹路，具有典雅、简约的装饰效果
特点 树干的弦切面，即为山纹的实木地板，下料时选取范围比较广，成品率高，纹理变化丰富
应用 山纹具有非常多变的纹理，装饰效果具有活泼感

2. 材料分类

实木地板按铺装方式不同可分为榫接地板、平接地板、锁扣地板等；按表面是否涂饰可分为涂饰地板及未涂饰地板（俗称素板）；按照树种可分为番龙眼地板、橡木地板、金刚柚木地板、桦木地板等。

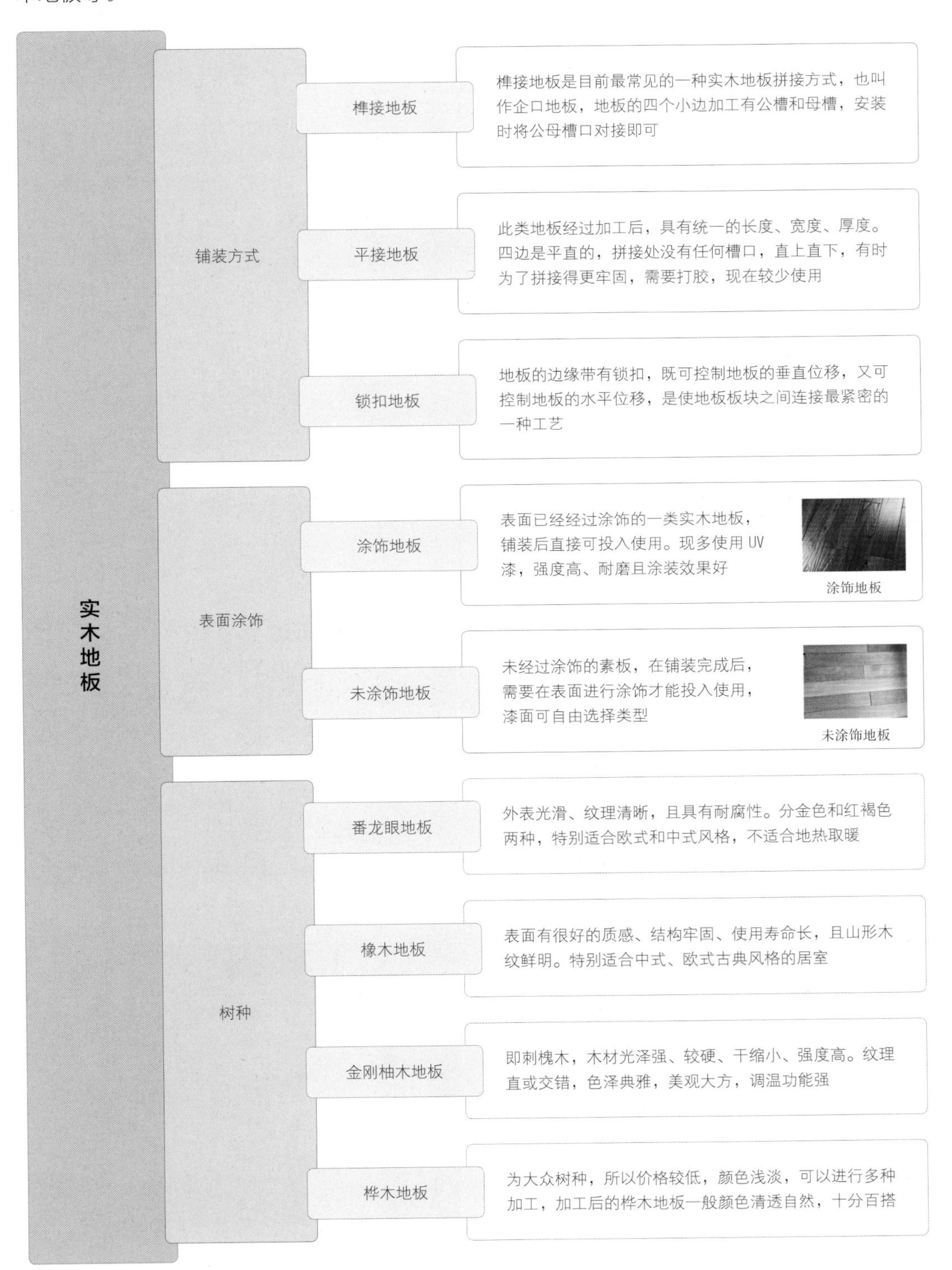

实木地板
铺装方式
榫接地板
榫接地板是目前最常见的一种实木地板拼接方式，也叫作企口地板，地板的四个小边加工有公槽和母槽，安装时将公母槽口对接即可
平接地板
此类地板经过加工后，具有统一的长度、宽度、厚度。四边是平直的，拼接处没有任何槽口，直上直下，有时为了拼接得更牢固，需要打胶，现在较少使用
锁扣地板
地板的边缘带有锁扣，既可控制地板的垂直位移，又可控制地板的水平位移，是使地板板块之间连接最紧密的一种工艺
表面涂饰
涂饰地板
表面已经经过涂饰的一类实木地板，铺装后直接可投入使用。现多使用UV漆，强度高、耐磨且涂装效果好
涂饰地板
未涂饰地板
未经过涂饰的素板，在铺装完成后，需要在表面进行涂饰才能投入使用，漆面可自由选择类型
未涂饰地板
树种
番龙眼地板
外表光滑、纹理清晰，且具有耐腐性。分金色和红褐色两种，特别适合欧式和中式风格，不适合地热取暖
橡木地板
表面有很好的质感、结构牢固、使用寿命长，且山形木纹鲜明。特别适合中式、欧式古典风格的居室
金刚柚木地板
即刺槐木，木材光泽强、较硬、干缩小、强度高。纹理直或交错，色泽典雅，美观大方，调温功能强
桦木地板
为大众树种，所以价格较低，颜色浅淡，可以进行多种加工，加工后的桦木地板一般颜色清透自然，十分百搭

3. 施工形式

实木地板施工包括单层龙骨铺设法和双层龙骨铺设法两种形式。

（1）单层龙骨铺设法

单层龙骨铺设法，首先需要在地面上用木龙骨搭好龙骨架，间距400mm左右，若面积大时，可加设横撑。而后在龙骨架上铺设实木地板，适合抗弯强度足够的一类实木地板。地面需做防潮，或者可在龙骨与地板之间架设防潮垫。

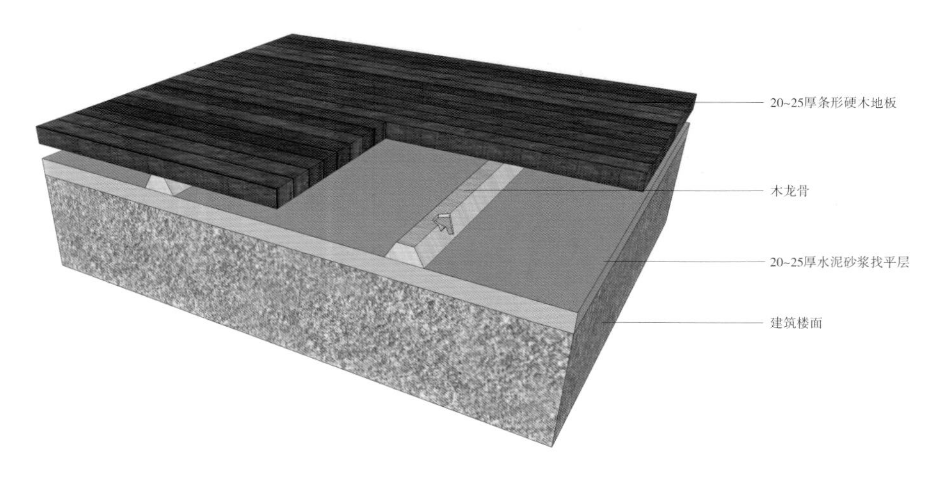
20~25厚条形硬木地板
木龙骨
20~25厚水泥砂浆找平层
建筑楼面

施工分层图

小尺寸高强度实木地板可采用单层龙骨铺设法施工

板块略大但强度足够的实木地板，也可采用单层龙骨铺装法施工

斜铺需找好角度，并建议在龙骨架上加设加横撑

（2）双层龙骨铺设法

双层龙骨铺设法与单层龙骨铺设法一样，都需要先在地面上用木龙骨搭好龙骨架，间距均相同。双层龙骨铺设法在龙骨架安装完成后，需先铺装一层毛地板，毛地板上铺设防潮层，而后铺设实木地板。这样做不仅能加强地面整体的防潮能力，也能使脚感更加舒适、柔软，但造价更高一些。适合抗弯强度不足的企口地板、拼花地板等类型的实木地板。

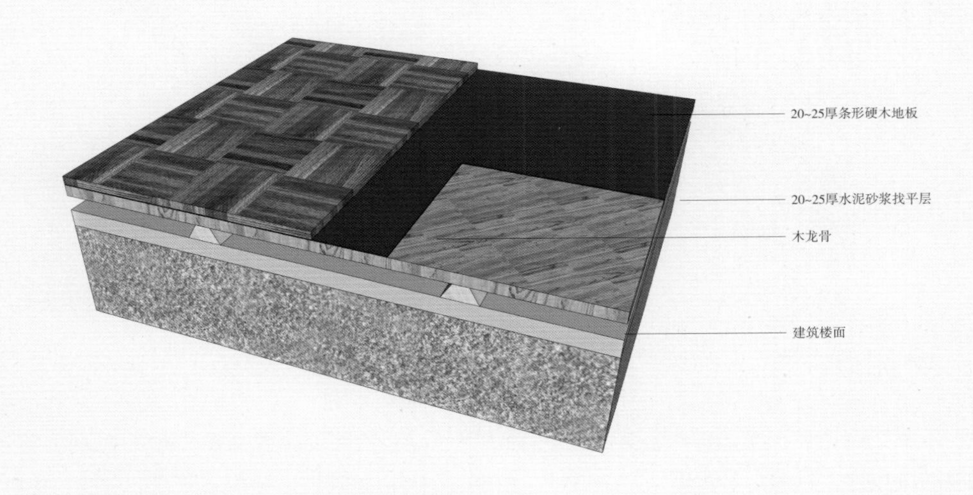
20~25厚条形硬木地板
20~25厚水泥砂浆找平层
木龙骨
建筑楼面

施工分层图

拼花铺设的实木地板，需采取双层龙骨铺设法

简单的拼花形式，即可提升实木地板的个性感

小贴士

实木地板施工注意事项

①龙骨应选用握钉力较强的落叶松、柳桉等；铺设应平整牢固。

②地板不宜铺得太紧，四周留 0.5 ~1.2cm 的伸缩缝，且不宜超宽铺设。

③毛地板可使用优质胶合板、刨花板或松木板条拼装，应铺设成斜角 30° 或 45° 以减少应力。

复合木地板

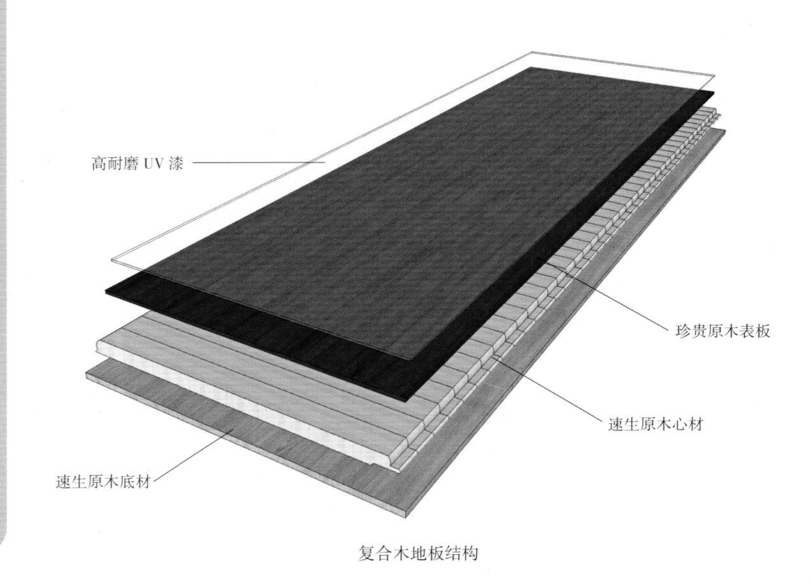
高耐磨UV漆
珍贵原木表板
速生原木心材
速生原木底材

复合木地板结构

1. 材料特点

物理性能特点：复合木地板即为实木复合地板，它同时兼具有实木地板的美观性与强化复合地板的稳定性。具有自然美观，脚感舒适，耐磨、耐热、耐冲击，阻燃、防霉、防蛀，隔音、保温，不易变形，铺设方便等优点。实木复合地板的种类丰富，适合多种风格的家居使用。它与实木地板一样，不适合厨房、卫生间等易沾水、潮湿的空间。

原料分层特点：实木复合地板由多层结构组成，以三层实木复合地板为例，它是由三层不同种类的实木结构交错层压而成的，可将其结构分成基层和面层两大部分。

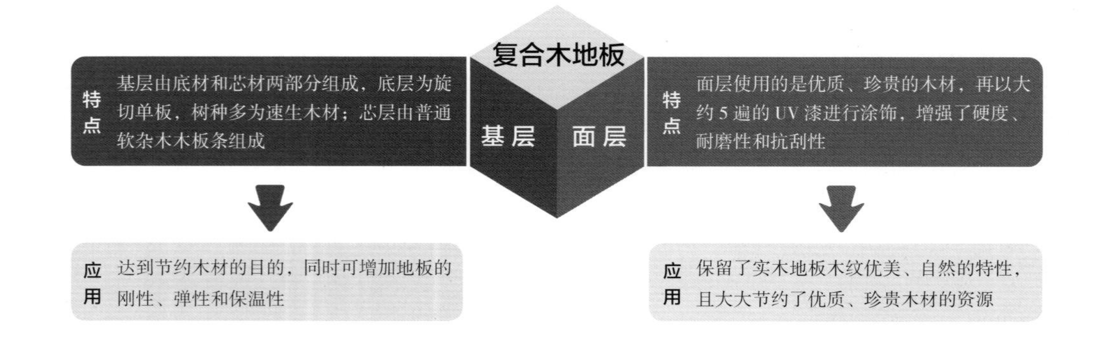
复合木地板
基层
面层
特点
基层由底材和芯材两部分组成，底层为旋切单板，树种多为速生木材；芯层由普通软杂木木板条组成
应用
达到节约木材的目的，同时可增加地板的刚性、弹性和保温性
特点
面层使用的是优质、珍贵的木材，再以大约5遍的UV漆进行涂饰，增强了硬度、耐磨性和抗刮性
应用
保留了实木地板木纹优美、自然的特性，且大大节约了优质、珍贵木材的资源

2. 材料分类

实木复合地板按照结构可分为两层实木复合地板、三层实木复合地板和多层实木复合地板三种类型；按照面层工艺可分为漆面工艺、浮雕工艺等；按板材厚度可分为 1.2cm、1.5cm 和 1.8~2.0cm 三种。

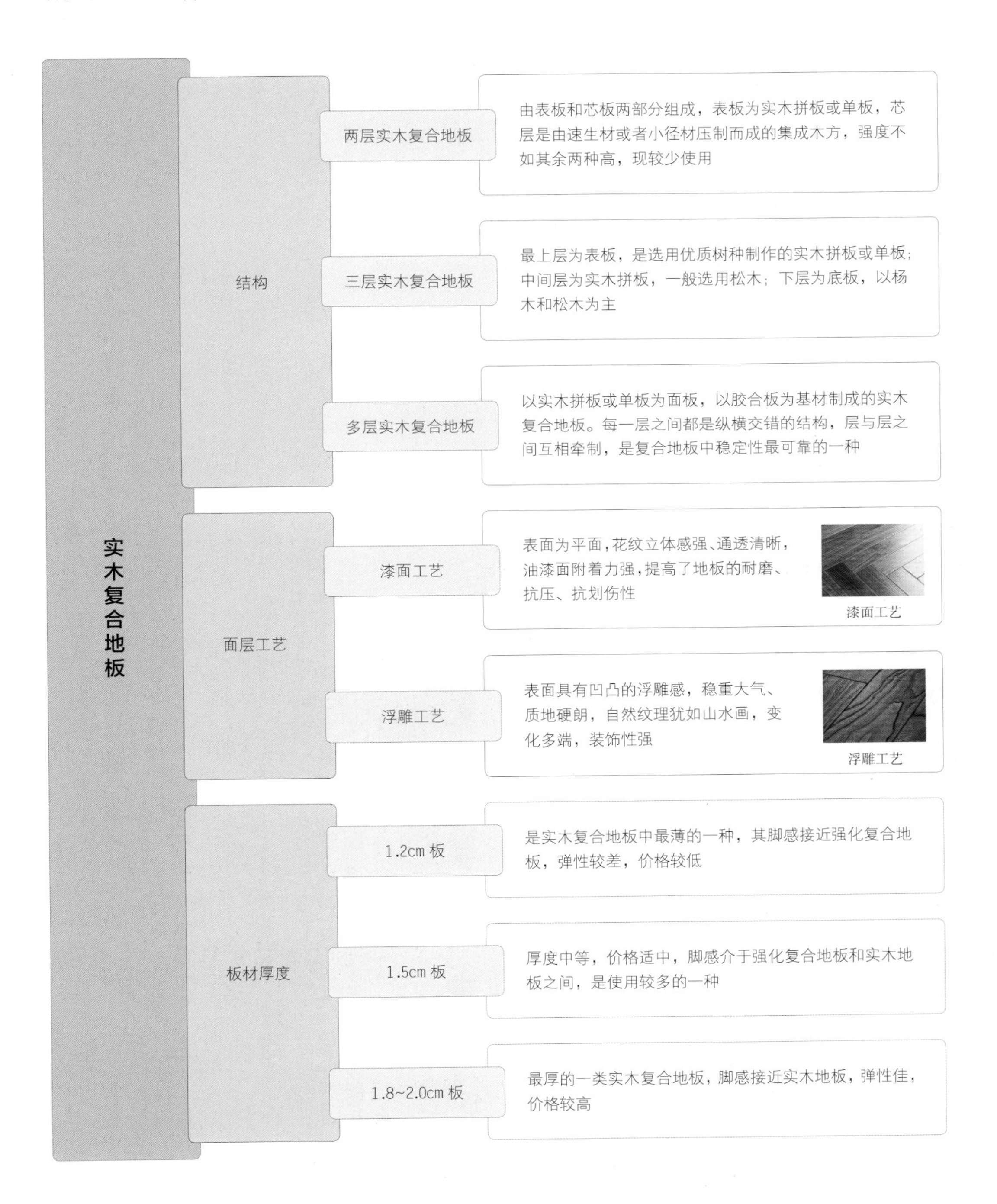
实木复合地板
结构
两层实木复合地板
由表板和芯板两部分组成，表板为实木拼板或单板，芯层是由速生材或者小径材压制而成的集成木方，强度不如其余两种高，现较少使用
三层实木复合地板
最上层为表板，是选用优质树种制作的实木拼板或单板；中间层为实木拼板，一般选用松木；下层为底板，以杨木和松木为主
多层实木复合地板
以实木拼板或单板为面板，以胶合板为基材制成的实木复合地板。每一层之间都是纵横交错的结构，层与层之间互相牵制，是复合地板中稳定性最可靠的一种
面层工艺
漆面工艺
表面为平面，花纹立体感强、通透清晰，油漆面附着力强，提高了地板的耐磨、抗压、抗划伤性
漆面工艺
浮雕工艺
表面具有凹凸的浮雕感，稳重大气、质地硬朗，自然纹理犹如山水画，变化多端，装饰性强
浮雕工艺
板材厚度
1.2cm 板
是实木复合地板中最薄的一种，其脚感接近强化复合地板，弹性较差，价格较低
1.5cm 板
厚度中等，价格适中，脚感介于强化复合地板和实木地板之间，是使用较多的一种
1.8~2.0cm 板
最厚的一类实木复合地板，脚感接近实木地板，弹性佳，价格较高

3. 施工形式

实木复合地板除了可采用实木地板的铺设方法外，最常采用的是悬浮铺设法和架高铺设法。

（1）悬浮铺设法

悬浮铺设法即先在地面铺设防潮垫而后铺设地板的一种施工方式。需先对基层进行处理，如找平、修补等。防潮垫为聚乙烯泡沫塑料薄膜，为宽度 1000cm 的卷材。用它垫在实木复合地板下可增加地板的防潮能力，增加地板的弹性及稳定性，减少行走时产生的声音。

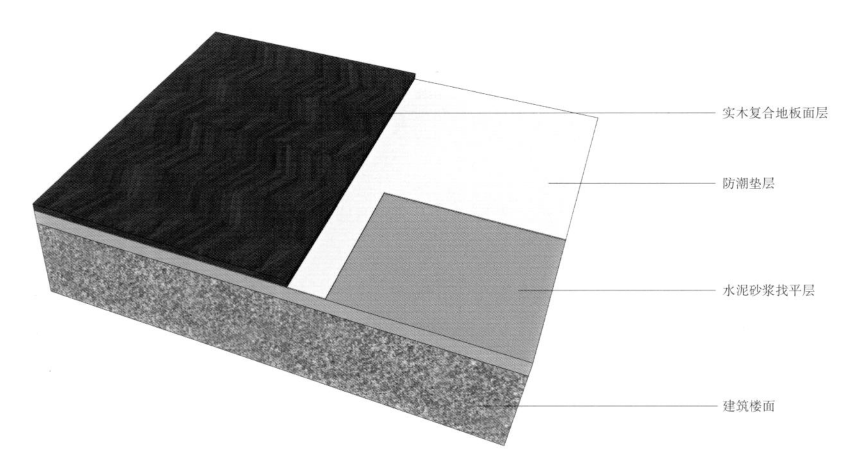
实木复合地板面层
防潮垫层
水泥砂浆找平层
建筑楼面

施工分层图

直铺错缝是最常见的一种铺设方式，简洁、大方

小面积居室，可斜铺来增加个性

地板表面的薄木层生产时就可做好拼花，复古风格可选此类

除了铺设地面外，还可将墙面、地面一起铺设

（2）架高铺设法

架高铺设法是用铺垫宝代替龙骨架的一种施工方式。铺垫宝是一种挤塑板，其厚度比龙骨薄，可以减少龙骨对层高的占用。具体的施工方式与悬浮铺设法类似，不同的是需要在防潮垫与地面找平层之间架铺一层铺垫宝。在地面采用实木复合地板与其他材质混合铺设，但地板部分高度不足或想要使实木复合地板的脚感更舒适等情况下，均可采用此种方式铺设。

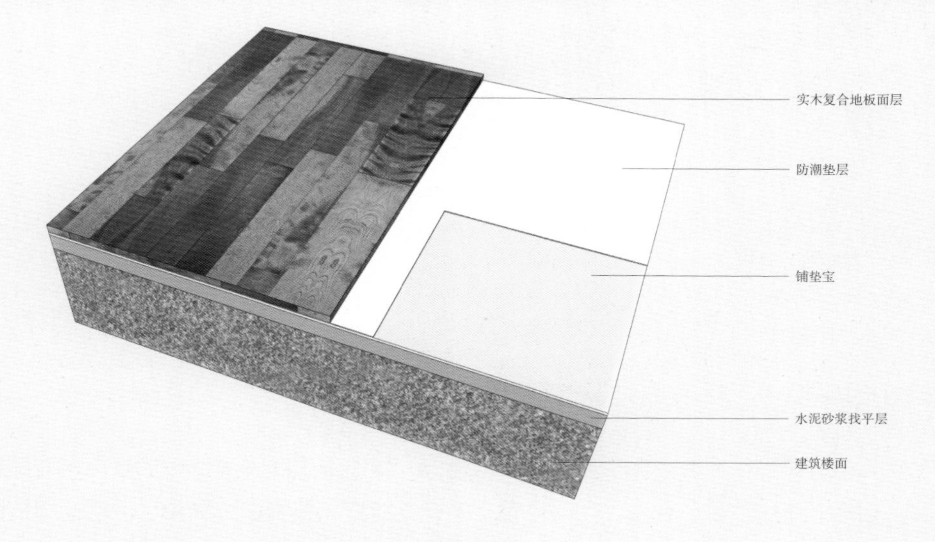
实木复合地板面层
防潮垫层
铺垫宝
水泥砂浆找平层
建筑楼面

施工分层图

卧室可叠加铺垫宝，增加舒适性的同时还可吸音

小面积空间横向铺贴会显得更宽敞一些

小贴士

实木复合地板施工注意事项

①防潮垫厚度为 3mm 最佳，需铺平，接缝处要并拢，不能重叠，接口处用宽胶带密封。

②铺设时，要错缝安排板块，这样交叉铺设不易松动，地板拼合后需用工具敲紧。

③安装踢脚线时，接头要做得紧密、平齐，且要保证能压住地板和墙之间的缝隙。

强化地板

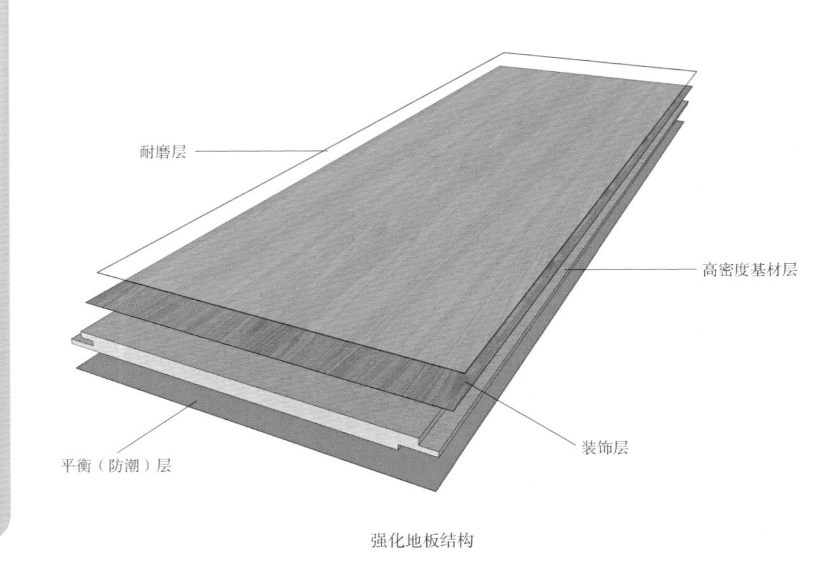
耐磨层
高密度基材层
装饰层
平衡（防潮）层

强化地板结构

1. 材料特点

物理性能特点：强化地板俗称“金刚板”，也称为浸渍纸层压木质地板、强化木地板。它不需要打蜡，耐磨、稳定性好，色彩、花样丰富，防火性能好，日常护理简单。价格选择范围大，各阶层的消费者都可以找到适合的款式。但它的甲醛含量容易超标，选购时需仔细检测。

原料分层特点：强化地板是以一层或多层专用纸浸渍热固性氨基树脂，铺装在刨花板、高密度纤维板等人造板基材表层，背面加平衡（防潮）层，正面加耐磨层和装饰层，经热压、成型制成。结构分为耐磨层、装饰层、高密度基材层、平衡（防潮）层四层，总体来说可分为基层和面层两部分。

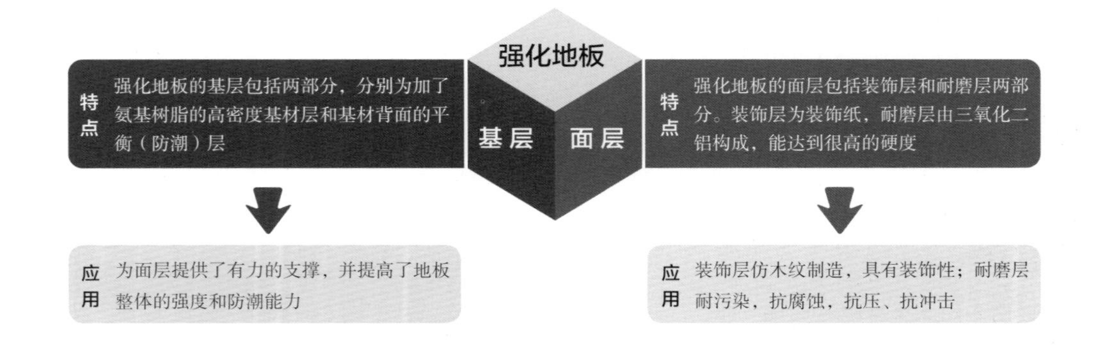
强化地板
基层
面层
特点
强化地板的基层包括两部分，分别为加了氨基树脂的高密度基材层和基材背面的平衡（防潮）层
应用
为面层提供了有力的支撑，并提高了地板整体的强度和防潮能力
特点
强化地板的面层包括装饰层和耐磨层两部分。装饰层为装饰纸，耐磨层由三氧化二铝构成，能达到很高的硬度
应用
装饰层仿木纹制造，具有装饰性；耐磨层耐污染、抗腐蚀，抗压、抗冲击

2. 材料分类

强化地板按表面涂层分有三氧化二铝、三聚氰胺及钢琴漆面等；按规格分有标准板、宽板和窄板等；按地板特性分有锁扣板、静音板、防水板等类型。

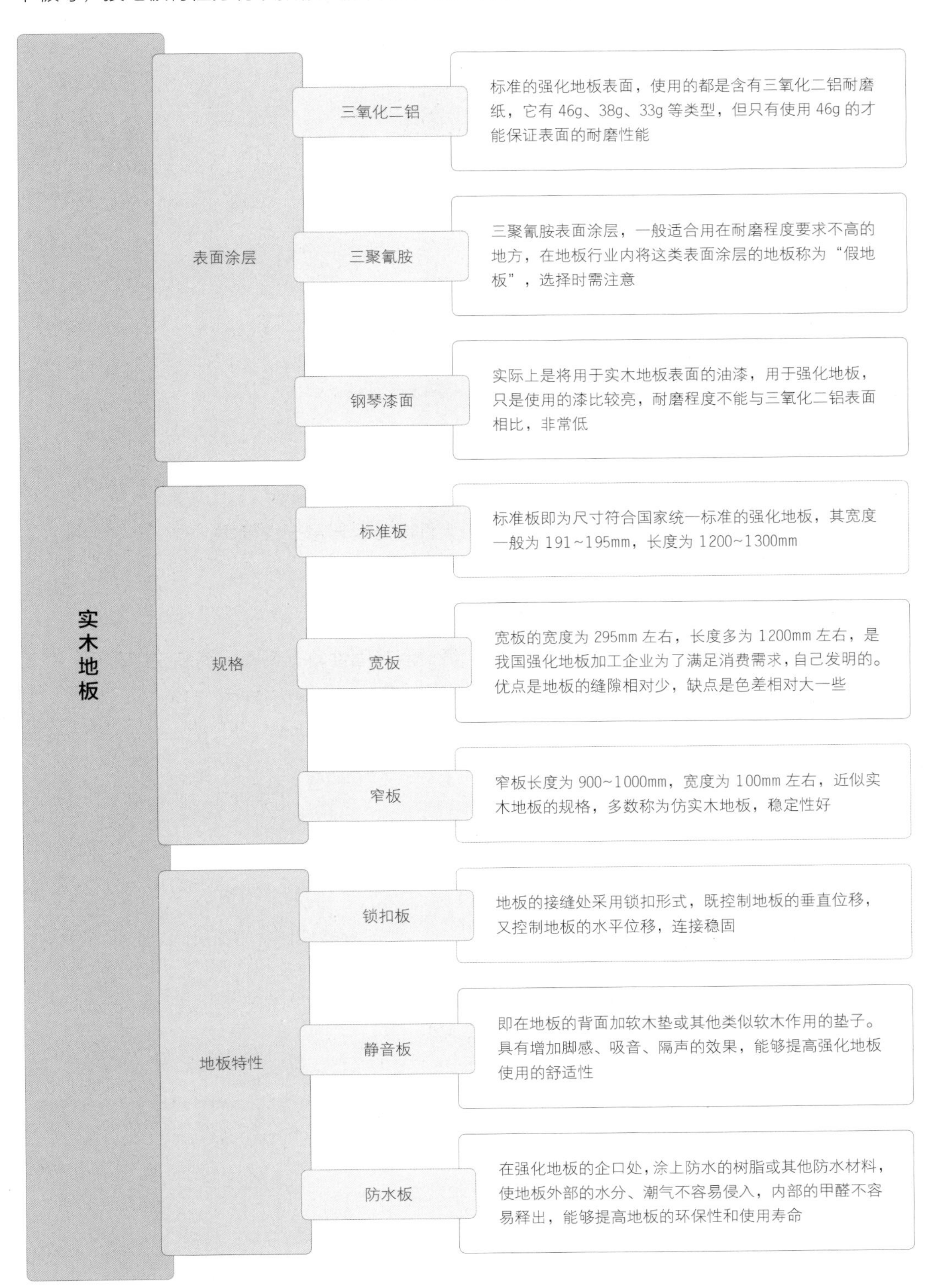

实木地板
表面涂层
三氧化二铝
标准的强化地板表面，使用的都是含有三氧化二铝耐磨纸，它有46g、38g、33g等类型，但只有使用46g的才能保证表面的耐磨性能
三聚氰胺
三聚氰胺表面涂层，一般适合用在耐磨程度要求不高的地方，在地板行业内将这类表面涂层的地板称为“假地板”，选择时需注意
钢琴漆面
实际上是将用于实木地板表面的油漆，用于强化地板，只是使用的漆比较亮，耐磨程度不能与三氧化二铝表面相比，非常低
规格
标准板
标准板即为尺寸符合国家统一标准的强化地板，其宽度一般为191~195mm，长度为1200~1300mm
宽板
宽板的宽度为295mm左右，长度多为1200mm左右，是我国强化地板加工企业为了满足消费需求，自己发明的。优点是地板的缝隙相对少，缺点是色差相对大一些
窄板
窄板长度为900~1000mm，宽度为100mm左右，近似实木地板的规格，多数称为仿实木地板，稳定性好
地板特性
锁扣板
地板的接缝处采用锁扣形式，既控制地板的垂直位移，又控制地板的水平位移，连接稳固
静音板
即在地板的背面加软木垫或其他类似软木作用的垫子。具有增加脚感、吸音、隔声的效果，能够提高强化地板使用的舒适性
防水板
在强化地板的企口处，涂上防水的树脂或其他防水材料，使地板外部的水分、潮气不容易侵入，内部的甲醛不容易释出，能够提高地板的环保性和使用寿命

3. 施工形式

在地面采用实木复合地板与其他材质混合铺设，但地板部分高度不足或想要使实木复合地板的脚感更舒适等情况下，均可采用此种方式铺设。

（1）悬浮铺设法

悬浮铺设法中，防潮垫的铺装方法很重要，具体如下：地面找平完成后，将防潮地垫沿着墙边铺设到地面，地垫与墙边必须贴紧，不能留出多余的缝隙，两块地垫之间也必须贴紧，尽量避免留出缝隙，以免影响防潮的效果。地垫一般与铺装地板的最长边方向一致。

仿炭化质感的强化地板，具有厚重感

仿实木纹理变化的强化地板搭配花式铺设法，具有十足的动感

浅色木纹的强化地板，温馨而简约

（2）直接粘贴法

粘贴施工因为要用胶，且一旦出现问题修补不便，所以很少使用。在施工前，需将地面做好找平，再用黏结材料直接将强化地板粘贴在地面找平层上即可。需注意的是，找平层上需做好防潮措施。

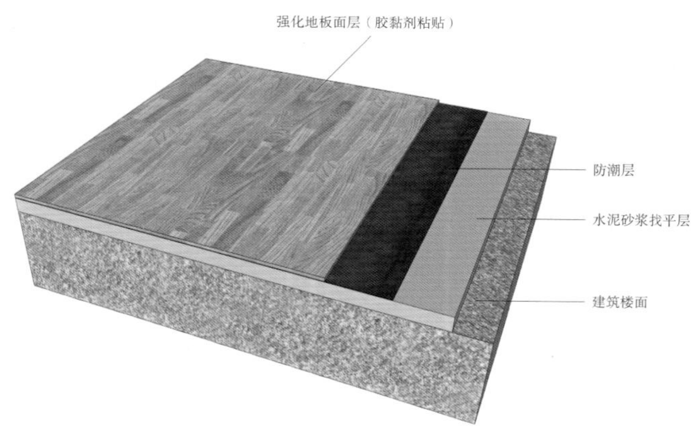
强化地板面层（胶黏剂粘贴）
防潮层
水泥砂浆找平层
建筑楼面

施工分层图

粘贴法的厚度较薄，与地砖等组合不易出现高差

粘贴法不仅可铺设地面，还可将地板用于墙面

（3）地板铺设的常见形式

“工”字形：最常见的一种拼接方法。前一排铺好后，后一排与前一排的每块地板的中部对齐平行铺贴，铺好的形状像一个“工”字。此种方式施工简单、快速，材料损耗小，效果中规中矩。

45°斜铺：依然采用“工”字形，但是整个铺面是斜的，减少了单调感，使人感觉错落有致。

鱼骨形：造型就像鱼骨头一样错落有序地排列开来，丰富的纹理使空间充满了立体感。此种方式最废料，更适合空间比较完整的房间，且对施工人员的水平要求较高。

“人”字形：与鱼骨形十分相似的拼接方式，但更简单一些，同样具有高端、大气之感。

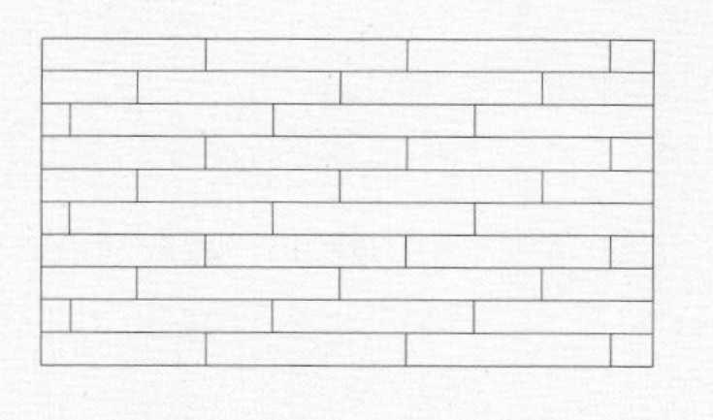

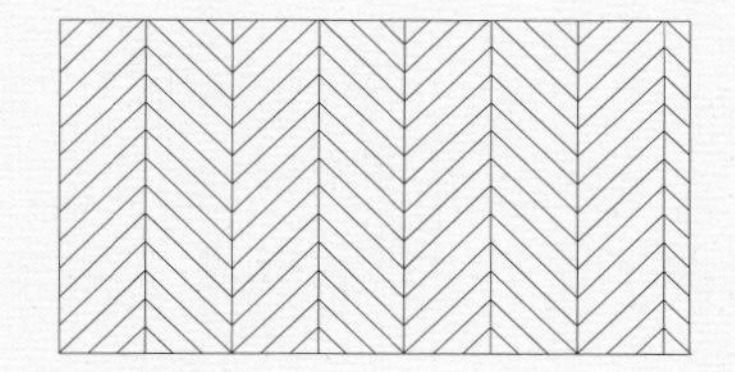

地板花拼施工常见形式

鱼骨形铺法具有一种“简约而不简单”的装饰效果

大面积空间采用“人”字形铺法，更显大气感

小贴士

强化地板施工注意事项

①强化地板的厚度较薄，铺设时必须保证地面的平整度，一般平整度要求地面高低差≤ $3mm/m^2$。

②强化地板进行铺装时，榫和槽之间用胶水把板与板粘连，胶水要分榫、槽两次涂胶。保证地板上下口封胶；必须上满胶，上胶要均、缓、足，不能出现断胶、少胶。

竹地板

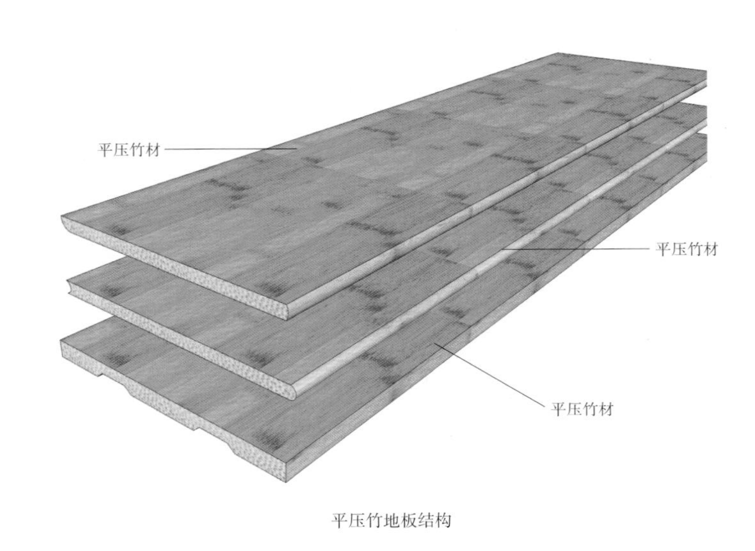
平压竹材
平压竹材
平压竹材

平压竹地板结构

1. 材料特点

物理性能特点：竹地板以天然优质竹子为原料，经过多道复杂的工序高温高压制成，原料的生长周期比实木短，是非常节能又环保的建材。竹地板带有竹子的天然纹理，清新文雅，给人一种回归自然、高雅脱俗的感觉。还具有冬暖夏凉、坚固而有弹性、色差小、使用寿命长、可以有效预防风湿性关节炎等诸多优点。

原料分层特点：竹地板可分为竹制地板和竹木复合地板两类。其中竹地板为全竹材结构，分为平压和侧压两类；平压竹地板主体结构多为三层平压竹材的复合结构，面层为 UV 漆。

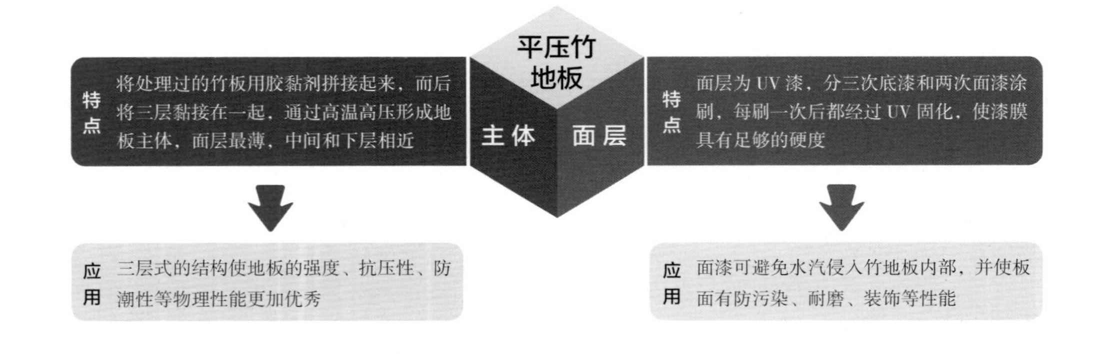
平压竹地板
主体
面层
特点
将处理过的竹板用胶黏剂拼接起来，而后将三层黏接在一起，通过高温高压形成地板主体，面层最薄，中间和下层相近
特点
面层为 UV 漆，分三次底漆和两次面漆涂刷，每刷一次后都经过 UV 固化，使漆膜具有足够的硬度
应用
三层式的结构使地板的强度、抗压性、防潮性等物理性能更加优秀
应用
面漆可避免水汽侵入竹地板内部，并使板面有防污染、耐磨、装饰等性能

2. 材料分类

竹地板按表面结构可分为侧压竹地板（径面竹地板）、平压竹地板（弦面竹地板）及重竹地板三大类；按色彩可分为人工上漆色地板和本色竹地板；按制作材料可分为竹制地板和竹木复合地板两类。

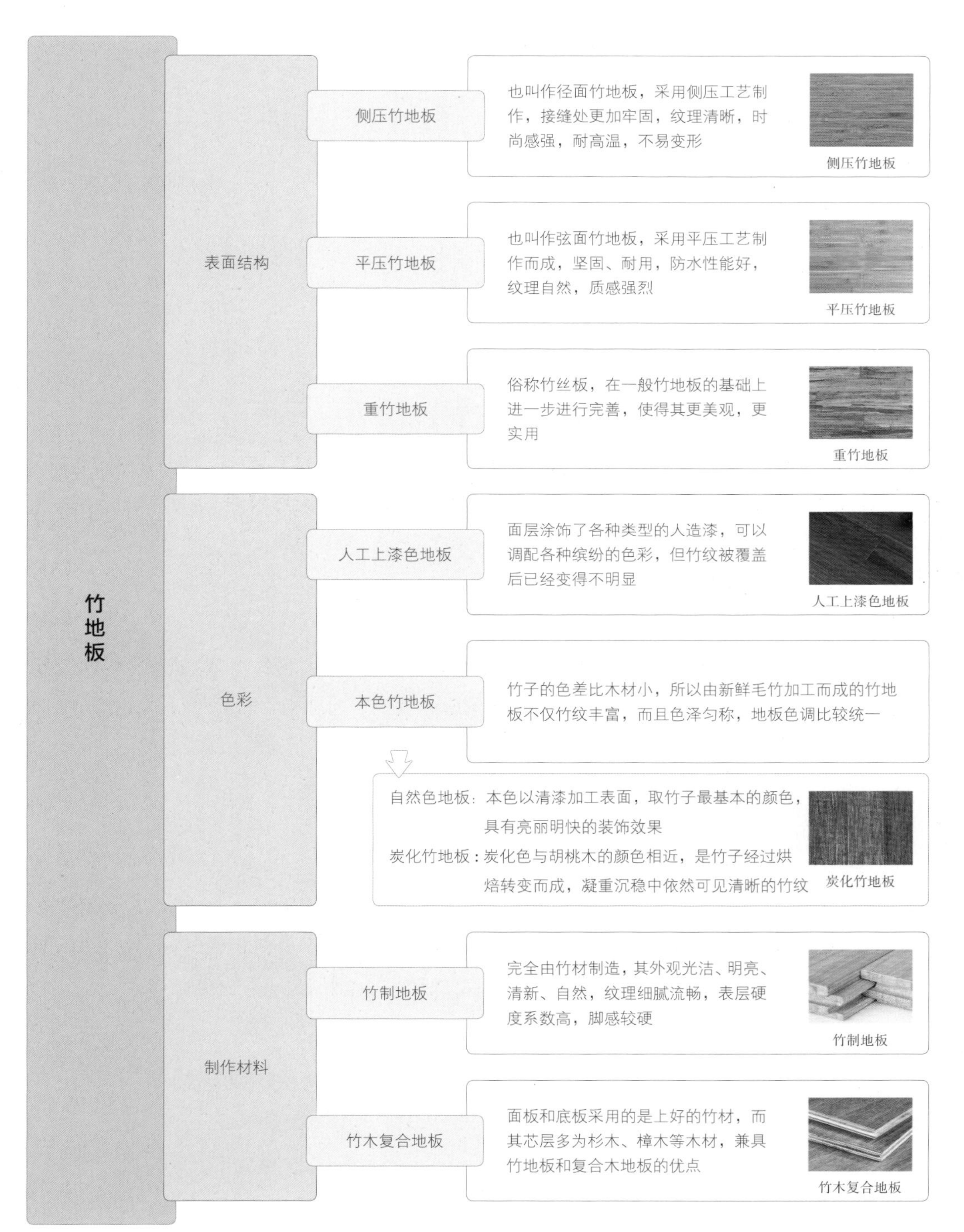
竹地板
表面结构
侧压竹地板
也叫作径面竹地板，采用侧压工艺制作，接缝处更加牢固，纹理清晰，时尚感强，耐高温，不易变形
侧压竹地板
平压竹地板
也叫作弦面竹地板，采用平压工艺制作而成，坚固、耐用，防水性能好，纹理自然，质感强烈
平压竹地板
重竹地板
俗称竹丝板，在一般竹地板的基础上进一步进行完善，使得其更美观，更实用
重竹地板
色彩
人工上漆色地板
面层涂饰了各种类型的人造漆，可以调配各种缤纷的色彩，但竹纹被覆盖后已经变得不明显
人工上漆色地板
本色竹地板
竹子的色差比木材小，所以由新鲜毛竹加工而成的竹地板不仅竹纹丰富，而且色泽匀称，地板色调比较统一
自然色地板：本色以清漆加工表面，取竹子最基本的颜色，具有亮丽明快的装饰效果
炭化竹地板：炭化色与胡桃木的颜色相近，是竹子经过烘焙转变而成，凝重沉稳中依然可见清晰的竹纹
炭化竹地板
制作材料
竹制地板
完全由竹材制造，其外观光洁、明亮、清新、自然，纹理细腻流畅，表层硬度系数高，脚感较硬
竹制地板
竹木复合地板
面板和底板采用的是上好的竹材，而其芯层多为杉木、樟木等木材，兼具竹地板和复合木地板的优点
竹木复合地板

3. 施工形式

竹地板可采用与实木地板相同的方式进行施工，也可采用悬浮铺设法施工。

（1）龙骨铺设法

竹地板可选择单独使用龙骨来铺设，也可以选择龙骨叠加毛地板的方式进行铺设，具体可根据现场情况、设计及经济情况等来选择。因为竹地板的脚感较硬，若想增加地面整体的舒适性则建议选择此种方式来铺设。

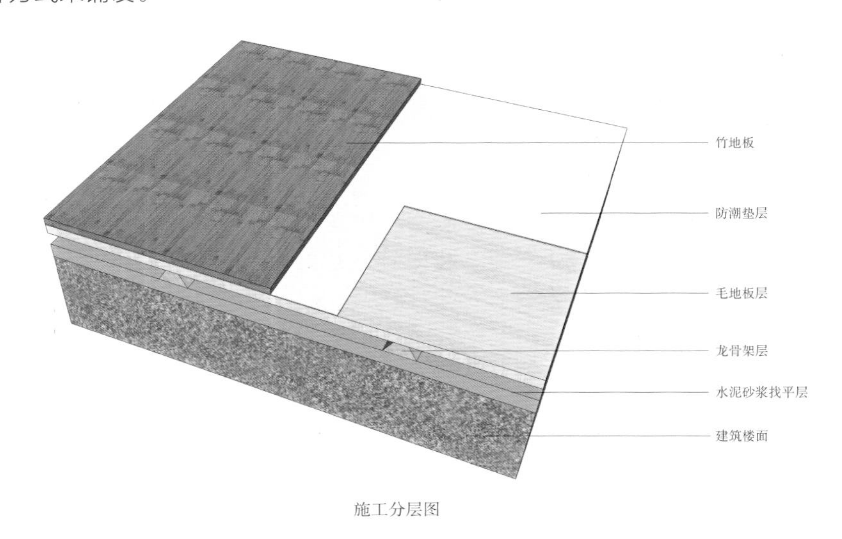
竹地板
防潮垫层
毛地板层
龙骨架层
水泥砂浆找平层
建筑楼面

施工分层图

用炭化竹地板铺设地面，具有浓郁的复古气息

（2）悬浮铺设法

悬浮铺设法对地面的平整度要求较高，若地面基层平整度不合格，则必须先用水泥砂浆进行找平施工，待找平层完全干燥以后，再进行地板的铺设。无论是竹制地板还是竹木复合地板，均可采用悬浮铺设法来施工。

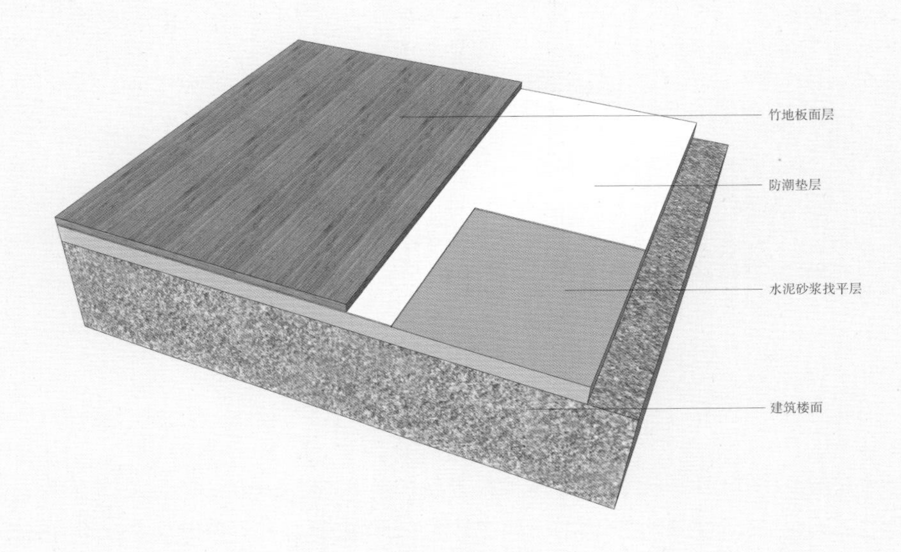
竹地板面层
防潮垫层
水泥砂浆找平层
建筑楼面

施工分层图

悬浮铺设法厚度较薄，适合层高较低的房间

地面平整才能保证铺设后的美观性

小贴士

竹地板施工注意事项

①铺设竹木地板时需注意，地板与墙壁之间要有 8mm 以上预留缝，防止挤压；背面不得用胶水。

②华东、华南等气候较为潮湿的地区，地板不能拼装得太紧，需预留 0.5mm 的间距。东北及西北等气候较为干燥的地区，地板之间以自然接合为佳。

软质地板

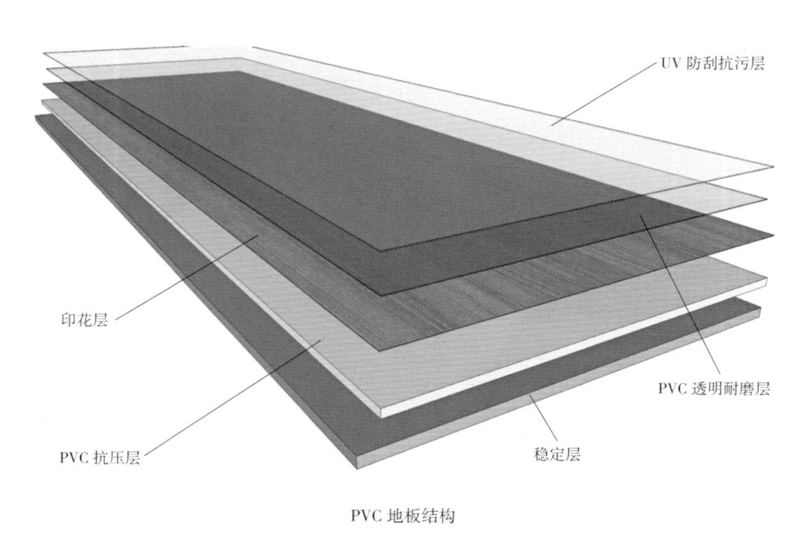
UV 防刮抗污层
印花层
PVC 透明耐磨层
PVC 抗压层
稳定层

PVC 地板结构

1. 材料特点

物理性能特点：软质地板是相对于木地板等具有硬挺感的地板而言的，它可以卷起来，具有柔软的特性，因此称为软质地板。目前使用较多的为 PVC 地板和亚麻地板。PVC 地板是一种轻体地面装饰材料，环保无毒，超轻、超薄、超强耐磨，弹性极佳，脚感舒适，防火、防潮，而且是可再生的地材；亚麻地板是一种卷材，花纹和色彩从上到下均相同，能够保证地面长期亮丽如新。具有极佳的弹性，同时还能抑菌、抗静电。但因原料多为天然产品，所以防水性能不理想。

原料分层特点：PVC 地板类型较多，有同心透结构和多层结构两类，而亚麻地板则均为单一同心透结构。因此，这里以 PVC 多层结构的地板为例进行介绍，总体来说，可将其分为基层和面层两部分。

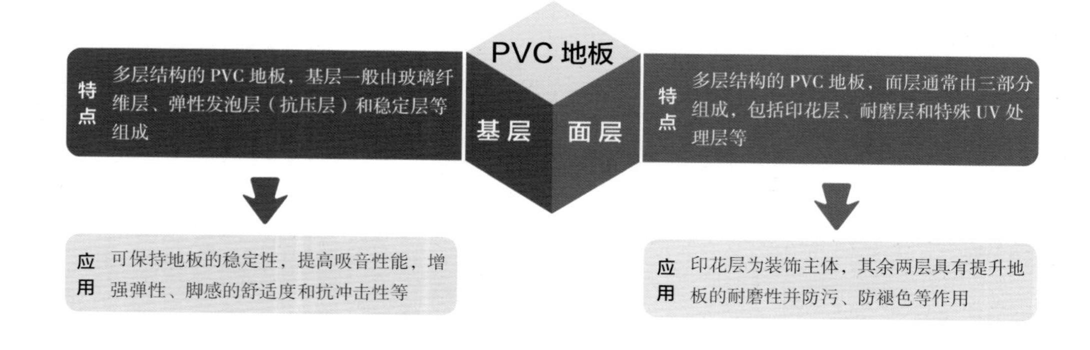
PVC 地板
基层
面层
特点 多层结构的 PVC 地板，基层一般由玻璃纤维层、弹性发泡层（抗压层）和稳定层等组成
应用 可保持地板的稳定性，提高吸音性能，增强弹性、脚感的舒适度和抗冲击性等
特点 多层结构的 PVC 地板，面层通常由三部分组成，包括印花层、耐磨层和特殊 UV 处理层等
应用 印花层为装饰主体，其余两层具有提升地板的耐磨性并防污、防褪色等作用

2. 材料分类

软质地板总体来说有 PVC 地板和亚麻地板两大类。其中 PVC 地板根据形状可分为片材和卷材两类；根据结构可分为多层结构和同心透结构两类。亚麻地板根据色彩可分为单色和复色两类；根据材质可分为天然亚麻地板和混合材质亚麻地板两类。

PVC地板
形状
PVC 片材地板
片材地板的规格较多，主要为条形和方形，条形有粘贴施工和锁扣连接两种类型，方形以粘贴施工为主
PVC 片材地板
PVC 卷材地板
是质地较为柔软的一卷一卷的地板，一般宽度有 1.5m、2m 等，长度为 20m，厚度为 1.6~3.2mm
PVC 卷材地板
结构
多层结构
多层复合型 PVC 地板一般由 4~5层结构叠压而成，较厚实，弹性较佳，吸音性能佳
同心透结构
同心透结构即从上到下均为单一的一层式结构，其花纹和色彩从上到下均相同，有单一同心透和半同心透两类
单一同心透结构：从上到下的花纹完全一致，厚度较薄，耐磨性好
半同心透结构：由 PVC 耐磨层和背层组成，吸音性和耐磨性良好
亚麻地板
色彩
单色亚麻地板
颜色单一，并且基本无纹理，可单独拼贴，可也与其他单色组合拼贴，比较容易搭配，适合各种风格
单色亚麻地板
复色亚麻地板
由两种或两种以上的颜色组成，具有丰富的色彩变化，适合做不同形状的拼贴，若与其他色彩组合搭配需谨慎
复色亚麻地板
材质
天然亚麻地板
完全由天然材质制成，环保性极高，铺设出来的效果更具档次
混合材质亚麻地板
由天然材质与其他材质组合而成，具有较高的性价比，可选择的样式也比较多

3. 施工形式

软质地板的施工根据所用地板类型的不同，可分为块材、卷材及片材两大类，其中卷材及片材主要靠黏结法来施工，细分又可分为无缝施工和热焊对接施工两种形式。

（1）块材施工

块材主要指的是 PVC 地板之中的锁扣地板，这种地板边缘自带公母槽，将两部分槽口对接即可完成施工。与木地板不同的是，PVC 锁扣地板施工前地面做好找平后，将地面清理干净即可，无须在找平层和地板之间铺设垫层。

块材 PVC 地板很适合简装小居室

MUSIC
LIFE

块材 PVC 地板木纹的款式与木地板的效果非常类似

木纹类的块材 PVC 地板最适合家居空间

（2）无缝施工法（卷材及片材）

预铺时将地板块或卷材重叠搭接 1cm，使用专用切缝推刀在搭接平面中间用 2m 钢板尺推切，取出多余部分，使用专用对缝滚筒将两侧地板压实并粘接牢固。此种方式适合 PVC 和亚麻地板的卷材及片材。

hello

大面积铺贴选择卷材搭配无缝施工法更省力

不同颜色的亚麻地板块材，采用无缝施工可实现一体式连接

PVC 地板很适合改造房，可直接贴在原地面上

（3）热焊对接施工（卷材及片材）

热焊对接施工即为一种使用熔化焊条来焊缝的工艺，较适合卷材类的软质地板使用，片材也可使用，但是焊接的数量更多一些。地板铺设到位后，在对缝的部位，使用开槽机处理成U形槽，而后将热融焊条嵌入槽口中，选用速焊嘴的焊枪焊缝，冷却后，将突出部分割掉，对面层进行清理后，即完成施工。焊接的位置还可有意识地进行设计，使其形成装饰的一部分。

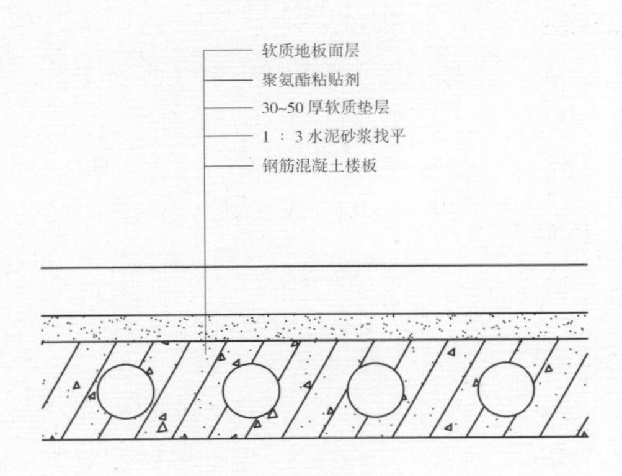

软质地板面层
聚氨酯粘贴剂
30~50厚软质垫层
1 ： 3水泥砂浆找平
钢筋混凝土楼板

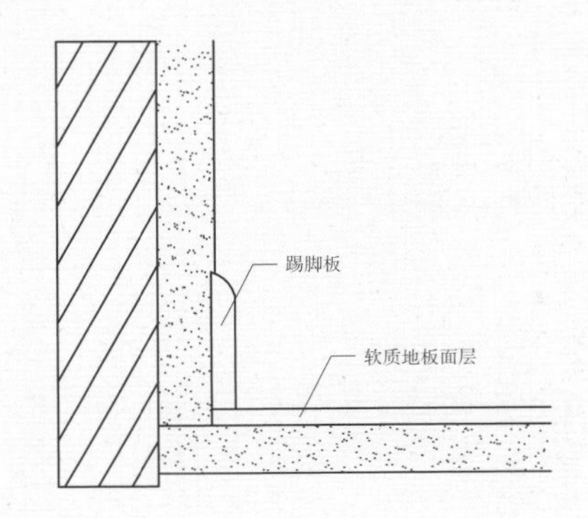

踢脚板
软质地板面层

施工分层图

将焊接部分设计在恰当的位置，会更具木地板效果

若追求整体感，可选与地板相同色系的焊条

小贴士

软质地板施工对基层的要求

①平：表面平整。用2m靠尺检查，其表面凹凸度不应大于2mm。

②干：表面干燥。铺贴前用仪器测量，含水率不应大于3%。

③洁：表面整洁、干净。不能有任何杂质，若有油脂等杂物应用火碱擦洗干净。

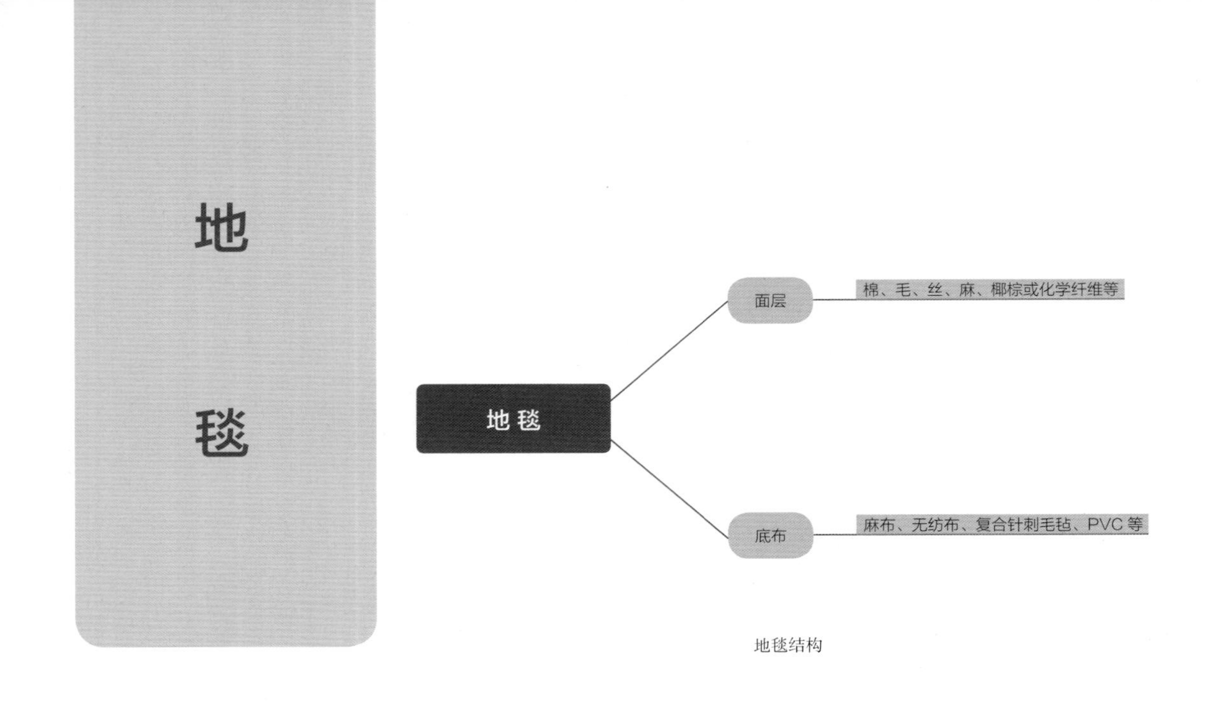
地
毯
地毯
面层
棉、毛、丝、麻、椰棕或化学纤维等
底布
麻布、无纺布、复合针刺毛毡、PVC 等

地毯结构

1. 材料特点

物理性能特点：地毯是以天然或合成纤维为原料编织而成的一种地材，集装饰性和实用性为一体。其图案丰富、色彩绚丽、造型多样，脚感舒适、弹性极佳、有温暖感，且具备良好的防滑性，人在上面不易滑倒和磕碰。表面绒毛可以捕捉、吸附空气中的尘埃颗粒，有效改善室内空气质量并隔绝声波。冬天可以保暖，夏天可以防止冷气流失，达到调温、节能的目的。

原料分层特点：地毯主要包括面层和底布两大部分。面层是地毯的主要部分，有机器和手工两种制作方式；底布为基层，可选材料较多。

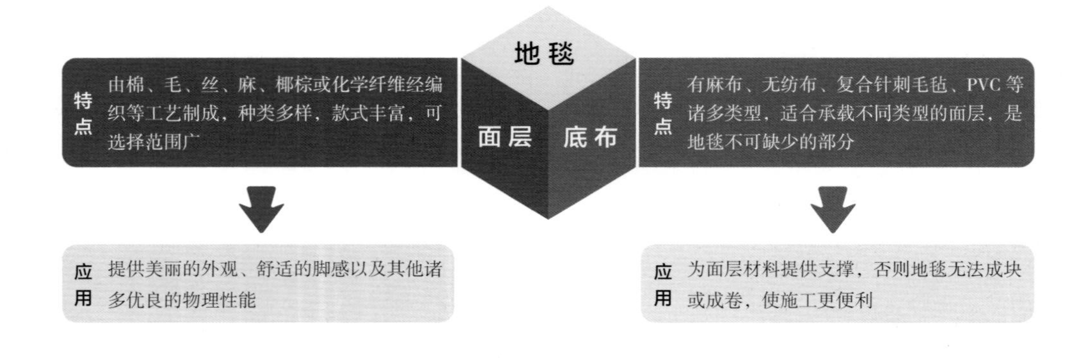
地毯
面层
底布
特点
由棉、毛、丝、麻、椰棕或化学纤维经编织等工艺制成，种类多样，款式丰富，可选择范围广
特点
有麻布、无纺布、复合针刺毛毡、PVC 等诸多类型，适合承载不同类型的面层，是地毯不可缺少的部分
应用
提供美丽的外观、舒适的脚感以及其他诸多优良的物理性能
应用
为面层材料提供支撑，否则地毯无法成块或成卷，使施工更便利

2. 材料分类

地毯按照材质可分为羊毛、植物纤维、混纺、纯棉、化纤等多种类型；按照制作方法不同可分为机制地毯、手工地毯两类；按产品形态可分为满铺地毯和块毯两类。

地毯
材质
羊毛地毯
由纯羊毛制成，毛质细密，具有天然的弹性，受压后能很快恢复原状，吸音、保暖、脚感舒适，不带静电，不易吸尘土，阻燃，图案精美，不易老化褪色
植物纤维地毯
由草、剑麻、玉米皮等材料纺织而成，类型多样，其中剑麻地毯较为常用，此类地毯效果自然、淳朴，适合夏季铺设，易脏、不易保养，不适合潮湿地区
混纺地毯
羊毛与合成纤维混合，使用性能有所提高，花色、质感和手感上与羊毛地毯差别不大，克服了羊毛地毯不耐虫蛀的缺点，具有更高的耐磨性，吸音、保湿、弹性好
纯棉地毯
由棉纤维制成，抗静电，吸水性强，脚感柔软舒适，便于清洁，可以直接放入洗衣机清洗，耐磨性不如混纺和化纤地毯
化纤地毯
包括聚丙烯地毯、丙纶地毯、尼龙地毯等，耐磨性好并且富有弹性，价格较低，克服了纯毛地毯易腐蚀、易霉变的缺点，阻燃性、抗静电性相对较差
制作方法
机制地毯
生产效率高，外观质感等方面都不如手工织造地毯，但价格较低。包括威尔顿机织地毯和阿克明斯特地毯两类
手工地毯
毛长、整齐、细密，有精美的花纹图案。弹性、耐磨损性、耐气候性俱优，使用寿命长，且越使用性能越好
产品形态
满铺地毯
幅度一般为 3.66~4m，满铺即指铺设在室内两墙之间的全部地面上，铺设场所的室宽超过毯宽时，可以进行裁剪拼接的方法以达到满铺要求
块毯
有块毯和拼块毯两种，块毯以块为计量单位，多数是机织地毯，花形图案复杂多彩，宽度一般不超过 4m；拼块毯也叫地毯砖，方形或长方形，搬运和拼装都十分方便

3. 施工形式

地毯施工，根据地毯类型的不同，主要有倒刺板条固定法和粘贴施工法两种主要形式。

（1）倒刺板条固定法

此种方式适合满铺地毯，方法为：地面先铺好地毯衬垫，按照尺寸先将地毯进行裁切，地毯裁切完成后，在地面的边缘处，钉好倒刺板，而后将垫层黏结在地面上，缝合地毯后，将地毯固定在倒刺板上，再进行收边，即完成施工。

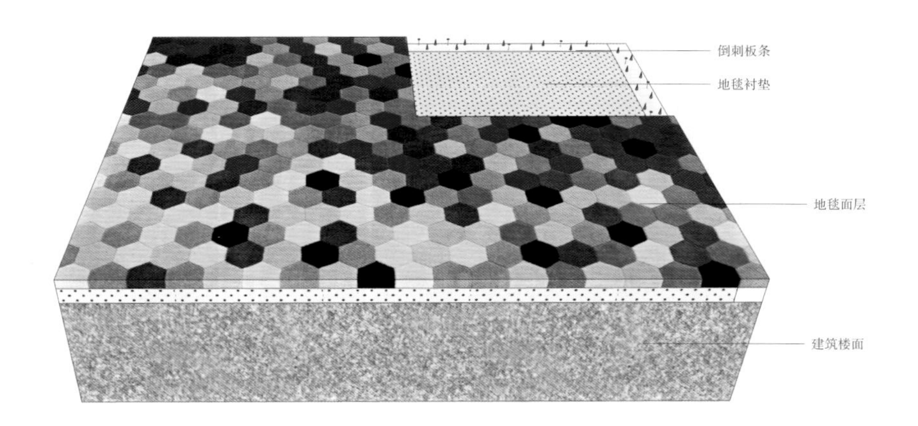
倒刺板条
地毯衬垫
地毯面层
建筑楼面

施工分层图

整块定制纹理的满铺地毯，很适合采用倒刺板条固定法施工

倒刺板条固定法安装的地毯，因为需要加衬垫，所以脚感更柔软

（2）粘贴施工

粘贴施工即为用地毯胶将地毯粘贴在建筑地面上的一种施工方式，适合满铺地毯和拼块地毯。在进行施工前，需先对地面进行处理，如找平、清洁等。完成基层处理后，先在房间一边涂刷胶黏剂，铺放裁割后的地毯，然后用地毯撑子向两边撑拉；再沿墙边刷两条胶黏剂，将地毯滚压平整。

地毯面层
胶粘层
建筑楼面

施工分层图

与其他材质交接的小面积满铺地毯，更适合粘贴施工

粘贴施工比较适合厚度相对较薄的满铺地毯

小贴士

地毯施工注意事项

①龙骨应选用握钉力较强的落叶松、柳桉等；铺设应平整牢固。

②地板不宜铺得太紧，四周留 0.5 ~1.2cm 的伸缩缝，且不宜超宽铺设。

③毛地板可使用优质胶合板、刨花板或松木板条拼装，应铺设成斜角 30° 或 45° 以减少应力。

水泥地材

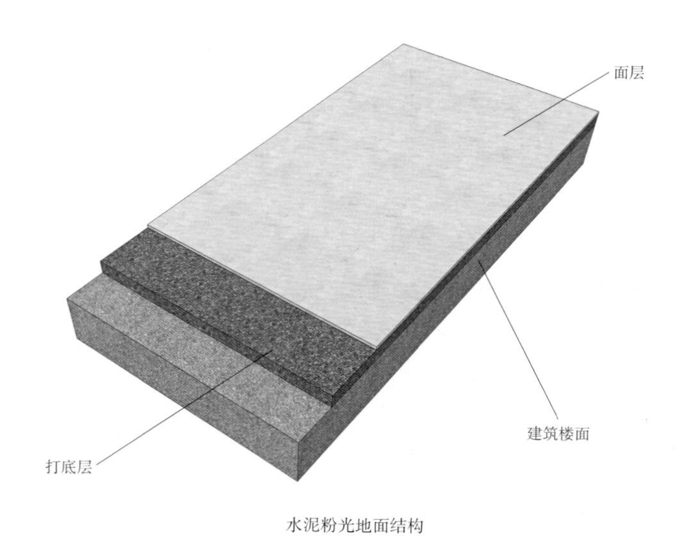
面层
建筑楼面
打底层
水泥粉光地面结构

1. 材料特点

物理性能特点：近年来工业风大行其道，使得水泥材质的地坪越来越受到人们的欢迎，此类地坪材料以水泥为原料，具有水泥独有的水墨感和时尚感。其原料构成简单，不存在对人体有害的物质。用途广泛，家装和多种公共场所均适用，且适合多种室内风格，如工业风、新中式风格、现代风格等。

原料分层特点：水泥地材的构成较为简单，通常为一层或多层结构，面层为水泥或混凝土类材质。相比较来说磐多魔的构成略复杂一些，可分为磐多魔主材和保护油两大部分。

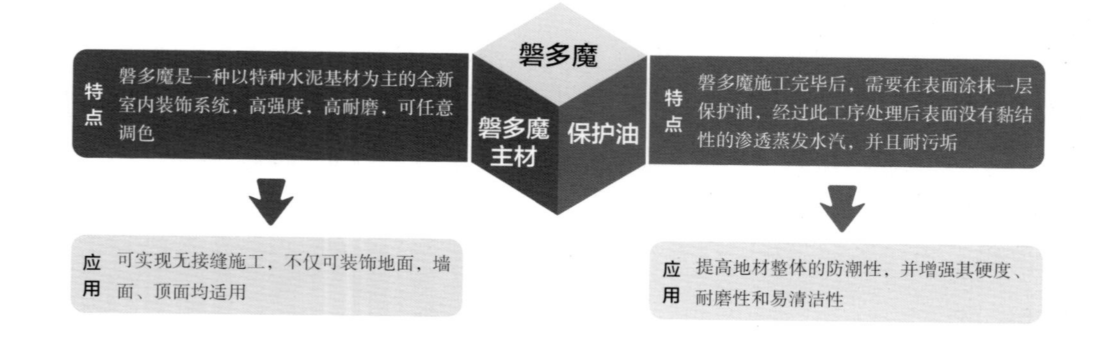
磐多魔
磐多魔主材
保护油
特点
磐多魔是一种以特种水泥基材为主的全新室内装饰系统，高强度，高耐磨，可任意调色
应用
可实现无接缝施工，不仅可装饰地面，墙面、顶面均适用
特点
磐多魔施工完毕后，需要在表面涂抹一层保护油，经过此工序处理后表面没有黏结性的渗透蒸发水汽，并且耐污垢
应用
提高地材整体的防潮性，并增强其硬度、耐磨性和易清洁性

2. 材料分类

水泥地材总体来说可分为常规水泥地材和特殊水泥地材两大类。常规水泥地材又包括普通水泥地面和水泥粉光地面两种类型；特殊水泥地材则有水泥自流平和磐多魔两种类型。

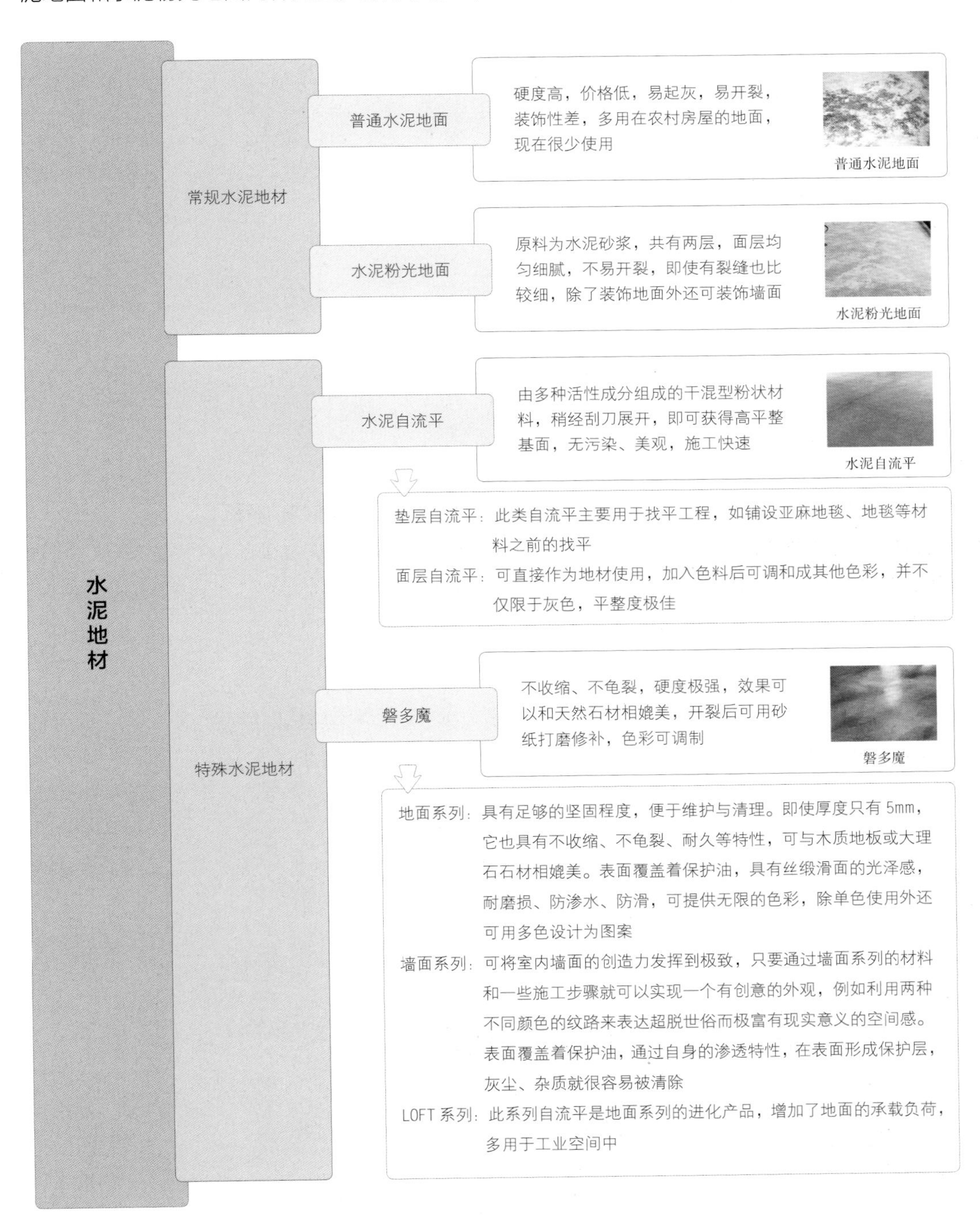

水泥地材
常规水泥地材
普通水泥地面
硬度高，价格低，易起灰，易开裂，装饰性差，多用在农村房屋的地面，现在很少使用
普通水泥地面
水泥粉光地面
原料为水泥砂浆，共有两层，面层均匀细腻，不易开裂，即使有裂缝也比较细，除了装饰地面外还可装饰墙面
水泥粉光地面
特殊水泥地材
水泥自流平
由多种活性成分组成的干混型粉状材料，稍经刮刀展开，即可获得高平整基面，无污染、美观，施工快速
水泥自流平
垫层自流平：此类自流平主要用于找平工程，如铺设亚麻地毯、地毯等材料之前的找平
面层自流平：可直接作为地材使用，加入色料后可调和成其他色彩，并不仅限于灰色，平整度极佳
磐多魔
不收缩、不龟裂，硬度极强，效果可以和天然石材相媲美，开裂后可用砂纸打磨修补，色彩可调制
磐多魔
地面系列：具有足够的坚固程度，便于维护与清理。即使厚度只有 5mm，它也具有不收缩、不龟裂、耐久等特性，可与木质地板或大理石石材相媲美。表面覆盖着保护油，具有丝缎滑面的光泽感，耐磨损、防渗水、防滑，可提供无限的色彩，除单色使用外还可用多色设计为图案
墙面系列：可将室内墙面的创造力发挥到极致，只要通过墙面系列的材料和一些施工步骤就可以实现一个有创意的外观，例如利用两种不同颜色的纹路来表达超脱世俗而极富有现实意义的空间感。表面覆盖着保护油，通过自身的渗透特性，在表面形成保护层，灰尘、杂质就很容易被清除
LOFT 系列：此系列自流平是地面系列的进化产品，增加了地面的承载负荷，多用于工业空间中

3. 施工形式

水泥地材较为常用的种类包括水泥粉光地面、水泥自流平和磐多魔三种，施工形式根据所用材料不同，也有一定的区别。

（1）水泥粉光地面

水泥粉光的工艺要求是先铺一层 15mm 的水泥砂浆打底，又叫粗坯层。而后把细砂筛出来，均匀搅拌成细腻的水泥，等粗坯层干燥后覆盖上去，约 5mm 厚，这一层也叫作粉光层，也就是面层。工艺优点是表层均匀细腻，铺在地面上不易开裂，即使有裂缝也比较细，不突出。

用水泥粉光工艺制作吧台，个性又经济

水泥粉光做墙面、地面一体化施工，粗犷、个性

水泥粉光搭配实木板装饰墙面，极具工业气质

（2）水泥自流平

水泥自流平包含两种类型：找平自流平用于地板等工程的基层找平；饰面自流平为地面的一种饰面做法，价格高于找平自流平。自流平施工需注意基层的处理，应整洁、干净，缝隙处应用胶带贴好。而后涂刷一层界面剂，再进行自流平施工。

深灰色的自流平地面，具有很强的工业感

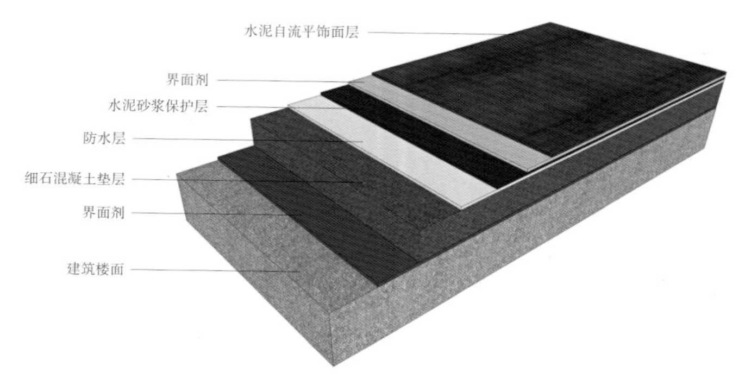
水泥自流平饰面层
界面剂
水泥砂浆保护层
防水层
细石混凝土垫层
界面剂
建筑楼面

施工分层图

浅灰色的自流平地面，具有浓郁的简洁感

（3）磐多魔

磐多魔是一种来自德国的材料，有地面和墙面两种类型，水泥质感十足，且色彩可随意调节，非常具有个性。与其他水泥类材料不同的是，它具有石质般光滑的效果，并不易开裂，一旦开裂后打磨即可去掉痕迹，但价格较高。

磐多魔饰面层
界面剂
基层找平处理
建筑楼面

施工分层图

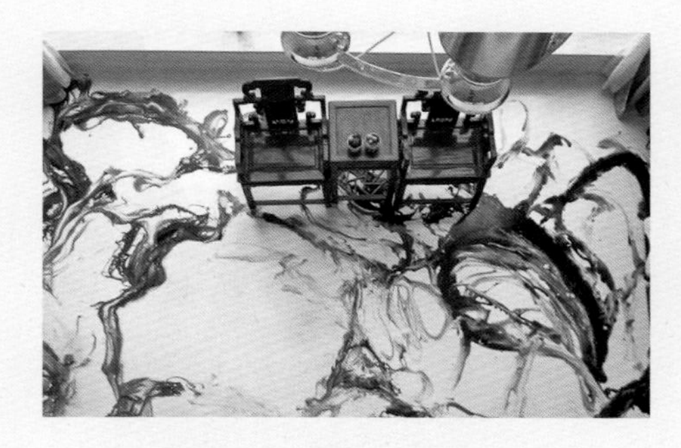

磐多魔地坪施工，可充分发挥创意设计图案

磐多魔具有多变的色彩，可根据室内风格选择

小贴士

水泥地材施工注意事项

①水泥地坪的养护非常重要，一般夏天 24h 后开始养护，春秋季节在 48h 后开始养护。养护方式为洒水保湿。一般养护时间宜为 14 ~21 d。

②磐多魔施工应在封闭的环境下进行，不能开门窗。

CHAPTER NINE

吊顶是设计在室内顶部的一种装饰，也就是天花板上的装饰，是室内装饰的重要组成部分之一。吊顶具有多种作用，例如保温、隔热、吸音、隔音、装饰等。

第九章

吊顶材料

吊顶是室内装饰的重要组成部分之一。它具保温、隔热、吸音、隔音、装饰等多种作用，同时还可容纳中央空调、新风系统、管线等部分设备。吊顶材料包含的范围很广泛，但出于防火方面的要求，常见的材料有：装饰石膏、装饰线、硅钙板、各类金属板、矿棉板、软膜天花板等。家居空间中较常用的为装饰石膏、铝扣板和装饰线。

装饰石膏的应用：建筑装饰石膏很早就开始在室内装修工程中使用，石膏板属于传统产品，由于其具有质地轻、防火性能好、防虫防蛀等优点，常被用于吊顶和隔墙的制作。同时，因为石膏原料易加工成型、造型可塑性强，装饰性石膏的种类也越来越多，如各种石膏花饰、石膏浮雕、石膏柱、GPR 产品等。随着人们对个性化需求的不断增长，可以预见，在一些异形、曲线及一体化设计为主的空间中，石膏制品将有着不可替代的优势。

铝扣板的应用：铝扣板防水、防潮性能极佳，且耐腐蚀，但其造型能力不如石膏板，只能用轻钢龙骨平面吊装，所以多用在阳台、厨房和卫生间等区域中。从其发展来看，主要着重于美观度和性能方面的进一步提升上。

装饰线的应用：装饰线主要起到丰富层次和过渡的作用，传统的装饰线以石膏、木料等材质为主，但都有一些缺点，现多使用的是更优化的 PU 线条。其发展主要体现在款式的不断增多、产品耐久度及集成化等方面。

装饰石膏 ▶

装饰线 ▶

吊顶材料总体可分为板材和装饰线两大类，其中板材又可分为石膏板和铝扣板两类，特征与用途如下。

吊顶材料
石膏板
纸面石膏板
普通纸面石膏板、耐水石膏板及耐火石膏板等
用途：墙壁、隔墙及天花板
无纸面石膏板
—
用途：墙壁、隔墙、天花板及家具等
石膏复合板
植物秸秆纸面石膏板等
用途：墙壁、隔墙及天花板
装饰石膏板
纸面石膏饰面装饰板、石膏印花板、GRG 及石膏浮雕等
用途：墙壁及天花板
穿孔石膏板
方孔石膏板及圆孔石膏板等
用途：天花板
铝扣板
高档板
铝镁合金扣板及铝锰合金扣板
用途：天花板
低档板
铝合金扣板、普通铝合金扣板及铝锭扣板
用途：天花板
装饰线
石膏线
素面线条及雕刻线条等
用途：墙壁及天花板
木线
实木线及复合木线等
用途：墙壁及天花板
PU 装饰线
素面线条及雕刻线条等
用途：墙壁及天花板

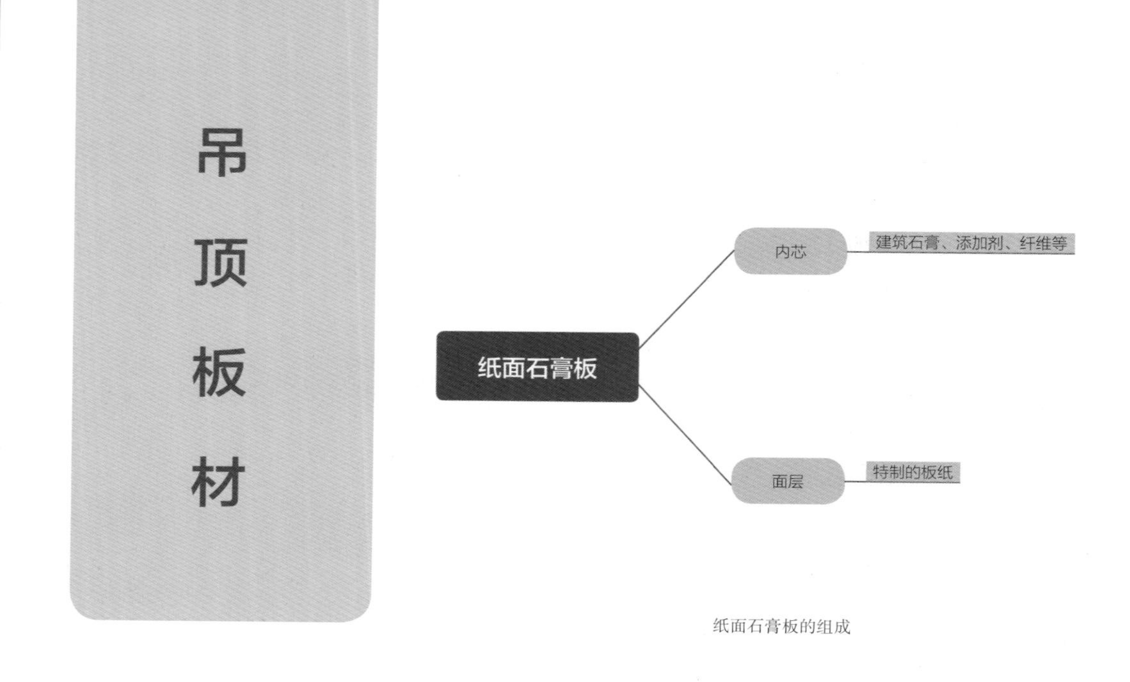
吊顶板材
纸面石膏板
内芯
建筑石膏、添加剂、纤维等
面层
特制的板纸

纸面石膏板的组成

1. 材料特点

物理性能特点：吊顶常用板材有石膏板和铝扣板两种类型。石膏板质轻、隔音、隔热，绿色环保，加工性能强（可刨、可钉、可锯），施工方法简便，不仅可用于吊顶施工，还可制作隔墙及墙面造型，是室内装修工程中不可缺少的一类装饰建材。铝扣板是以铝合金板材为基底制成的装饰板材，施工方便，防水、不渗水，适合用在卫浴、厨房、阳台等空间内。

原料分层特点：吊顶板材的种类较多，这里仅以最常用的纸面石膏板为例进行介绍，它是由两层特质的板纸面和建筑石膏为主的内芯组成的一种复合石膏板材。

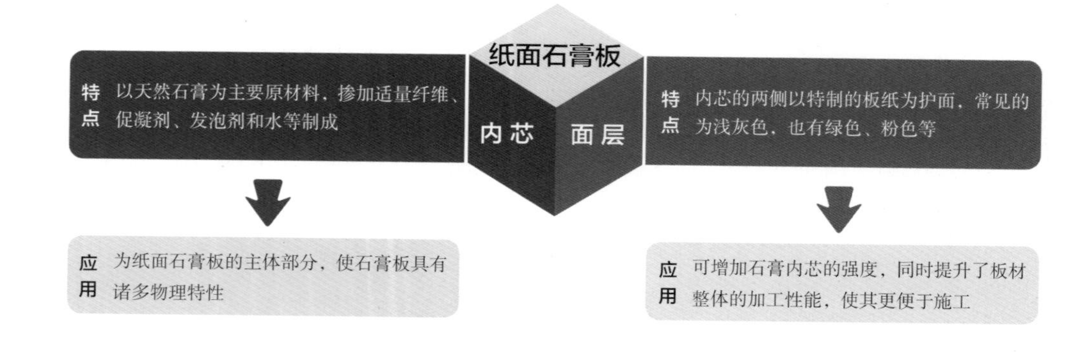
纸面石膏板
内芯
面层
特点 以天然石膏为主要原材料，掺加适量纤维、促凝剂、发泡剂和水等制成
应用 为纸面石膏板的主体部分，使石膏板具有诸多物理特性
特点 内芯的两侧以特制的板纸为护面，常见的为浅灰色，也有绿色、粉色等
应用 可增加石膏内芯的强度，同时提升了板材整体的加工性能，使其更便于施工

2. 材料分类

吊顶板材常用的为石膏板和铝扣板。石膏板按照形态可分为纸面石膏板和无纸面石膏板两类；按照功能可分为普通石膏板、功能性石膏板和装饰石膏板三类；铝扣板按照所用材料的不同，常用的有铝镁合金扣板、铝锰合金扣板和铝合金扣板三类。

石膏板
形态
纸面石膏板
室内装修中使用最多的一类石膏板，由石膏芯和双面纸面制成，种类较多，用途较广泛
无纸面石膏板
代表为纤维石膏板，是纸面石膏板的进化产品，应用范围除了覆盖纸面石膏板的全部应用范围外，还有所扩大；其综合性能优于纸面石膏板
功能
普通石膏板
非常经济与常见的品种，适用于无特殊要求的使用场所，使用场所连续相对湿度不超过 65%
功能性石膏板
添加一些物质或经过某些工序处理后，使石膏板本身具有如防水、防潮、防火、吸音等性能
耐水石膏板：板芯和护面纸均经过防水处理，可用在卫生间内
耐火石膏板：板芯内增加了耐火材料和大量玻璃纤维
防潮石膏板：具有较高的表面防潮性能，可用在潮气大的房间中
穿孔石膏板：表面带有孔洞，具有吸音作用
装饰石膏板
装饰性比较强的石膏板，如浮雕石膏板、纸面石膏饰面装饰板、GRG、石膏印花板等，可作为饰面材料使用
铝扣板
材料
铝镁合金扣板
也含有部分锰，优点是抗氧化能力好，同时具有一定的强度和刚度，是做天花最理想的材料
铝锰合金扣板
强度与刚度略优于铝镁合金，但抗氧化能力略低于铝镁合金，若板材的两面都进行了防护处理，则无该缺点
铝合金扣板
锰、镁含量较少，强度及刚度均低于铝镁合金和铝锰合金，偏软，便于加工，但加工运输及安装过程中易变形

3. 施工形式

吊顶板材的施工可分为整体施工和细部处理两部分，细部处理指的是石膏板接缝的处理。

（1）整体施工

大部分种类的石膏板吊顶和铝扣板吊顶都需要骨架系统才能与原顶连接，两者都可以使用轻钢龙骨骨架，除此之外，石膏板还可使用木龙骨。骨架系统靠吊杆连接在建筑顶面上，石膏板和铝扣板固定在龙骨架上。

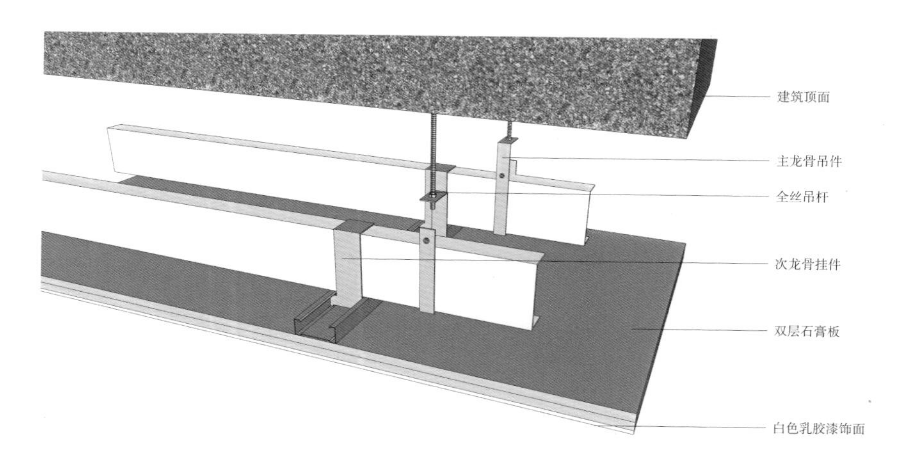
建筑顶面
主龙骨吊件
全丝吊杆
次龙骨挂件
双层石膏板
白色乳胶漆饰面

施工分层图

卫生间等潮湿区域非常适合用轻钢龙骨加铝扣板进行吊顶施工

石膏浮雕板可直接采取黏结加钉接的方式进行施工

（2）细部处理

石膏板吊顶施工时，为了避免使用一段时间后出现开裂现象，应将细部处理好。首先是两块石膏板对接处缝隙的处理，可选择边缘为锥形的石膏板，或者将缝隙处理成坡口，而后用腻子补齐，再贴上填缝胶带，即可有效避免开裂。其次，还应避免出现通缝，同一平面的板材应进行错缝施工。

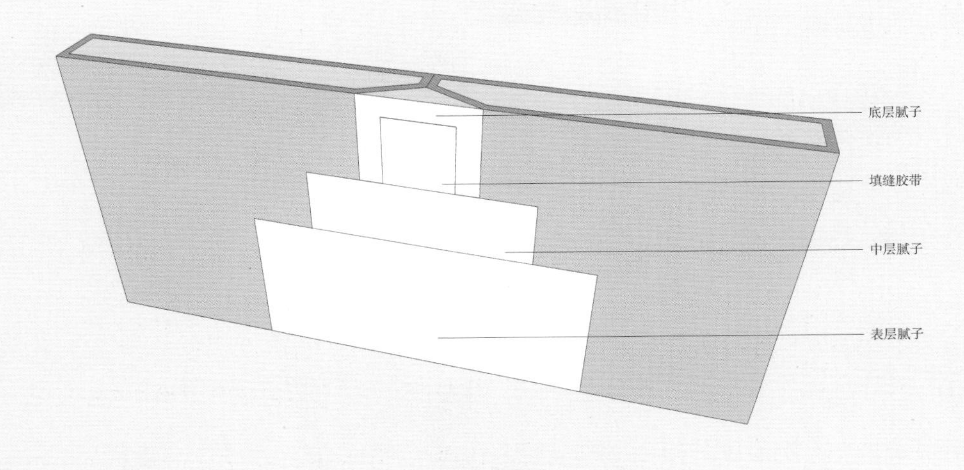
底层腻子
填缝胶带
中层腻子
表层腻子

施工分层图

GRG 即为玻璃纤维加强石膏板的缩写，它非常适合做一些异形、曲线及一体化的设计，可实现无缝施工，细部处理更简单。施工时，可利用其特点进行个性化设计

当顶面设计为大面积吊顶时，施工时就需要多行、多列石膏板进行拼接，此时，就需特别注意，每行、每列的缝隙都应错开，否则日后容易开裂

小贴士

吊顶板材施工注意事项

①石膏板必须在无应力状态下进行安装，防止强行就位。

②固定石膏板时，应从板中间向四边固定，不可以多点同时作业，固定完一张后，再按顺序固定另一张。

③不能把排风扇、浴霸和灯具直接安装在铝扣板或者龙骨上，需直接加固在顶部，否则容易变形掉落。

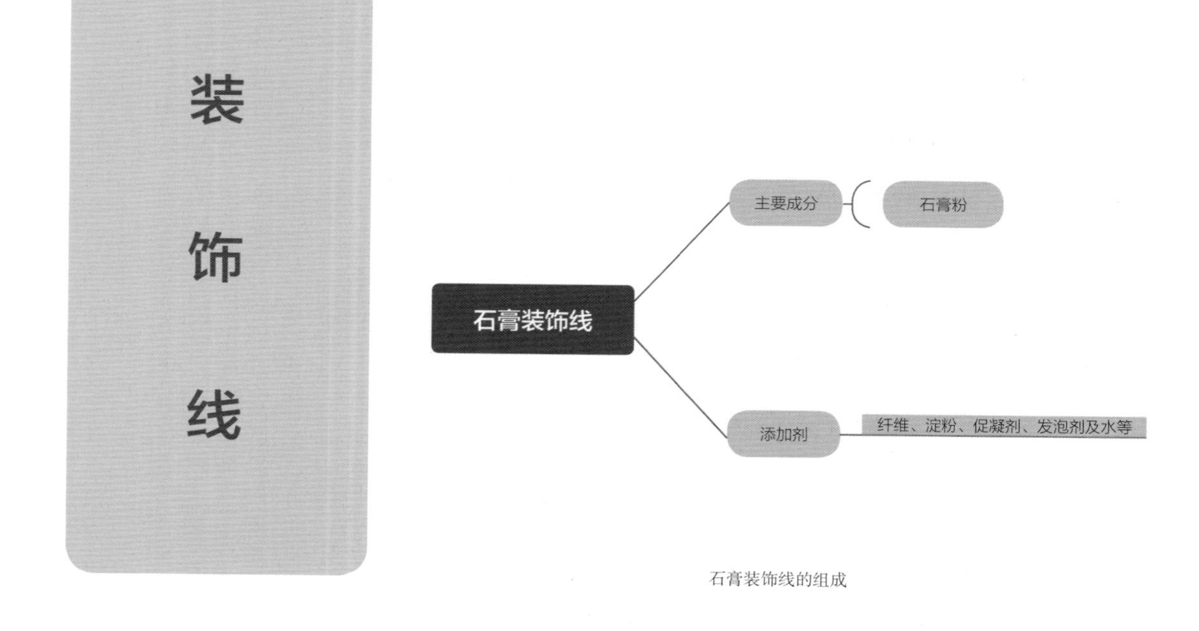
装饰线
石膏装饰线
主要成分
石膏粉
添加剂
纤维、淀粉、促凝剂、发泡剂及水等
石膏装饰线的组成

1. 材料特点

物理性能特点：装饰线用在天花板与墙面的接缝处，在空间整体效果上来看能见度不高，但是却能够起到增加室内层次感的重要作用，除此之外，它还可用在墙面上。目前使用较多的装饰线为石膏线、PU 线和木线，它们各有其优缺点，但从综合方面来讲，防虫、防蛀、防火的 PU 装饰线更出色一些。

原料分层特点：装饰线从本身的材质来看，均为一体式结构，如石膏线和 PU 线为原料灌入模具中制成，木线的原料则为实木。从施工角度来看，可分为连接层和面层两个组成部分。

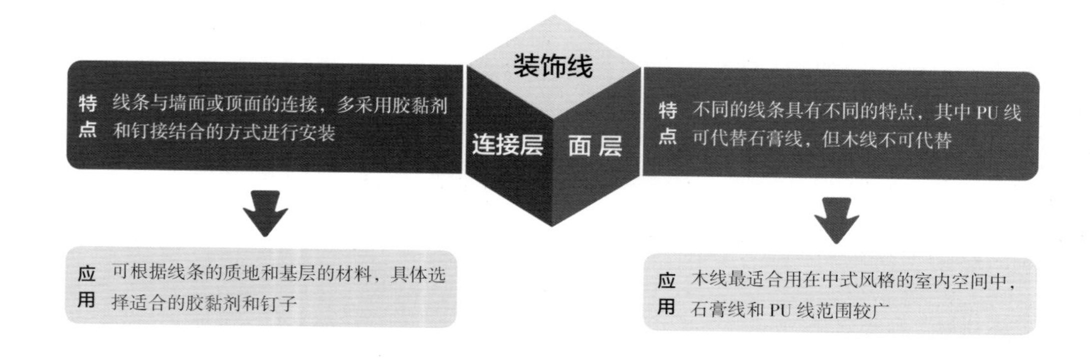
装饰线
连接层
面 层
特点 线条与墙面或顶面的连接，多采用胶黏剂和钉接结合的方式进行安装
应用 可根据线条的质地和基层的材料，具体选择适合的胶黏剂和钉子
特点 不同的线条具有不同的特点，其中 PU 线可代替石膏线，但木线不可代替
应用 木线最适合用在中式风格的室内空间中，石膏线和 PU 线范围较广

2. 材料分类

装饰线按照所用材质的不同可分为石膏线、木线和 PU 线三种类型；按照线条的造型可分为角线、圆弧线和平线三类；按照表现形式可分为素面线条和雕刻线条两类。

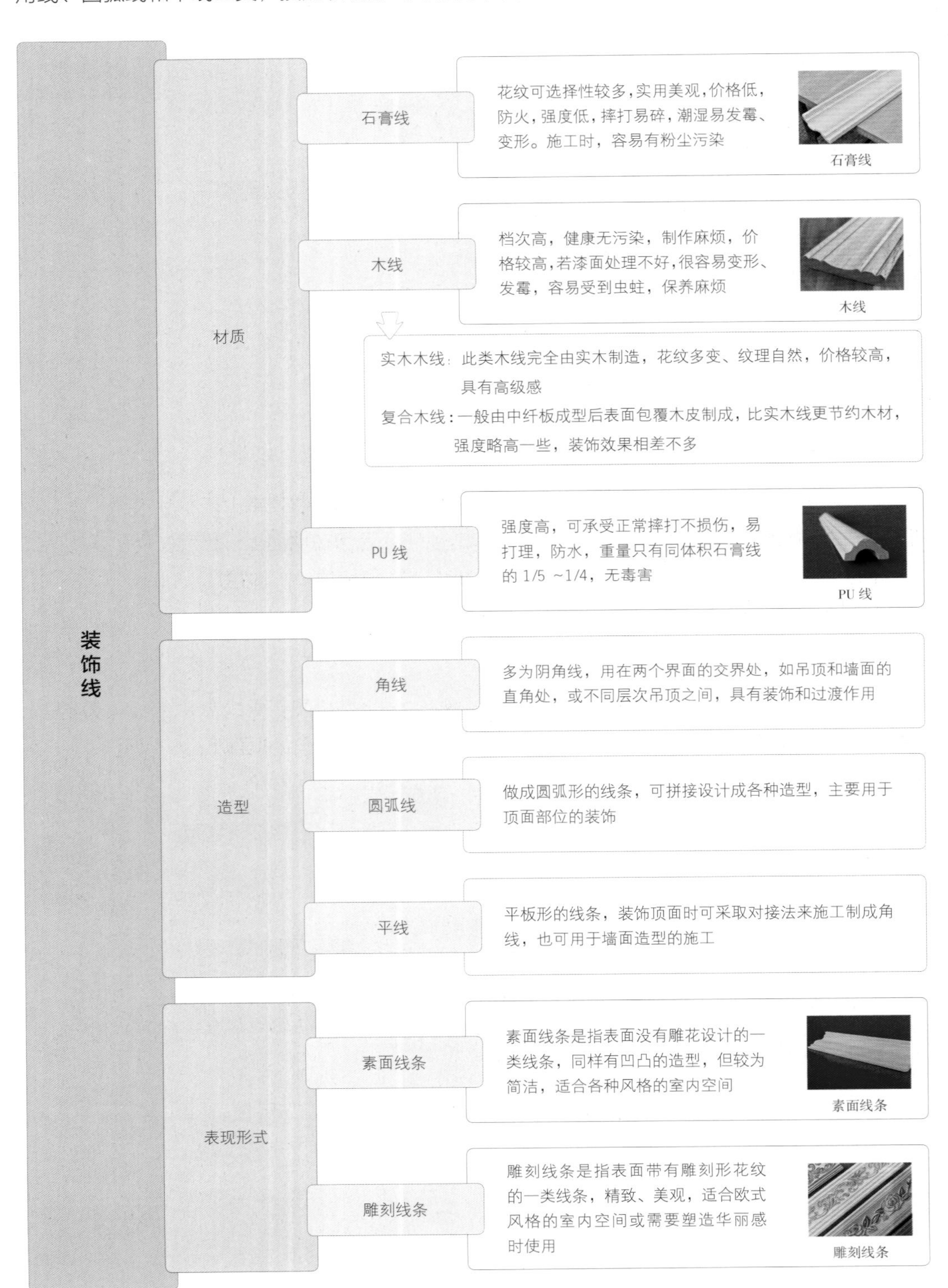
装饰线
材质
石膏线
花纹可选择性较多，实用美观，价格低，防火，强度低，摔打易碎，潮湿易发霉、变形。施工时，容易有粉尘污染
石膏线
木线
档次高，健康无污染，制作麻烦，价格较高，若漆面处理不好，很容易变形、发霉，容易受到虫蛀，保养麻烦
木线
实木木线：此类木线完全由实木制造，花纹多变、纹理自然，价格较高，具有高级感
复合木线：一般由中纤板成型后表面包覆木皮制成，比实木线更节约木材，强度略高一些，装饰效果相差不多
PU 线
强度高，可承受正常摔打不损伤，易打理，防水，重量只有同体积石膏线的 1/5 ~1/4，无毒害
PU 线
造型
角线
多为阴角线，用在两个界面的交界处，如吊顶和墙面的直角处，或不同层次吊顶之间，具有装饰和过渡作用
圆弧线
做成圆弧形的线条，可拼接设计成各种造型，主要用于顶面部位的装饰
平线
平板形的线条，装饰顶面时可采取对接法来施工制成角线，也可用于墙面造型的施工
表现形式
素面线条
素面线条是指表面没有雕花设计的一类线条，同样有凹凸的造型，但较为简洁，适合各种风格的室内空间
素面线条
雕刻线条
雕刻线条是指表面带有雕刻形花纹的一类线条，精致、美观，适合欧式风格的室内空间或需要塑造华丽感时使用
雕刻线条

3. 施工形式

线条的施工形式为钉接加胶黏结合，大部分情况下可直接安装在墙面上，为了安装更牢固，需将墙皮铲掉，露出建筑基面。但当基层为 RC 混凝土时，则可保留腻子层。为了避免墙面不平整而造成日后施工不便，墙面需先用钢钉固定一层板材（厚度约为 12mm 以上），可解决墙面不平整与施工后线板呈现弯曲的现象。而后再将线条与壁面、两线板接触面均匀涂上白乳胶或免钉胶，贴好后，再用枪钉加固，钉与钉之间间隔约 20cm。

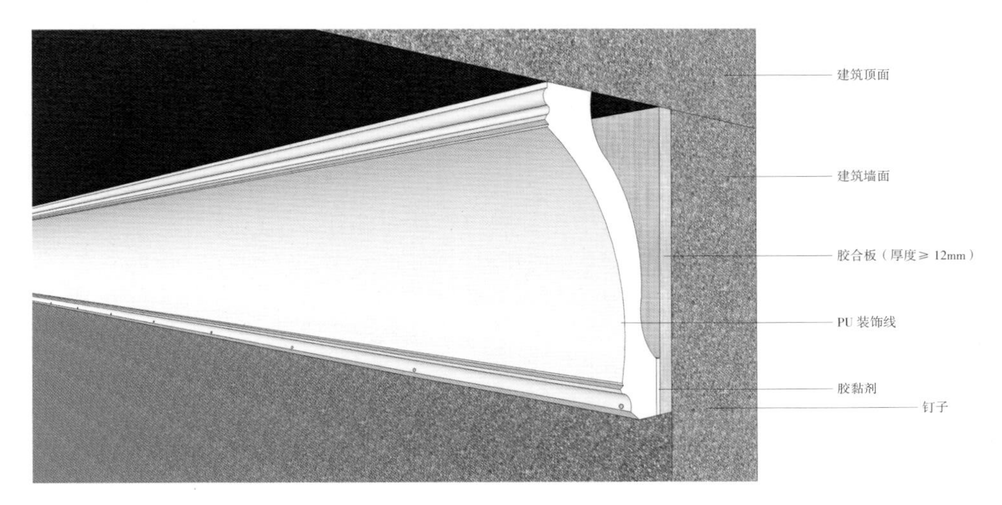
建筑顶面
建筑墙面
胶合板（厚度≥ 12mm）
PU 装饰线
胶黏剂
钉子

施工分层图

多级吊顶的不同层次之间使用装饰线过渡

顶面、顶面和墙面之间均使用装饰线

非吊顶部分的原顶面使用装饰线做造型设计